宁夏大学一流学科项目（NXYLXK2017A03、NXYLXK2021A03）
宁夏自然科学基金项目（2022AAC03032）
宁夏自然科学基金项目重点项目（2023AAC02022）

宁夏中部干旱区滴灌枸杞试验研究

尹娟　孙富斌　马正虎　著

中国水利水电出版社
www.waterpub.com.cn

·北京·

内 容 提 要

本书针对宁夏干旱区现代枸杞产业发展中存在的问题及产业可持续发展的需求，分别在同心县下马关镇和河西镇等地方做了连续六年的大田试验研究，开展枸杞滴灌条件下的水肥管理研究，对制定合理的水肥管理制度、提高水分生产效率、提高作物产量、提高肥料利用效率等方面均具有重要的科学价值和现实意义，可为该地区枸杞种植提供理论依据和技术支撑。全书共 6 章，内容包括：滴灌条件下枸杞生长及水氮运移试验研究，宁夏中部干旱带覆膜滴灌枸杞试验，宁夏中部干旱区枸杞精量灌溉试验研究，宁夏中部干旱区滴灌条件下枸杞水肥耦合效应研究，宁夏中部干旱区枸杞滴灌水肥配施试验研究，篱架式滴灌条件下水肥调控对枸杞生长及土壤微区环境的影响。

本书可供农业水土工程、水利水电工程等相关专业领域的本科生、硕士研究生及学者参考。

图书在版编目（CIP）数据

宁夏中部干旱区滴灌枸杞试验研究 / 尹娟，孙富斌，马正虎著. -- 北京 ：中国水利水电出版社，2022.11
ISBN 978-7-5226-1118-1

Ⅰ．①宁… Ⅱ．①尹… ②孙… ③马… Ⅲ．①干旱区—枸杞—滴灌—栽培技术—研究—宁夏 Ⅳ．①S567.1

中国版本图书馆CIP数据核字（2022）第214341号

书　　名	**宁夏中部干旱区滴灌枸杞试验研究** NINGXIA ZHONGBU GANHANQU DIGUAN GOUQI SHIYAN YANJIU	
作　　者	尹　娟　孙富斌　马正虎　著	
出版发行	中国水利水电出版社 （北京市海淀区玉渊潭南路 1 号 D 座　100038） 网址：www.waterpub.com.cn E - mail：sales@mwr.gov.cn 电话：(010) 68545888（营销中心）	
经　　售	北京科水图书销售有限公司 电话：(010) 68545874、63202643 全国各地新华书店和相关出版物销售网点	
排　　版	中国水利水电出版社微机排版中心	
印　　刷	天津嘉恒印务有限公司	
规　　格	184mm×260mm　16 开本　14 印张　341 千字	
版　　次	2022 年 11 月第 1 版　2022 年 11 月第 1 次印刷	
印　　数	001—600 册	
定　　价	**98.00 元**	

　　宁夏中部干旱（区）带包括同心县、盐池县和海原县等，该地区多年平均降水量在 300mm 左右，每年的 7—9 月的降水占全年降水的 60% 以上，年蒸发量 2100～2300mm，是年降水量的 7～8 倍。干旱缺水一直是制约当地农业生产和经济发展的首要因素，且土壤肥力低下又使有限降水的生产潜力难以发挥。因此，充分利用有限的水资源，减少水资源浪费，发挥其生产潜力，提高作物水分利用率成为研究的重点之一。通过合理增施化肥，培肥地力，并结合滴灌，可以有效改善作物生长状况，较大幅度地提高作物产量。宁夏枸杞属于宁夏回族自治区"九大重点"高质量发展产业之一，是全区经济发展的支柱产业，种植面积达 90 万亩，占中国枸杞种植面积一半以上。

　　水资源可持续利用是经济发展的基础。水资源不足将直接影响作物生产。农业是最主要的用水产业，消耗了全世界总用水量的 70%，提升农业的用水效率是保障全世界水安全的重要途径。中国水资源总量较为丰富，但人口众多，以不足 10% 的耕地面积和淡水资源养活了全球 1/5 的人口。水资源人均占有量严重短缺，仅为世界平均水平的 28%，每公顷耕地水资源占有量仅为世界平均水平的 50%。此外，多年来中国农业用水量占总用水量的比例和灌溉水有效利用系数都远低于发达国家。究其原因，主要是由于农业生产技术不配套、灌溉用水缺乏科学调配与有效控制、作物需水与区域灌溉用水配置不相符。近段时间，国家发展改革委联合水利部共同印发了《国家节水行动方案》，针对农业，提出了农业节水增效和优化农作物种植结构的方案。落实这些任务需要将我国农业发展为现代化农业。农业现代化迫切需要灌溉现代化，水肥一体化技术是将灌溉与施肥融为一体的技术，以农作物需水、需肥情况为依据，根据土壤的含水量和养分情况，通过压力管道系统与安装在末级管道上的溶肥罐，以较小的流量直接地输送到作物根系附近的土壤。水肥一体化技术是发展现代节水型农业的有效途径，是发展可持续农业的关键。

本书针对宁夏干旱区现代枸杞产业发展中存在的问题及产业可持续发展的需求，分别在同心县下马关镇和河西镇等地开展了为期六年的大田试验研究。开展滴灌条件下的水肥管理研究，对制定合理的水肥管理制度、提高水分生产效率、提高作物产量、提高肥料利用效率等方面均具有重要的科学价值和现实意义，可为该地区枸杞生产提供理论依据和技术支撑。

2022 年 9 月

随着人口的增长、城镇化和经济社会的快速发展，我国用水矛盾日益尖锐，水资源短缺问题已严重制约了国民经济和社会可持续发展。农业用水在水资源开发利用中占有很大比例，用水总量4000亿 m^3，占全国总用水量的70%，其中农田灌溉用水量3600亿～3800亿 m^3，占农业用水量的90%～95%。由于技术及管理水平低下和灌溉制度不完善等原因，灌溉水利用效率以及水分生产效率远低于发达国家，分别为45%和1.0kg/m^3，而发达国家分别可达到80%和2.0kg/m^3。20世纪以来，各行各业飞速发展使得社会用水需求突增，对人类和环境产生了十分巨大的影响。目前我国大部分地区仍然采用传统的灌水方法，如沟灌、漫灌等，这些灌水方法使得农业用水浪费十分严重，加重了水资源危机。尤其是我国西北干旱地区，水资源极度匮乏，设施设备落后且灌溉技术不发达，农业用水效率极其低下。节水灌溉技术的应用可有效提高用水效率、提高农业用水效率、促进农村水利现代化。

枸杞是茄科枸杞属的一种，是一种重要的药用植物。在我国的种植区主要集中于新疆、内蒙古、青海、宁夏、甘肃等地区，有较强的生长适应性，能够抗旱、抗风沙、耐盐碱。枸杞产业作为宁夏的战略性主导产业和支柱性区域特色农业的代表，种植面积接近100万亩，已经形成产业化发展。在农业生产中，传统粗放的施肥和灌水方式已不能满足高品质枸杞生产的要求，推广精准施肥和合理灌水对于优质枸杞生产势在必行。

在宁夏地区，枸杞是当地农民的主要经济来源之一。但由于水资源紧缺制约着当地的枸杞生产与发展，再加上落后的种植方式和粗放的田间管理，使得灌水和肥料得不到合理搭配，大大降低了水肥利用效率，导致当地枸杞产量、品质每年起伏较大，给枸杞产业化发展带来了不确定性。

因此，对枸杞滴灌进行试验研究，对于解决贫困地区的生态农业问题、水资源可持续发展、农民增收，促进国民经济发展均具有重大的现实意义。

感谢刘宇朝（第 1 章）、程良（第 2 章）、郑艳军（第 3 章）、尹亮（第 4 章）、吴军斌（第 5 章）、张海军（第 6 章）以上研究生在不同章节的辛勤付出，感谢研究生孙富斌对全书的统稿编辑，感谢研究生马正虎对全书的校对。最后，特别感谢宁夏大学一流学科项目（NXYLXK2017A03、NXYLXK2021A03）、宁夏自然科学基金项目（2022AAC03032）和宁夏自然科学基金项目重点项目（2023AAC02022）对本书的大力支持。由于作者水平有限，书中不妥之处在所难免，恳请读者不吝指正。

尹娟

2022 年 9 月

目录
CONTENTS

第1章　滴灌条件下枸杞生长
及水氮运移试验研究

1.1　试验设计

选取 3 个灌溉定额和 3 个施氮水平（尿素，含氮量 46%），共 9 个处理，每个处理 3 个重复，共 27 个试验小区，采用两因素随机区组设计。大田试验因素及水平见表 1.1，大田试验设计方案见表 1.2，补水时期因素水平见表 1.3。

表 1.1　大田试验因素及水平

水　平	X1	X2
	灌水量/(m³/hm²)	氮肥施量/(kg/hm²)
1	1800	270
2	2400	420
3	3000	570

表 1.2　枸杞大田试验设计方案

编号	区组 1 灌溉定额，施氮量/(m³/hm²，kg/hm²)	区组 2 灌溉定额，施氮量/(m³/hm²，kg/hm²)	区组 3 灌溉定额，施氮量/(m³/hm²，kg/hm²)
1	4 (2400, 270)	6 (2400, 570)	8 (3000, 420)
2	5 (2400, 420)	4 (2400, 270)	5 (2400, 420)
3	8 (3000, 420)	3 (1800, 570)	3 (1800, 570)
4	7 (3000, 270)	9 (3000, 570)	6 (2400, 570)
5	1 (1800, 270)	8 (3000, 420)	4 (2400, 270)
6	2 (1800, 420)	5 (2400, 420)	2 (1800, 420)
7	9 (3000, 570)	1 (1800, 270)	9 (3000, 570)
8	3 (1800, 570)	7 (3000, 270)	1 (1800, 270)
9	6 (2400, 570)	2 (1800, 420)	7 (3000, 270)

表 1.3　补水时期因素水平　　　　　　　　　　　　%

生育期	春梢生长期	开花初期	盛花期	果熟期	合计
灌水比例	20	10	15	55	100
氮肥施用	30	10	15	45	100
磷肥施用	30	0	0	70	100
钾肥施用	35	0	0	65	100

灌溉定额 W1 为 1800m³/hm²，W2 为 2400m³/hm²，W3 为 3000m³/hm²，施氮量（纯 N）N1 为 270kg/hm²，N2 为 420kg/hm²，N3 为 570kg/hm²。其中磷肥和钾肥施量（纯磷和纯钾）选定为：81.6kg/hm² 和 150kg/hm²。施用肥料种类为尿素（含氮量 46%）、过磷酸钙（含磷量 12%）、硫酸钾（含钾量 50%），为保证枸杞的正常生长，磷肥分 3 次、钾肥分 2 次施入。灌水从 5 月 1 日开始，每 7 天灌水一次。

供试作物品种为宁杞 7 号，一行以 10 棵枸杞树为一个小区，滴头流量 2.0L/h，每棵枸杞树放置 1 个滴头，滴灌带距枸杞树 10cm。春灌和冬灌各灌水 20m³/hm²。

1.2　不同水氮处理对枸杞生长的影响

1.2.1　不同水氮处理对枸杞地径的影响

1.2.1.1　不同水氮处理对枸杞地径生长速度的影响

地径指枸杞主干离地面一定距离的茎粗值，本试验选用距离地面 5cm 处的茎粗值。地径是衡量枸杞本身生长发育状况的重要指标之一。不同水氮处理对枸杞地径有很大的影响。表 1.4 反映了不同水氮处理下枸杞生育期地径生长速度的变化规律。

表 1.4　　　　　　　　　　　不同水氮处理下枸杞生育期的地径生长速度

处　理	生长速度/(mm/d)				
	春梢生长期	开花初期	盛花期	果熟期	全生育期
W1N1	0.0033^f	0.0047^g	0.0043^f	0.0030^c	0.0036^f
W1N2	0.0052^e	0.0059^e	0.0053^d	0.0025^e	0.0041^e
W1N3	0.0072^b	0.0052^f	0.0054^{cd}	0.0028^d	0.0042^d
W2N1	0.0057^d	0.0068^d	0.0034^g	0.0033^a	0.0043^d
W2N2	0.0057^d	0.0104^a	0.0065^b	0.0032^b	0.0057^a
W2N3	0.0096^a	0.0072^c	0.0050^e	0.0022^f	0.0046^c
W3N1	0.0057^d	0.0049^{fg}	0.0036^g	0.0028^d	0.0037^f
W3N2	0.0063^c	0.0077^b	0.0068^a	0.0028^d	0.0050^b
W3N3	0.0064^c	0.0077^b	0.0055^c	0.0022^f	0.0045^c

注　表中同列肩标字母不同表示差异显著（$P<0.05$）。

由表 1.4 可知，不同水氮处理对枸杞各生育期的径生长速度均存在显著性差异（$P<0.05$）。全生育期生长速度大小顺序为：W2N2＞W3N2＞W2N3＞W3N3＞W2N1＞W1N3＞W1N2＞W3N1＞W1N1，W2N2 地径生长速度最高，为 0.0057mm/d，W1N1 最低，为 0.0036mm/d。整体来看，开花初期地径生长速度最大，W2N2 高于其他处理，W1N1 处理最低，果熟期地径生长速度最低。

在全生育期，在灌水水平为 W1 时，N2 和 N3 水平下的枸杞地径平均增长速度比 N1 高 13.91% 和 19.42%，N2 比 N3 的地径生长速度低 4.90%；在灌水水平为 W2 时，N2 和 N3 水平下的枸杞地径平均增长速度比 N1 高 32.53% 和 7.00%，N2 比 N3 的地径生长速度高 23.91%；在灌水水平为 W3 时，N2 和 N3 水平下的枸杞地径平均增长速度比 N1

高 35.13％和 21.62％，N2 比 N3 的地径生长速度高 11.11％。因此，同一灌水水平下，各生育期 N1 水平下的生长速度大致都低于 N2 和 N3 水平，可以说明 N1 水平的施氮量不满足枸杞地径的生长需要；对比 N2 和 N3 水平，大多数处理在各生育阶段是随着施氮量的增加，地径生长速度减小。说明氮肥对枸杞地径生长很重要，过多或过少的氮肥都不利于枸杞地径的生长。

在施氮量为 N1 水平时，W2 和 W3 水平下的枸杞地径平均增长速度比 W1 高 19.44％和 2.73％，W2 比 W3 高 16.22％；在施氮量为 N2 水平时，W2 和 W3 水平下的枸杞地径平均增长速度比 W1 高 39.02％和 21.91％，W2 比 W3 高 14.00％；在施氮量为 N3 水平时，W2 和 W3 水平下的枸杞地径平均增长速度比 W1 高 7.00％和 4.71％，W2 比 W3 高 2.21％。因此，同一施氮水平下 W2 和 W3 水平下的地径生长速度整体大于 W1，说明灌水量不足会抑制枸杞地径的生长。对比 W2 和 W3 水平来说，随着灌水量的增加，枸杞地径生长速度不仅没有增长反而还减小了，说明过多的灌水量会抑制地径的生长。

总体来看，灌水量和氮肥施量并不是越多越好，只有适宜的灌水量和施氮量协作才会促进枸杞地径的生长。

1.2.1.2 不同水氮处理枸杞地径生长量的影响

图 1.1 反映了不同水氮处理下全生育期枸杞地径生长量的变化规律，由图可知，全生育期生长量变化大小顺序为：W2N2＞W3N2＞W2N3＞W3N3＞W2N1＞W1N3＞W1N2＞W3N1＞W1N1。W2N2 处理下的生长量最大，为 0.5389mm；W1N1 处理枸杞地径最小，为 0.3478mm，比 W2N2 低 35.42％。W1 水平下，N2 和 N3 的地径生长量比 N1 高 0.3722mm 和 0.6167mm，N2 比 N3 低 0.2445mm；W2 水平下，N2 和 N3 的地径生长量比 N1 高 0.1278mm 和 0.2689mm，N2 比 N3 高 0.1009mm；W3 水平下，N2 和 N3 的地径生长量比 N1 高 0.1261mm 和 0.0756mm，N2 比 N3 高 0.0506mm；因此，相同灌水条件下随着氮肥的增加生长量呈先增加后减小的趋势。同理比较，相同施氮条件下，随着灌水的增加生长量也是呈先增加后减小的趋势。W2 灌水量对枸杞地径生长的作用明显，W3 灌水量抑制氮肥的作用，说明水分会影响枸杞对肥料的吸收，所以，持续增加灌水量和施氮量是不仅不利于地径的生长，反而会抑制生长量增加；只有合理的灌水施氮条件才是最优选择。

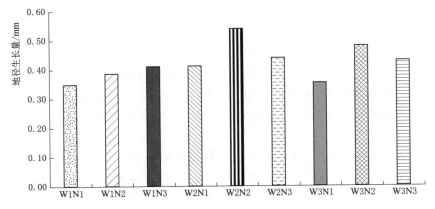

图 1.1 不同水氮处理对全生育期枸杞地径生长量的影响

1.2.2　不同水氮处理对枸杞株高的影响

1.2.2.1　不同水氮处理对枸杞株高生长速度的影响

株高指植株根部到顶端的距离，也是反映植物生长发育的重要指标之一；不同水氮处理对枸杞株高有很大影响。表1.5反映了不同水氮处理下枸杞生育期株高生长速度的变化规律。

表1.5　　　　　　　　　　不同水氮处理下枸杞生育期的株高生长速度

处　理	生　长　速　度/(cm/d)				
	春梢生长期	开花初期	盛花期	果熟期	全生育期
W1N1	0.4333^g	0.2389^g	0.0167^b	0.0500^e	0.1231^g
W1N2	0.4556^f	0.3917^c	0.0361^d	0.0578^c	0.1654^e
W1N3	0.4222^h	0.2833^f	0.1000^c	0.0394^f	0.1438^f
W2N1	0.5111^d	0.3111^e	0.1500^a	0.0562^c	0.1775^c
W2N2	0.5667^a	0.4667^a	0.1444^a	0.0638^b	0.2185^a
W2N3	0.4889^e	0.3778^d	0.1167^e	0.0524^e	0.1804^c
W3N1	0.5444^b	0.4056^b	0.0111^e	0.0533^d	0.1703^d
W3N2	0.5222^c	0.4556^a	0.1111^b	0.0356^g	0.1911^b
W3N3	0.4422^g	0.3233^e	0.1444^a	0.0719^a	0.1791^c

注　表中同列肩标字母不同表示差异显著（$P<0.05$）。

由表1.5可知，不同水氮处理对枸杞各生育期株高生长速度的影响均存在显著性差异（$P<0.05$）。全生育期生长速度大小顺序为：W2N2＞W3N2＞W2N3＞W3N3＞W2N1＞W3N1＞W1N2＞W1N3＞W1N1。W2N2株高生长速度最高为0.2185cm/d，W1N1最低为0.1231cm/d。整体来看，春梢生长期枸杞株高生长速度最快，W2N2显著高于其他处理，W1N1处理最低；果熟期株高生长速度最慢，因为春梢生长期正是枸杞生长旺盛阶段，果熟期时枸杞果实生长需要水分和养分，枸杞生长也就缓慢了。

在全生育期，在灌水水平为W1时，N2和N3水平下的枸杞株高平均增长速度比N1高34.36%和16.82%，N2比N3的株高生长速度高15.02%；在灌水水平为W2时，N2和N3水平下的枸杞株高平均增长速度比N1高23.10%和1.63%，N2比N3的株高生长速度高21.11%；在灌水水平为W3时，N2和N3水平下的枸杞株高平均增长速度比N1高12.19%和5.21%，N2比N3的株高生长速度高6.70%。因此，同一灌水水平下，全生育期N2和N3水平下的株高平均生长速度大多数都高于N1水平，可以说明N1水平的施氮量不满足枸杞株高的生长需要；对比N2和N3水平，大多数处理在各生育阶段是随着施氮量的增加株高生长速度减小，甚至在春梢生长期和盛花期阶段，N3水平比N1还要低。

在施氮量为N1时，W2和W3水平下的枸杞株高平均增长速度比W1高44.19%和38.34%，W2比W3高4.22%；在施氮量为N2时，W2和W3水平下的枸杞株高平均增长速度比W1高32.10%和15.53%，W2比W3高14.31%；在施氮量为N3时，W2和W3水平下的枸杞株高平均增长速度比W1高25.42%和24.50%，W2比W3高0.72%。

因此，同一施氮水平下，W2 和 W3 水平下的株高生长速度都大于 W1，说明灌水量不足不利于枸杞株高的生长。对比 W2 和 W3 水平来说，随着灌水量的增加枸杞株高生长速度先增加后减小，说明过多的灌水量会抑制株高的生长。

总体来看，灌水量和氮肥施量并不是越多越好，只有适宜的灌水量和施氮量协作才会促进枸杞株高的生长。

1.2.2.2　不同水氮处理对枸杞株高生长量的影响

图 1.2 反映了不同水氮处理下枸杞株高生长量的变化规律，由图可知，全生育期生长量变化大小顺序为：W2N2＞W3N2＞W2N3＞W3N3＞W2N1＞W3N1＞W1N3＞W1N2＞W1N1。W2N2 处理下的生长量最大，为 20.76cm；W1N1 处理枸杞株高最小，为 11.69cm，比 W2N2 低 43.68%，因为灌水量和氮肥不足会影响枸杞株高的生长；各水氮处理对株高的生长量都明显高于 W1N1，增长量在 1.97cm 到 9.07cm 之间。W1 水平下，N2 和 N3 的株高生长量比 N1 高 4.20cm 和 1.97cm，N2 比 N3 高 2.05cm；W2 水平下，N2 和 N3 的株高生长量比 N1 高 3.90cm 和 0.27cm，N2 比 N3 高 3.63cm；W3 水平下，N2 和 N3 的株高生长量比 N1 高 1.98cm 和 0.84cm，N2 比 N3 高 1.14cm；因此，相同灌水条件下随着氮肥的增加生长量呈先增加后减小的趋势，W2 水平下，N2 生长量最大，N3 和 N1 差异不明显。同理，同一施氮条件下，随着灌水的增加株高生长量也是呈先增加后减小的趋势；N3 水平下，W2 和 W3 的株高生长量差异性不显著，W1 生长量降低的差异性显著。说明合理的灌水施氮条件对枸杞株高生长很重要。

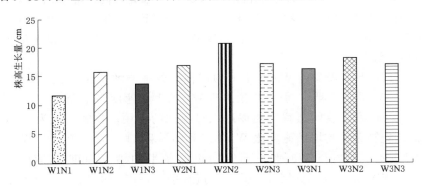

图 1.2　不同水氮处理对全生育期枸杞株高生长量的影响

1.2.3　不同水氮处理对枸杞枝长的影响

1.2.3.1　不同水氮处理对枸杞枝条生长速度的影响

枝条是反映植株生长发育状况的重要指标之一。不同水氮处理对枸杞枝条生长有重要的影响。表 1.6 反映了不同水氮处理下枸杞生育期的枝条生长速度的变化规律。不同水氮处理对各生育期枝条生长速度均存在显著性差异（$P < 0.05$）。全生育期生长速度大小顺序为：W2N2＞W3N2＞W2N3＞W2N1＞W3N3＞W3N1＞W1N2＞W1N3＞W1N1。全生育期 W2N2 显著高于其他处理，W1N1 处理最低。W2N2 枝条生长速度最高为 0.1784cm/d，W1N1 最低为 0.1412cm/d。春梢生长期的枸杞枝条生长速度最大；果熟期枝条生长速度最低。

表 1.6　　　　　　　　　　不同水氮处理下枸杞生育期的枝条生长速度

处　理	生　长　速　度/(cm/d)				
	春梢生长期	开花初期	盛花期	果熟期	全生育期
W1N1	0.5833[e]	0.2694[c]	0.0361[de]	0.0326[d]	0.1412[h]
W1N2	0.6444[c]	0.2278[e]	0.0150[f]	0.0669[a]	0.1506[g]
W1N3	0.6000[d]	0.2750[c]	0.0611[c]	0.0328[d]	0.1495[g]
W2N1	0.7167[b]	0.2861[b]	0.0444[d]	0.0322[d]	0.1603[d]
W2N2	0.6444[c]	0.3444[a]	0.0722[b]	0.0481[b]	0.1784[a]
W2N3	0.7778[a]	0.2889[b]	0.0333[e]	0.0310[d]	0.1644[c]
W3N1	0.6111[d]	0.2111[f]	0.1778[a]	0.0161[e]	0.1538[f]
W3N2	0.6333[c]	0.3500[a]	0.0389[de]	0.0420[c]	0.1684[b]
W3N3	0.6111[d]	0.2583[d]	0.0722[b]	0.0480[b]	0.1566[e]

注　表中同列肩标字母不同表示差异显著（$P<0.05$）。

在全生育期，灌水水平为 W1 时，N2 和 N3 水平下的枸杞枝条平均增长速度比 N1 高 6.66% 和 5.88%，N2 和 N3 的枝条生长速度差异性不显著；在灌水水平为 W2 时，N2 和 N3 水平下的枸杞枝条平均增长速度比 N1 高 11.29% 和 2.56%，N2 比 N3 的枝条生长速度高 8.52%；在灌水水平为 W3 时，N2 和 N3 水平下的枸杞枝条平均增长速度比 N1 高 9.49% 和 1.82%，N2 比 N3 的枝条生长速度 7.53%。因此，同一灌水水平下，N2 和 N3 水平下的枝条平均生长速度大多数都高于 N1 水平；对比 N2 和 N3 水平，大多数处理在各生育阶段是随着施氮量的增加枝条生长速度减小，但在春梢生长期和盛花期阶段，N3 水平比 N1 还要低。

在施氮量为 N1 时，W2 和 W3 水平下的枸杞枝条平均增长速度比 W1 高 13.53% 和 8.92%，W2 比 W3 高 4.23%，但在开花初期 W1 的生长速度高于 W3，在果熟期 W1 生长速度大于 W2 和 W3，说明适宜肥能促进水对植株的作用；在施氮量为 N2 时，W2 和 W3 水平下的枸杞枝条平均增长速度比 W1 高 18.46% 和 11.82%，W2 比 W3 高 5.94%；在施氮量为 N3 时，W2 和 W3 水平下的枸杞枝条平均增长速度比 W1 高 9.97% 和 4.75%，W2 比 W3 高 4.98%。因此，同一施氮水平下，W2 和 W3 水平下的枝条生长速度都大于 W1，说明灌水量不足不利于枸杞枝条的生长。对比 W2 和 W3 水平来说，随着灌水量的增加，枸杞枝条生长速度先增加后减小，说明过多的灌水量会抑制枝条的生长。

总体来看，灌水量和施氮量并不是越多越好，只有适宜的灌水量和施氮量协作才会促进枸杞枝条的生长。

1.2.3.2　不同水氮处理对枸杞枝条生长量的影响

图 1.3 反映了不同水氮处理对枸杞枝条生长量的变化规律，由图可知，全生育期生长量变化大小顺序为：W2N2＞W3N2＞W2N3＞W2N1＞W3N3＞W3N1＞W1N2＞W1N3＞W1N1。W2N2 处理下的生长量最大，为 16.94cm；W1N1 处理枸杞枝长最小，为 13.41cm，比 W2N2 低 20.84%，因为灌水量和肥料不足导致枸杞枝条生长所需养分不足；各水氮处理对植株枝条的生长量都明显高于 W1N1，增长量在 0.8cm 到 3.53cm 之间。W1 水平下，N2 和 N3 的枝条生长量比 N1 高 0.9cm 和 0.79cm，N2 比 N3 高 0.11cm；W2 水平下，

N2 和 N3 的枝条生长量比 N1 高 1.72cm 和 0.39cm，N2 比 N3 高 1.33cm；W3 水平下，N2 和 N3 的枝条生长量比 N1 高 1.39cm 和 0.27cm，N2 比 N3 高 1.12cm。因此，相同灌水条件下随着氮肥的增加，枝条生长量呈先增加后减小的趋势，W2 水平下长势均较好，N2 生长量显著高于 N1，N3 和 N1 差异性显著较低；W1 水平下枝条增长量最低，N2 和 N3 显著高于 N1，N2 和 N3 差异较低，因为 N1 不满足枝条的生长，但当氮肥增加到一定程度时，W1 水平的灌水量不足也会不利于枝条的生长。同理，同一施氮条件下，随着灌水的增加枝条生长量也是呈先增加后减小的趋势；同一施氮条件下各处理的枝条生长量差异性都较显著，W1 生长量降低的差异性显著。说明水分会影响枸杞对肥料的吸收，当水分不足时候，产生不了淋洗，枸杞根部无法吸收水分和养分；水分过多时候也不利于枝条的生长；所以，合理的灌水施氮条件才能促进枸杞枝条的生长。

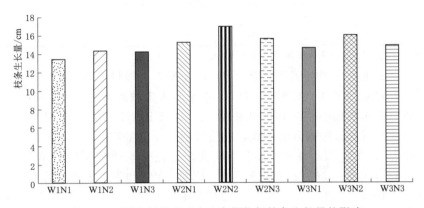

图 1.3　不同水氮处理对全生育期枸杞枝条生长量的影响

1.2.4　不同水氮处理对枸杞枝径的影响

1.2.4.1　不同水氮处理对枸杞枝径生长速度的影响

枝条是反映植株生长发育状况的重要指标之一，枝径反映了枝条的发育状态。不同水氮处理对枸杞枝径有重要的影响。表 1.7 反映了不同水氮处理对枸杞生育期的枝径生长速度的变化规律。不同水氮处理对枸杞各生育期枝径生长速度均存在显著性差异（$P<0.05$）。全生育期生长速度大小顺序为：W2N2＞W3N2＞W2N3＞W2N1＞W3N3＞W3N1＞W1N2＞W1N3＞W1N1。和枝长一样全生育期 W2N2 显著高于其他处理，W1N1 处理最低。W2N2 枝径生长速度最高为 0.0245mm/d，W1N1 最低为 0.0173mm/d。植株枝径生长速度在春梢生长期最大，W2N2 和 W2N3 显著高于其他处理；枝径果熟期生长最慢，因为春梢生长期正是作物生长最旺盛的时期，在果熟期大部分养分会输送至果实中，致使枝径生长变缓慢。

在全生育期，在灌水水平为 W1 时，N2 和 N3 水平下的枸杞枝径平均增长速度比 N1 高 18.50% 和 15.02%，N2 比 N3 的枝径生长速度高 3.01%；在灌水水平为 W2 时，N2 和 N3 水平下的枸杞枝径平均增长速度比 N1 高 11.36% 和 3.18%，N2 比 N3 的枝条生长速度高 7.93%；在灌水水平为 W3 时，N2 水平下的枸杞枝径平均增长速度比 N1 高 11.06%，N2 比 N1 的枝径生长速度的差异性不显著。因此，同一灌水水平下，全生育期

表 1.7　　　　　　　　　不同水氮处理下枸杞生育期的枝径生长速度

处　理	生　长　速　度/(mm/d)				
	春梢生长期	开花初期	盛花期	果熟期	全生育期
W1N1	0.0467^f	0.0194^e	0.0194^e	0.0089^d	0.0173^g
W1N2	0.0667^a	0.0222^d	0.0061^g	0.0158^b	0.0205^e
W1N3	0.0506^d	0.0336^b	0.0197^e	0.0070^e	0.0199^f
W2N1	0.0367^g	0.0228^d	0.0250^c	0.0170^b	0.0220^d
W2N2	0.0577^c	0.0331^b	0.0164^f	0.0170^a	0.0245^a
W2N3	0.0567^c	0.0200^e	0.0278^b	0.0141^c	0.0227^c
W3N1	0.0489^e	0.0228^d	0.0239^c	0.0141^c	0.0217^d
W3N2	0.0478^{ef}	0.0367^a	0.0333^a	0.0091^d	0.0241^b
W3N3	0.0633^b	0.0289^c	0.0217^d	0.0096^d	0.0219^d

注　表中同列肩标字母不同表示差异显著（$P<0.05$）。

N2 和 N3 水平下的枝径平均生长速度都高于 N1 水平，可以说明 N1 水平的施氮量不满足枸杞枝径生长所需求的养分；对比 N2 和 N3 水平，大多数处理在各生育阶段是随着施氮量的增加枝径生长速度减小；在果熟期阶段，N3 水平比 N1 还要低，因为这阶段需水和肥料，水分过多不利于植株养分的吸收，最终抑制枝径的生长。

在施氮量为 N1 时，W2 和 W3 水平下的枸杞枝径平均增长速度比 W1 高 27.17％和 25.43％，W2 比 W3 高 1.38％；在施氮量为 N2 时，W2 和 W3 水平下的枸杞枝径平均增长速度比 W1 高 19.51％和 17.56％，W2 比 W3 高 1.66％，并且盛花期时 W1 和 W3 显著差异，因为盛花期需水较多，W1 不满足枝径的生长所需；在施氮量为 N3 时，W2 和 W3 水平下的枸杞枝径平均增长速度比 W1 高 14.07％和 10.05％，W2 比 W3 高 3.65％。因此，在同一施氮水平下，W2 和 W3 水平下的枝径生长速度都大于 W1，说明灌水量不足会抑制枸杞枝径的生长。对比 W2 和 W3 水平来说，随着灌水量的增加枸杞枝径生长速度先增加后减小，说明过多的灌水量也不利于枝径的生长。

总体来看，灌水量和氮肥施量并不是越多越好，只有适宜的灌水量和施氮量协作才会促进枸杞枝径的生长。

1.2.4.2　不同水氮处理对枸杞枝径生长量的影响

图 1.4 反映了不同水氮处理对枸杞枝径生长量的变化规律，由图可知，全生育期生长量变化大小顺序为：W2N2＞W3N2＞W2N3＞W2N1＞W3N3＞W3N1＞W1N2＞W1N3＞W1N1。全生育期 W2N2 的生长量最大，为 2.33mm；W1N1 处理枸杞枝径最小，为 1.64mm，比W2N2 低 29.6％，因为灌水量和肥料不足导致枸杞枝条生长受限；其他各水氮处理对植株枝径的生长量都明显高于 W1N1，增长量在 0.24mm 到 0.69mm 之间。W1 水平下，N2 和 N3 的枝径生长量比 N1 高 0.30mm 和 0.24mm，N2 比 N3 高 0.05mm；W2 水平下，N2 和 N3 的枝径生长量比 N1 高 0.24mm 和 0.06mm，N2 比 N3 高 0.18mm；W3 水平下，N2 和 N3 的枝径生长量比 N1 高 0.23mm 和 0.19mm，N2 比 N3 高 0.21mm；由此看来，相同灌水条件下随着氮肥的增加，枝径生长量呈先增加后减小的趋势，W2 水平下的长势好于 W1 和 W3；在 W3 下，N2 生长量显著高于 N1，N3 和 N1 差异性不显著；

W1 水平下枝径增长量最低，N3 高于 N1，因为 N1 不满足枝条的生长，但当氮肥增加到一定程度时，W1 不足也会不利于枝条的生长。同理，同一施氮条件下，随着灌水的增加枝条生长量也是呈先增加后减小的趋势；同一施氮条件下各处理的枝条生长量差异性都较显著，W1 水平下的枝径生长量均最低。说明水分会影响枸杞对肥料的吸收，当水分不足的时候，产生不了淋洗，枸杞根部无法吸收水分和养分；水分过多时候也抑制枝径的生长；所以，合理的灌水施氮条件才能促进枸杞枝径的生长。

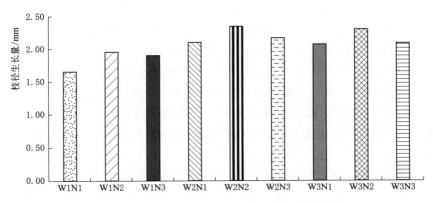

图 1.4　不同水氮处理对枸杞枝径生长量的影响

1.2.5　不同水氮处理对枸杞叶绿素含量（SPAD）的影响

不同水氮处理下枸杞叶绿素含量（SPAD）分析结果见表 1.8。方差分析表明：不同水氮处理对枸杞各生育期叶绿素含量（SPAD）均存显著差异（$P<0.05$）。

表 1.8　　　　　　不同水氮处理下枸杞生育期的叶绿素含量（SPAD）

处　理	SPAD 平均值				
	开花初期	盛花期	果熟期	夏果落叶期	全生育期
W1N1	46.64[f]	54.92[e]	63.66[g]	61.90[c]	58.90[g]
W1N2	47.54[c]	57.52[a]	63.27[h]	59.90[f]	59.06[f]
W1N3	45.74[g]	55.43[d]	63.96[f]	60.80[e]	58.75[h]
W2N1	47.14[d]	56.01[bc]	65.78[c]	64.50[a]	60.25[b]
W2N2	48.18[a]	55.94[c]	66.25[a]	64.20[a]	60.64[a]
W2N3	47.00[e]	55.44[d]	66.03[b]	62.40[b]	60.14[c]
W3N1	46.88[e]	56.08[b]	64.81[d]	61.90[c]	59.63[d]
W3N2	47.71[b]	56.04[bc]	64.66[e]	61.50[d]	59.69[d]
W3N3	47.13[d]	55.97[bc]	64.32[e]	62.50[b]	59.37[e]

注　表中同列肩标字母不同表示差异显著（$P<0.05$）。

由表 1.8 可得，枸杞叶绿素含量（SPAD）在全生育期是呈先快速增长后期稳定的变化趋势；不同水氮处理的叶绿素的增长速度均在开花初期最大，果熟期过后叶绿素含量增长缓慢，甚至开始下降；生育期含量大小顺序为：果熟期＞夏果落叶期＞盛花期＞开花初期。因为开花初期枸杞植株长得最旺盛，并且吸收的养分在光合作用后产生的化合物会累积到叶片；但到了果熟期时，养分吸收后会直接由枝茎输送至果实，叶片累积的化合物大部分会转化成果实所需要的营养物质，并且叶片中的叶绿素大部分也会转化成叶黄素；因此开花初期叶绿素含量会相对增长较快，果熟期增长较慢，落叶期植株会枯萎，最终导致叶绿素含量的降低。全生育期叶绿素均值的含量大小顺序为：W2N2＞W2N1＞W2N3＞W3N2＞W3N1＞W3N3＞W1N2＞W1N1＞W1N3，全生育期平均值最大值为 60.64，最小值为 58.75，最大值比最小值大 3.20%。

在全生育期在灌水水平为 W1 时，N2 水平下的叶绿素全生育期均值含量比 N1 高 0.16，N3 比 N1 低 0.15，N2 比 N3 叶绿素含量高 0.31；在灌水水平为 W2 时，N2 和 N1 水平下的枸杞叶绿素增长速度比 N2 高 0.50 和 0.11，N2 比 N3 的叶绿素含量高 0.39；在灌水水平为 W3 时，N2 和 N1 水平下的叶绿素均值含量比 N1 高 0.32 和 0.26，N2 和 N3 的叶绿素含量差异性不显著。因此，同一灌水水平下，全生育期 N2 水平下的叶绿素含量高于 N1 水平，可以说明 N1 施氮量水平下叶片积累的合成的养分少于 N2；N1 水平下的叶绿素含量大于 N3 水平，并且各处理在全生育期的均值是随着施氮量的增加呈先增加后减小的趋势。

在施氮量为 N1 时，W2 和 W3 水平下的叶绿素均值含量比 W1 高 1.35 和 0.73，W2 比 W3 高 0.62，并且开花初期时 W3 的叶绿素增长速度最高，W2 其次，W1 最低，因为开花初期作物生长需水较多，在 N1 水平下 W1 和 W2 的灌水量不足以促进植株生长，导致叶片养分累积变少，叶绿素增长速度变低；在施氮量为 N2 时，W2 和 W3 水平下的叶绿素均值含量比 W1 高 1.58 和 0.63，W2 比 W3 高 0.95；在施氮量为 N3 时，W2 和 W3 水平下的叶绿素均值含量比 W1 高 1.39 和 0.62，W2 比 W3 高 0.77。因此，同一施氮水平下，W2 和 W3 水平下的叶绿素含量大多数都大于 W1，说明灌水量不足会使枸杞叶绿素的含量降低。对比 W2 和 W3 水平来说，随着灌水量的增加叶绿素含量先增加后减小，说明过多的灌水量也不利于叶绿素含量的增长。

总体来看，灌水量和氮肥施量并不是越多越好，只有适宜的灌水量和施氮量协作才会促进枸杞叶绿素含量的增长。

全生育期中春梢生长期枝径生长速度最快，果熟期最慢。W2N2 的枝径生长量最大，为 2.33mm；W1N1 处理下的生长量最小，为 1.64mm，全生育期生长量变化大小顺序为：W2N2＞W3N2＞W2N3＞W2N1＞W3N3＞W3N1＞W1N2＞W1N3＞W1N1。枝径全生育期生长量和生长速度均随着灌水量和氮肥施量的增加呈先增加后减小的趋势。

全生育期中开花初期叶绿素增长速度最快，果熟期最慢。W2N2 的叶绿素全生育期均值含量最大，为 60.64，W1N3 的叶绿素含量最小，为 58.75。全生育期叶绿素含量均值的大小顺序为：W2N2＞W2N1＞W2N3＞W3N2＞W3N1＞W3N3＞W1N2＞W1N1＞W1N3，叶绿素全生育期增长量和增长速度均随着灌水量和氮肥施量的增加呈先增加后减小的趋势。

综合考虑不同水氮处理对枸杞地径、株高、枝径、枝长和叶绿素含量（SPAD）的影响：各指标生育期生长速度和总生长量均随着灌水和氮肥施量的增加呈先增加后减小的趋势。所以，中水中氮，即处理 W2N2（灌水定额 2400m³/hm²、氮肥施量 420kg/hm²）更有利于枸杞各生长指标的发育。

1.3 不同水氮处理对枸杞品质的影响

枸杞为我国传统名贵中药材，经过研究发现，枸杞的果实、叶中都含有人体所需的多糖、氨基酸、维生素、微量元素等，具有极高的药用价值和营养价值，反映枸杞品质的主要指标为总糖、多糖、类胡萝卜素和甜菜碱，它们的含量的多少直接反映出枸杞品质的高低。郑艳军研究结果表明，不同灌水处理对枸杞品质和产量有一定的影响。本试验结果表明：不同水氮处理对枸杞品质会产生很大的影响，所以适宜的水氮管理方案对枸杞品质很重要。

不同水氮处理下枸杞品质各指标含量见表 1.9。表中的品质各指标含量均为 6 月 12 日、6 月 23 日、7 月 3 日、7 月 16 日、7 月 28 日五批次的平均值。

表 1.9　　　　　　　　　　不同水氮处理下枸杞品质各指标含量

处　理	总糖/%	多糖/%	类胡萝卜素/%	甜菜碱/(g/100g)
W1N1	43.1667	3.2467	0.1763	0.5467
W1N2	41.6000	3.4267	0.1790	0.6767
W1N3	40.0000	3.4567	0.1673	0.6467
W2N1	44.9667	2.7233	0.1293	0.6267
W2N2	46.9333	3.1000	0.2100	0.8100
W2N3	45.5333	2.8700	0.1770	0.6935
W3N1	48.0000	2.8733	0.1597	0.5867
W3N2	46.1667	3.0667	0.1943	0.6933
W3N3	47.5333	2.8600	0.1803	0.5700

1.3.1 不同水氮处理对枸杞总糖含量的影响

由图 1.5 可知，不同水氮处理对枸杞总糖含量有很大的影响，枸杞各处理总糖含量的大小顺序为：W3N1＞W3N3＞W2N2＞W3N2＞W2N3＞W2N1＞W1N1＞W1N2＞W1N3。W3N1 的生育期总糖含量的均值最大，为 48.00%，W1N1 的生育期总糖含量均值最小，为 40.00%。在 N1 施氮水平下，枸杞总糖的含量随着灌水的增加呈增加的趋势，变化规律为：W3N1＞W2N1＞W1N1；在 N2 施氮水平下，枸杞总糖的含量随着灌水的增加呈先增加后减小的趋势，变化规律为：W2N2＞W3N2＞W1N2；在 N3 施氮水平下，枸杞总糖的含量随着灌水的增加呈增加的趋势，变化规律为：W3N3＞W2N3＞W1N3。在 W1 灌水水平下，枸杞总糖的含量随着施氮量的增加呈减小的趋势，变化规律为：W1N1＞W1N2＞W1N3；在 W2 灌水水平下，枸杞总糖的含量随着施氮量的增加呈先增加后减小的趋势，变化规律为：W2N2＞W2N3＞W2N1；在 W3 灌水水平下，枸杞总糖的含量随着施氮量的增加呈先减小后增加的趋势，变化规律为：W3N1＞W3N3＞W3N2。因此适宜地灌水和施氮才有利于枸杞总糖含量的提高。

1.3.2 不同水氮处理对枸杞多糖含量的影响

枸杞多糖是从枸杞中提取的一种水溶性多糖，为淡黄色纤维状固体，为枸杞调节免

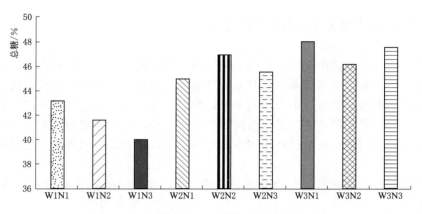

图 1.5　不同水氮处理对枸杞总糖含量的影响

疫、延缓衰老、抗肿瘤、降血糖血脂、保肝明目、健脑护心等多种功效的主要活性成分，还可制药。

　　由图 1.6 可知，不同水氮处理对枸杞多糖含量有很大的影响，枸杞多糖含量的大小顺序为：W1N3＞W1N2＞W1N1＞W2N2＞W3N2＞W3N1＞W2N3＞W3N3＞W2N1，W1N3 的生育期多糖含量的均值最大，为 3.46％，W2N1 的生育期多糖含量的均值最小，为 2.72％。在 N1 施氮水平下，枸杞多糖的含量随着灌水的增加呈先减小后增加的趋势，变化规律为：W1N1＞W3N1＞W2N1；在 N2 施氮水平下，枸杞多糖的含量随着灌水的增加呈减小的趋势，变化规律为：W1N2＞W2N2＞W3N2；在 N3 施氮水平下，枸杞多糖的含量随着灌水的增加呈减小的趋势，变化规律为：W1N3＞W2N3＞W3N3。在 W1 灌水水平下，枸杞多糖的含量随着施氮量的增加呈增加的趋势，变化规律为：W1N3＞W1N2＞W1N1；在 W2 灌水水平下，枸杞多糖的含量随着施氮量的增加呈先增加后减小的趋势，变化规律为：W2N2＞W2N3＞W2N1；在 W3 灌水水平下，枸杞多糖的含量随着施氮量的增加呈先增加后减小的趋势，变化规律为：W3N2＞W3N1＞W3N3。因此适宜地灌水和施氮才有利于枸杞多糖含量的提高。

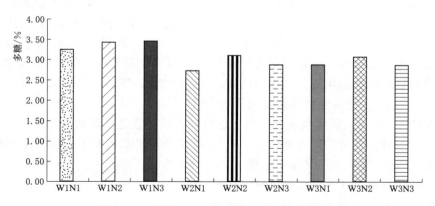

图 1.6　不同水氮处理对枸杞多糖含量的影响

1.3.3　不同水氮处理对枸杞类胡萝卜素含量的影响

枸杞子中含有的类胡萝卜素是一类具有聚异戊二烯长链结构的不饱和化合物，具有抗氧化、增强免疫力、保护视力、防治肺部疾病等作用。

由图 1.7 可知，不同水氮处理对枸杞类胡萝卜素含量有很大的影响。枸杞类胡萝卜素含量的大小顺序为：W2N2＞W3N2＞W3N3＞W1N2＞W2N3＞W1N1＞W1N3＞W3N1＞W2N1。W2N2 的类胡萝卜素含量最大，为 0.21%，W2N1 的含量最小，为 0.13%。在 N1 施氮水平下，枸杞类胡萝卜素的含量随着灌水的增加呈先减小后增加的趋势，变化规律为：W1N1＞W3N1＞W2N1；在 N2 施氮水平下，枸杞类胡萝卜素的含量随着灌水的增加呈先增加后减小的趋势，变化规律为：W2N2＞W3N2＞W1N2；在 N3 施氮水平下，枸杞类胡萝卜素的含量随着灌水的增加呈增加的趋势，变化规律为：W3N3＞W2N3＞W1N3。在 W1 灌水水平下，枸杞类胡萝卜素的含量随着施氮量的增加呈先增加后减小的趋势，变化规律为：W1N2＞W1N1＞W1N3；在 W2 灌水水平下，枸杞类胡萝卜素的含量随着施氮量的增加呈先增加后减小的趋势，变化规律为：W2N2＞W2N3＞W2N1；在 W3 灌水水平下，枸杞类胡萝卜素的含量随着施氮量的增加呈先增加后减小的趋势，变化规律为：W3N2＞W3N3＞W3N1。

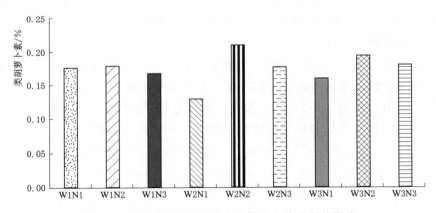

图 1.7　不同水氮处理对枸杞类胡萝卜素含量的影响

1.3.4　不同水氮处理对枸杞甜菜碱含量的影响

甜菜碱是枸杞子中最重要的生物碱类资源性化学成分，其结构与氨基酸相似，属于季铵碱，具有抗氧化、消炎、调节脂代谢的作用[53]。图 1.8 为不同水氮处理对枸杞甜菜碱含量的影响。

由图 1.8 可知，不同水氮处理对枸杞甜菜碱含量有很大的影响。枸杞甜菜碱含量的大小顺序为：W2N2＞W2N3＞W3N2＞W1N2＞W1N3＞W2N1＞W3N1＞W3N3＞W1N1。W2N2 的甜菜碱含量最大，为 0.81%，W1N1 的含量最小，为 0.55%。在 N1 施氮水平下，枸杞甜菜碱的含量随着灌水的增加呈先增加后减小的趋势，变化规律为：W2N1＞W3N1＞W1N1；在 N2 施氮水平下，枸杞甜菜碱的含量随着灌水的增加呈先增加后减小的趋势，变化规律为：W2N2＞W3N2＞W1N2；在 N3 施氮水平下，枸杞甜菜碱的含量随着灌水的增加呈先增加后减小的趋势，变化规律为：W2N3＞W1N3＞W3N3。在 W1 灌

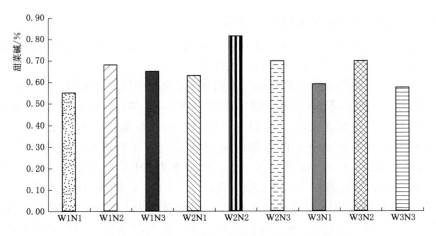

图 1.8　不同水氮处理对枸杞甜菜碱含量的影响

水水平下，枸杞甜菜碱的含量随着施氮量的增加呈先增加后减小的趋势，变化规律为：W1N2＞W1N3＞W1N1；在 W2 灌水水平下，枸杞甜菜碱的含量随着施氮量的增加呈先增加后减小的趋势，变化规律为：W2N2＞W2N3＞W2N1；在 W3 灌水水平下，枸杞甜菜碱的含量随着施氮量的增加呈先增加后减小的趋势，变化规律为：W3N2＞W3N1＞W3N3。

1.3.5　枸杞品质的综合评价

选取枸杞总糖（X1）、多糖（X2）、类胡萝卜素（X3）和甜菜碱（X4）4 个指标用主成分分析法对枸杞的品质进行综合分析，图 1.9 所示为主成分分析图。经过 DPS 软件处理分析生成主成分分析表（表 1.10），选取 2 个主成分，分别为：

$$F1 = -0.5310X1 + 0.6878X2 + 0.3817X3 + 0.3150X4 \tag{1.1}$$

$$F2 = 0.5136X1 - 0.2016X2 + 0.5943X3 + 0.5855X4 \tag{1.2}$$

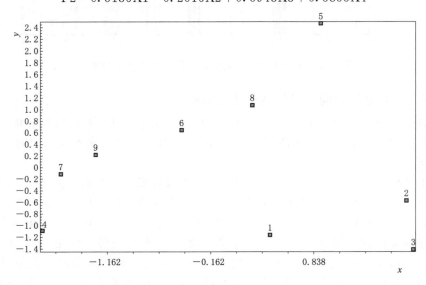

图 1.9　枸杞主成分分析图

（注：x 轴和 y 轴分别表示第一主成分得分和第二主成分得分）

表 1.10　　　　　　　　　　　　　　主 成 分 分 析　　　　　　　　　　　　　　%

处　理	第一主成分	第二主成分	总得分	总排名
W1N1	0.4155	−1.1681	−0.2650	6
W1N2	1.7444	−0.5803	0.5920	2
W1N3	1.8152	−1.4300	0.2903	5
W2N1	−1.7884	−1.0926	−1.2722	9
W2N2	0.9093	2.4568	1.3964	1
W2N3	−0.4406	0.6500	0.0490	4
W3N1	−1.6207	−0.1283	−0.8131	8
W3N2	0.2458	1.0738	0.5390	3
W3N3	−1.2805	0.2188	−0.5162	7

从 2 个主成分可以看出，第一个主成分主要综合了总糖（X1）和多糖（X2）的信息；第二个主成分分析主要综合了类胡萝卜素（X3）和甜菜碱（X4）的信息。综合来看，2个主成分可以合理地对枸杞品质进行评价。

经计算，第一主成分贡献率为 47.05%，第二主成分贡献率为 39.42%。由图 1.9 可知，第一主成分 W2N2 排在第三，与前两名差别不大；第二主成分排在第一位，远远高于其他处理。综合得出该处理总排名第一。由表 1.10 可得总分排名为：W2N2＞W1N2＞W3N2＞W2N3＞W1N3＞W1N1＞W3N3＞W3N1＞W2N1。

1.4　不同水氮处理对枸杞产量的影响

产量是作物最重要的指标，是农民最关注的指标。枸杞产量包括鲜果和干果两个产量。市场中流通的主要为干果，所以干果的产量多少决定着枸杞种植利润的高低。研究不同水氮处理对枸杞产量的影响，可为宁夏中部干旱区枸杞种植提供理论支持和技术支撑。

由表 1.11 得出，不同水氮处理对枸杞各产量指标均存在显著影响（$P<0.05$）。鲜重和干重最大的都是 W2N2 处理，最小的是 W1N1 处理。W2N2 的鲜重为 7401.48kg/hm²，W1N1 的鲜重为 6375.84kg/hm²，W2N2 比 W1N1 高 16.08%；W2N2 的干重为 2356.22kg/hm²，W1N1 的干重为 1506.27kg/hm²，W2N2 比 W1N1 高 56.42%；W2N2 的干果百粒重为 18.65g，W1N1 的干果百粒重为 17.62g。

表 1.11　　　　　　　　　　不同水氮处理枸杞产量指标

处理	鲜重/(kg/hm²)	干重/(kg/hm²)	干果百粒/g	鲜干比
W1N1	6375.84[f]	1506.27[g]	17.62[f]	4.23[a]
W1N2	6485.35[e]	1561.46[f]	17.71[e]	4.15[b]
W1N3	6830.20[d]	1712.49[e]	17.63[f]	3.99[c]
W2N1	7055.16[c]	1780.06[d]	17.92[c]	3.87[de]

处理	鲜重/(kg/hm²)	干重/(kg/hm²)	干果百粒/g	鲜干比
W2N2	7401.48ᵃ	2356.22ᵃ	18.65ᵃ	3.14ʰ
W2N3	7105.48ᶜ	1866.04ᶜ	18.58ᵇ	3.81ᶠ
W3N1	6884.96ᵈ	1759.23ᵈ	17.77ᵈᵉ	3.91ᵈ
W3N2	7213.52ᵇ	1999.69ᵇ	17.94ᶜ	3.61ᵍ
W3N3	7101.04ᶜ	1851.00ᶜ	17.80ᵈ	3.84ᵉᶠ

注　表中同列肩标字母不同表示差异显著（$P < 0.05$）。

1.4.1　不同水氮处理对枸杞鲜重的影响

图 1.10 为不同水氮处理对枸杞鲜重的影响，各处理均显著大于 W1N1，枸杞鲜重的大小顺序：W2N2＞W3N2＞W2N3＞W3N3＞W2N1＞W3N1＞W1N3＞W1N2＞W1N1。

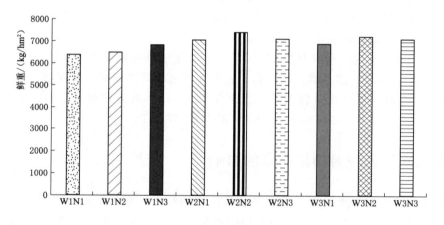

图 1.10　不同水氮处理对枸杞鲜重的影响

不同施氮量对枸杞鲜重影响显著（$P < 0.05$）。在 W1 灌水水平下，枸杞鲜重随着施氮量的增加呈增加的趋势，N2 水平的鲜重比 N1 高 1.72%，N3 水平的鲜重比 N1 高 7.13%，N3 水平的鲜果产量比 N2 高 5.32%；在 W2 灌水水平下，枸杞鲜重随着施氮量的增加呈先增加后减小的趋势，N2 水平的鲜重比 N1 高 4.91%，N3 水平的鲜重和 N1 的鲜重差异不太明显；在 W3 灌水水平下，枸杞鲜重随着施氮量的增加呈先增加后减小的趋势，N2 水平的鲜重比 N1 高 4.77%，N3 水平的鲜重比 N1 高 3.14%，N2 水平的比 N3 高 1.58%。说明适宜的灌水量下，氮肥过多过少对产量影响都很大。在 N1 施氮水平下，枸杞鲜重随着灌水的增加呈先增加后减小的趋势，W2 水平的鲜重比 W1 高 10.65%，W3 水平的鲜重比 W1 高 7.98%，W2 比 W3 高 2.47%；在 N2 施氮水平下，枸杞鲜重随着灌水的增加呈先增加后减小的趋势，W2 水平的鲜重比 W1 高 14.12%，W3 水平的鲜重比 W1 高 11.22%，W2 比 W3 高 2.61%；在 N3 施氮水平下，枸杞鲜重随着灌水的增加呈先增加后减小的趋势，W2 水平的鲜重比 W1 高 4.03%，W3 水平的鲜重比 W1 高 3.96%，

W2 和 W3 两个水平下的鲜重差异不明显。说明适宜的施氮量下，灌水量也是影响枸杞鲜重的重要因素，灌水量超过 W2 会抑制枸杞鲜重的增加。

综上所述，过多的灌水和施氮都不利于鲜重的增加，W2N2 的枸杞鲜重最高，因此，中水中氮是枸杞鲜重提高的最佳方案。

1.4.2　不同水氮处理对枸杞干重的影响

图 1.11 为不同水氮处理对枸杞干重的影响，各处理均显著大于 W1N1，枸杞干重的大小顺序和鲜果产量一样，为：W2N2＞W3N2＞W2N3＞W3N3＞W2N1＞W3N1＞W1N3＞W1N2＞W1N1。

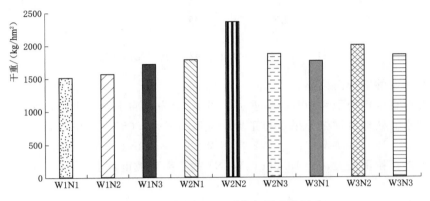

图 1.11　不同水氮处理对枸杞干重的影响

不同水氮处理对枸杞干重影响显著（$P<0.05$）。在 W1 灌水水平下，枸杞干重随着施氮量的增加呈增加的趋势，N2 水平的干重比 N1 高 3.66%，N3 水平的干重比 N1 高 13.96%，N3 水平的干重比 N2 高 9.67%；在 W2 灌水水平下，干重随着施氮量的增加呈先增加后减小的趋势，N2 水平的干重比 N1 高 32.31%，N3 水平的干重比 N1 高 4.83%，N2 水平的干重比 N3 高 26.27%；在 W3 灌水水平下，干重随着施氮量的增加呈先增加后减小的趋势，N2 水平的干重比 N1 高 13.67%，N3 水平的干重比 N1 高 5.22%，N2 水平的干重比 N3 高 8.03%。在 N1 施氮水平下，干重随着灌水量的增加呈先增加后减小的趋势，W2 水平的干重比 W1 高 18.17%，W3 水平的干重比 W1 高 16.80%，W2 和 W3 两个水平差异不明显；在 N2 施氮水平下，干重随着灌水量的增加呈先增加后减小的趋势，W2 水平的干重比 W1 高 50.9%，W3 水平的干重比 W1 高 28.07%，W2 比 W3 高 17.83%；在 N3 施氮水平下，干重随着灌水量的增加呈先增加后减小的趋势，W2 水平的干重比 W1 高 8.97%，W3 水平的干重比 W1 高 8.09%，W2 和 W3 差异不明显。因此，中水中氮是枸杞干重产量提高的最佳方案。

鲜干比是枸杞鲜果的产量和干重的比值，鲜干比越小干重产量相对较多。图 1.12 为不同水氮处理对枸杞鲜干比的影响，可见不同水氮处理对枸杞鲜干比影响显著（$P<0.05$）。W2N2 的鲜干比最小，为 3.14，W1N1 的鲜干比最大，为 4.23。在同一施氮水平下，鲜干比随着灌水量的增加呈先减小后增加的趋势，鲜干比大小顺序是 W2＜W3＜W1；在 W2 和 W3 灌水水平下，随着施氮量的增加呈先减小后增加的趋势，但在 W1 水平下，鲜

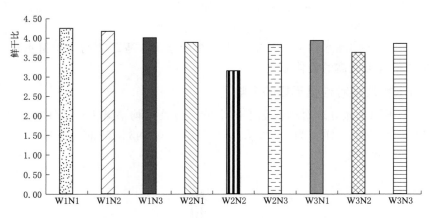

图 1.12　不同水氮处理对枸杞鲜干比的影响

干比随着灌水量的增加而减小。

　　干果百粒重是枸杞干果 100 粒的重量，图 1.13 为不同水氮处理对枸杞干果百粒重的影响，不同水氮处理对枸杞干果百粒重影响显著（$P<0.05$）。枸杞干果百粒重的大小顺序为：W2N2＞W2N3＞W3N2＞W2N1＞W3N3＞W3N1＞W1N2＞W1N3＞W1N1。W2N2 的干果百粒重最大，为 18.65g，W1N1 的干果百粒重最小，为 17.62g。

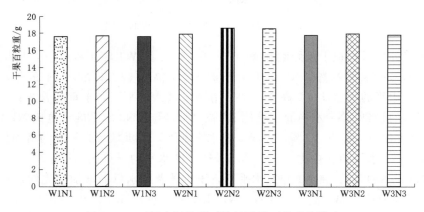

图 1.13　不同水氮处理对枸杞干果百粒重的影响

1.4.3　不同水氮处理对枸杞水分利用效率的影响

　　各处理的水分利用效率见表 1.12。由表看出，枸杞鲜重水分利用效率区间为 1.56～2.99kg/m³，W3N1 最小，W2N2 最大。W1 水平时，随着施氮量的增加，鲜重水分利用效率随之增加；W2 和 W3 水平时，鲜重水分利用效率随着氮肥的增加呈先增加后减小的趋势。施氮量一定时，鲜重水分利用效率随着灌水量的增加呈先增加后减小的趋势。本书所得结论与杜宇旭的研究结果一样，即灌溉定额过高反而使水分利用效率降低。灌溉定额过高时，产量相对较低，因此，水分利用效率相应较低。所以，适宜的灌水施氮才能使水分利用效率提高。

表 1.12 不同水氮处理对枸杞水分利用效率的影响

处　理	耗水量 /mm	灌溉量 /mm	鲜重 /(kg/hm²)	水分利用系数 WUE /(kg/m³)
W1N1	303.46	120.00	6375.84	2.10
W1N2	273.31	120.00	6485.36	2.37
W1N3	274.75	120.00	6830.20	2.49
W2N1	344.86	195.00	7055.16	2.05
W2N2	247.31	195.00	7401.48	2.99
W2N3	273.63	195.00	7105.48	2.60
W3N1	440.16	270.00	6884.96	1.56
W3N2	397.06	270.00	7213.52	1.82
W3N3	394.93	270.00	7101.04	1.80

1.5　不同水氮处理对土壤水氮运移规律的影响

　　水分和养分是枸杞生长的必要条件，水分和养分亦相互影响，土壤水分的状态决定了养分的运移深度和运移速度，而养分的积累也决定了水分的运移规律。不同灌水量和施氮量对土壤水分和养分的运移有很大区别：水分适宜时，养分的运移深度和运移速度都会提高，进而提高了肥料利用率；肥料适宜时，会促进植株对水分的吸收。所以，合理的水氮条件下的水分和养分的分布能给枸杞提供适宜的生长环境。

1.5.1　不同水氮处理对土壤水分的影响

　　表 1.13 为不同水氮处理下的土壤含水率均值。针对全生育期灌水施氮后不同土层平均含水率进行显著性分析（表 1.13）得出，不同水氮处理对不同土层含水率有明显影响。

表 1.13 不同水氮处理下生育期土壤含水率均值 %

处理　土壤深度/cm	0～20	20～40	40～60	60～80	80～100
W1N1	11.68	12.67	12.25	12.20	11.53
W1N2	12.71	14.8	12.03	11.72	11.22
W1N3	13.31	12.17	11.75	9.25	8.86
W2N1	13.03	13.56	10.67	9.89	9.04
W2N2	12.58	15.01	10.12	10.49	10.08
W2N3	13.08	14.68	10.70	10.11	9.32
W3N1	13.81	15.09	13.74	14.12	12.99
W3N2	16.28	14.55	13.00	11.07	10.67
W3N3	16.40	16.78	14.81	12.14	11.04

　　各处理含水率的最大值都整体出现在 0～60cm，并且变化波动比较大。总体 W3N3

含水率最大，W1N1 最小；在相同的施氮水平下，土层 20～60cm 含水率大小顺序为：W3＞W2＞W1，且在 N1 和 N3 施氮水平下，W3 明显大于 W2；在 W1 和 W2 灌水水平下，土层 20～40cm 含水率 N2 水平显著大于 N1 和 N3，当灌水水平为 W3 时，含水率 N3 显著大于 N1 和 N2。

由表 1.13 可以看出，枸杞全生育期内不同水氮处理对土壤含水率有明显影响，各处理变化规律相似，0～60cm 呈先减小后增大再减小的趋势，在 20～40cm 出现峰值。在 W1N1 处理下，20～40cm 土壤含水率最高，为 12.67％，40～80cm 土壤含水率增大幅度较小，80～100cm 的土壤含水率最低，为 11.53％；在 W1N2 处理下，20～40cm 的土壤含水率最高，为 14.8％，20～40cm 以下土壤含水率逐渐减小；W1N3 处理下，0～60cm 的土壤含水率是先增大后减小的趋势，0～20cm 土壤含水率最高，为 13.31％，60cm 以下土壤含水率逐渐减小，波动较小；在 W2N1 处理下，20～40cm 土壤含水率最高，为 13.56％，40～60cm 土壤含水率急剧降低，60cm 以下土壤含水率波动小，说明此时 20～40cm 的土壤水分状况良好；在 W2N2 处理下，20～40cm 土壤含水率出现峰值，0～60cm 的含水率是先增加后减小的趋势，60cm 以下波动较小；W2N3 处理下与 W2N2 处理的变化规律类似，20～40cm 土壤含水率出现峰值，0～60cm 的含水率是先增加后减小的，60cm 以下波动较小；在 W3N1 处理下，20～40cm、60～80cm 出现峰值，60～100cm 大于其他处理，整体变化幅度不大，在 W3N2 处理下，0～20cm 的含水率值最大，向下逐渐减小；在 W3N3 处理下，0～60cm 含水率大。

图 1.14 为不同水氮处理各生育期土壤含水率的动态变化图。由图可以得出，各处理含水率在整个生育期变化相似，最高值多数出现在果熟期，最小值出现在盛花期。各处理在开花初期至盛花期含水率总体呈现下降的趋势。在 N1 施氮水平下，W1、W2、W3 都表现出先增加后减小的趋势。在 N2 施氮水平下，W1、W2、W3 都表现出先增加后减小

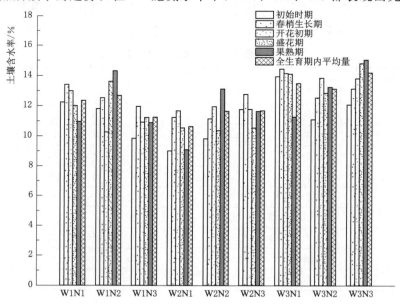

图 1.14　不同水氮处理各生育期土壤含水率的动态变化

再增加的趋势。而在 N3 施氮水平下，各处理土壤含水率规律不明显。在同一灌水量下，各处理规律也不明显。枸杞全生育期土壤含水率大小顺序为：W3N3＞W3N1＞W3N2＞W1N2＞W1N1＞W2N3＞W2N2＞W1N3＞W2N1，W3N3 含水率均值最大。与此同时，得出土壤含水率在枸杞生育初期相对较小，由于春梢生长期进行了灌水和施氮的处理，不同水氮处理下土壤含水率呈现不同程度的增加；在开花初期，由于枸杞需水量、水分蒸发量增加，土壤含水率出现不同程度的减少；盛花期随着枸杞树的生长，枝叶迅速覆盖了土壤表面，提高了作物蒸腾占田间蒸散的比重，土壤含水率又有所增加；果熟期随着枸杞对水分的吸收增加，各处理土壤含水率有不同程度减少。参考全生育期土壤含水率均值，土壤含水率随着灌水量的增加呈增加的趋势，土壤含水率随施氮量的增加呈先增加后减小的趋势。W2N2 土壤含水率均值最小，W3N3 土壤含水率均值最大，W3N3 土壤含水率比W2N2 高出了 33.36%。

1.5.2 不同水氮处理对土壤硝态氮变化的影响

土壤中所施的肥料是作物生长所需的养分来源，土壤中含有的硝态氮是作物氮养分的重要来源，肥随水走，所以土壤中的养分流动性大，极易流失，从而造成浪费和污染。于冲等研究表明农业不科学地利用肥料会造成土壤大面积的污染。刘敏等研究表明氮肥过多过少都会不利于作物的生长，而土壤硝态氮能有效反映出残留在土壤中的氮肥含量。

表 1.14 为不同水氮处理下不同土层全生育期的硝态氮含量均值。由表可得，硝态氮含量都大于初始值。各处理硝态氮含量的最大值都出现在 0～20cm。总体 W1N3 硝态氮含量最大，W2N2 最小；在相同的施氮水平下，土层为 20～40cm 硝态氮含量大小顺序为：W1＞W3＞W2，且在 N1 和 N3 施氮水平下，W1 显著大于 W3；在相同的灌水水平下，土层为 20～40cm 硝态氮含量大小顺序为：N3＞N2＞N1。

表 1.14   **不同水氮处理下不同土层全生育期硝态氮含量均值**   单位：mg/kg

土壤深度/cm 处理	0～20	20～40	40～60	60～80	80～100
W1N1	104.54	96.85	95.88	94.79	93.25
W1N2	119.39	95.07	92.38	87.78	93.88
W1N3	136.06	103.1	96.61	95.74	93.76
W2N1	99.10	85.24	89.02	89.22	75.38
W2N2	95.32	87.94	83.53	93.26	92.18
W2N3	96.11	101.29	88.17	88.39	90.03
W3N1	107.45	77.02	72.81	93.17	105.07
W3N2	117.29	90.95	83.67	82.09	88.44
W3N3	121.00	98.48	99.21	102.16	98.99

1.5.2.1 不同灌水量对全生育期土壤硝态氮含量的影响

图 1.15 为同一施氮水平下不同灌水量对全生育期土壤硝态氮含量的影响。由图可看出，各处理的变化规律大多数相似，都类似向左坐标轴倾斜的一条曲线，硝态氮含量都大

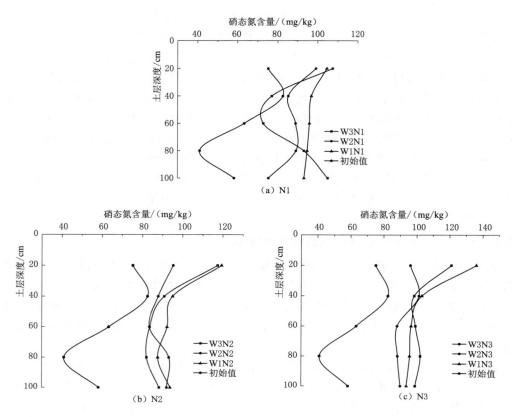

图 1.15　同一施氮水平下不同灌水量对全生育期土壤硝态氮含量的影响

于初始值，大致呈随着土层的深度增加而减少的趋势。同一施氮水平下，不同灌水量对土壤硝态氮的含量变化影响差异很大。在 N1 施氮水平下，W1 的硝态氮变化区间为 93.25～104.54mg/kg，0～20cm 的硝态氮含量最大，向下运移的程度比较小，并且 20cm 以下变化也较小；W2 水平下的硝态氮变化区间为 75.38～99.1mg/kg，0～20cm 硝态氮含量最大，硝态氮向下运移的程度加深至 80cm，60 和 80cm 出现了峰值，80～100cm 的硝态氮含量急剧减小，说明硝态氮随着水运移至较深层；W3 水平下的硝态氮变化区间为 72.81～107.45mg/kg，20～60cm 硝态氮含量相比 0～20cm 减小了好多，60cm 以后土壤硝态氮含量开始急剧增加，说明此时的灌水过多导致深层渗漏，硝态氮淋洗到深层，致使 60～100cm 的硝态氮含量相比 20～60cm 土壤硝态氮含量增加，变化波动大。在 N2 施氮水平下，W1 水平下的硝态氮变化区间为 87.78～119.39mg/kg，在 0～20cm 硝态氮含量最大，硝态氮向下运移的程度小，下面的土层波动比较小；W2 水平下的硝态氮变化区间为 83.53～95.32mg/kg，在 60～80cm 出现了峰值，但总体变化波动不大，说明此时的灌水施氮能使硝态氮运移程度加深，累积现象不明显，有利于枸杞植株对氮的吸收，不易流失；W3 水平下的硝态氮变化区间为 82.09～117.29mg/kg，0～40cm 的土壤硝态氮含量变化波动大，随着水分运移至较深位置，导致 80～100cm 土壤硝态氮含量增多。在 N3 施氮水平下，W1 水平的硝态氮变化区间为 93.76～136.06mg/kg，在 0～20cm 硝态氮含量最大，下面土层的硝态氮含量大幅度减小，因为低水高氮易被植株吸收，并在浅层形成累积，难以向下运移；W2 水平下的硝态氮变化区间为 88.17～101.29mg/kg，此时的灌水施氮条件使运移扩大至深层，80～100cm 的硝态氮含量增加；W3 水平的硝态氮变化区间为 98.48～121mg/kg，此时 60～80cm 出现了峰值。

综上所述，土壤硝态氮的运移深度随着灌水的增加而增加，同一灌水量下，施氮量多的比施氮量少的运移深，因为水分溶解的氮肥多会使之随水向下运移，使硝态氮的聚集范围变大；同一施氮水平下，硝态氮的含量随着灌水的增大呈先减小后增大的趋势；有可能因为适宜的水氮处理促进了植株根系对氮肥的吸收，当灌水超过适宜的范围之后，会加重肥的下渗速度，湿润峰在重力作用下一直向深层运移，导致硝态氮不断累积在深层，使浅层含量变小，所以选择适宜的灌水施氮对枸杞吸收养分和生长尤为重要。

1.5.2.2 不同施氮量对全生育期土壤硝态氮含量的影响

图 1.16 为同一灌水水平下不同施氮量对全生育期土壤硝态氮含量的影响。由图可看出，各处理的变化规律大多数相似，都类似向左坐标轴倾斜的一条曲线，硝态氮含量都大于初始值，随着土层深度的增加大致呈减少的趋势。在同一灌水水平下，不同施氮量对土壤硝态氮的含量变化影响差异很大。在 W1 灌水水平下，N1 水平下的土壤硝态氮含量为 97.06mg/kg，N2 水平下的土壤硝态氮含量为 97.70mg/kg，N3 水平下的土壤硝态氮含

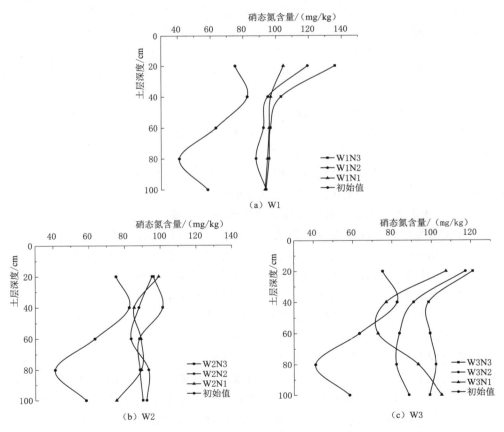

图 1.16 同一灌水水平下不同施氮量对全生育期土壤硝态氮含量的影响

量为 105.05mg/kg；在 W2 灌水水平下，N1 水平下的土壤硝态氮含量为 87.59mg/kg，N2 水平下的土壤硝态氮含量为 90.45mg/kg，N3 水平下的土壤硝态氮含量为 92.80mg/kg；在 W3 灌水水平下，N1 水平下的土壤硝态氮含量为 91.10mg/kg，N2 水平下的土壤硝态氮含量为 92.50mg/kg，N3 水平下的土壤硝态氮含量为 103.97mg/kg。由此看来，在同一灌水水平下，土壤硝态氮的含量由大到小为：N3＞N2＞N1，土壤中硝态氮的含量随着施氮量的增加呈增加的趋势。土壤在 0～20cm 处积累普遍较大，各处理间波动也大，下层的土壤硝态氮含量降低普遍波动较小，应是由于初期水分在浅层聚集，致使竖向渗透减弱，所以浅层土壤的硝态氮的含量较高。在 W1 灌水水平下，N1 水平下的硝态氮变化区间为 93.25～104.78mg/kg，0～20cm 土层累积硝态氮含量最大，20cm 以下波动较小，差值为 11.53mg/kg；N2 水平下的硝态氮变化区间为 87.78～119.39mg/kg，0～20cm 土层累积硝态氮含量最大，20cm 以下波动较小，80～100cm 土壤硝态氮含量增高，出现了峰值；N3 水平下的硝态氮变化区间为 93.76～136.06mg/kg，主要累积在 0～20cm，20cm 以后土壤硝态氮含量逐层递减。在 W2 灌水水平下，N1 水平下的硝态氮变化区间为 75.38～99.1mg/kg，60～80cm 出现了峰值，80～100cm 减小，硝态氮向下运移的程度加深至 80cm；N2 水平下的硝态氮变化区间为 83.53～95.32mg/kg，0～20cm 含量明显小于其他处理，在 60cm 以下土壤硝态氮含量增加，并在 60～80cm 出现了峰值，说明运移深度能达到深层，0～60cm 的土壤硝态氮含量波动不大，根系对氮吸收较好；N3 水平下的硝态氮变化区间为 88.17～101.29mg/kg，此时的灌水施氮条件使运移扩大至深层，硝态氮含量 20～40cm 处累积较多导致土壤硝态氮含量较大，下层的硝态氮含量波动较小。在 W3 灌水水平下，N1 水平下的硝态氮变化区间为 72.81～107.45mg/kg，20～60cm 的土壤硝态氮含量大幅度低于其他土层，说明高水低氮容易使硝态氮淋洗至深层，累积在深层，不利于植株吸收；N2 水平下的硝态氮变化区间为 82.09～117.29mg/kg，0～40cm 的土壤硝态氮含量变化波动大，随着水分运移至运移较深，致使在 80～100cm 土壤硝态氮含量增多；N3 水平下的硝态氮变化区间为 98.48～121mg/kg，此时 60～80cm 出现了峰值，高水水平使氮肥随着水分向下运移，并且施氮量的增加使硝态氮浓度变大，致使溶质迅速向下移动，硝态氮累积在深层，也不利于枸杞本身对氮的吸收。

1.5.2.3　不同水氮处理对各生育期土壤硝态氮含量的影响

不同灌水施氮处理土壤硝态氮含量动态变化如图 1.17 所示。从图可以看出硝态氮含量在整个生育期变化相似，最高值大多出现在盛花期，最低值出现在开花初期。各处理从初始值到春梢生长期呈增加趋势，从盛花期到果熟期呈减小趋势。在 W2 和 W3 灌水水平下，N1、N2、N3 都表现出先增加后减小再增加再减小的趋势。在 W1 情况下，各处理规律不明显。枸杞全生育期土壤硝态氮含量均值大小顺序为：W2N2＜W3N2＜W2N3＜W3N1＜W2N1＜W1N2＜W3N3＜W1N3＜W1N1。在本试验中得出，土壤硝态氮含量在生育初期相对较小，春梢生长期由于灌水施氮，土壤硝态氮含量明显增加，开花初期由于枸杞对氮素的需求量增加，土壤硝态氮含量出现不同程度减少，盛花期随着灌水施氮量的增加，土壤硝态氮含量又有所增加，果熟期随着枸杞对氮素的吸收增加，各处理土壤硝态氮含量有不同程度的减少。参考全生育期土壤硝态氮含量均值，硝态氮含量随灌水量的增加而减小，随施氮量的增加而增加。各处理中，W1N3 土壤硝态氮含量均值最大，W2N2

硝态氮含量均值最小，W1N3 处理比 W2N2 处理高出了 38.67%。

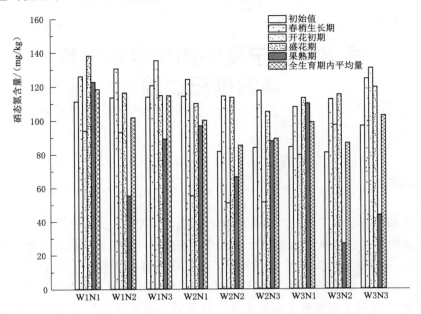

图 1.17 不同水氮处理生育期内土壤硝态氮含量动态变化

第2章 宁夏中部干旱带覆膜
滴灌枸杞试验

2.1 试验设计

供试作物品种为宁杞 7 号，采用覆膜和不覆膜 2 种种植方式，覆膜和不覆膜种植条件下枸杞均采用单因素随机区组试验设计。覆膜和不覆膜种植方式下枸杞灌溉定额均有 7 个水平（处理），3 次重复，共 42 个试验小区，覆膜以不覆膜为对照。各个小区的灌水次数都相同，整个生育期共灌水 8 次。第 1 次和第 8 次分别于 4 月中旬和 10 月下旬进行，各灌 300m³/hm²。除第 1 次和第 8 次灌水外，各小区均灌水 6 次。春梢生长期、开花初期各灌水 1 次，果熟期灌水 4 次，每次灌水定额相同，为除第 1 次和第 8 次灌水外小区相应灌溉定额的 1/6。覆膜处理灌溉定额 7 个水平分别为：处理 F1，2220m³/hm²；处理 F2，2760m³/hm²；处理 F3，3300m³/hm²；处理 F4，3840m³/hm²；处理 F5，4380m³/hm²；处理 F6，4920m³/hm²；处理 F7，5460m³/hm²。不覆膜处理灌溉定额 7 个水平分别为：处理 B1，2220m³/hm²；处理 B2，2760m³/hm²；处理 B3，3300m³/hm²；处理 B4，3840m³/hm²；处理 B5，4380m³/hm²；处理 B6，4920m³/hm²；处理 B7，5460m³/hm²。覆膜及膜间裸地宽分别为 60cm 和 2.4m。株行距为 1m×3m，一行 10 棵枸杞树构成一个小区。滴灌带为内镶贴片试滴灌带，内径 16mm、壁厚 0.15mm、相邻两滴头间距 50cm、滴头流量 2.0L/h、额定工作压力 0.1MPa，滴头位于相邻两棵树中间位置，滴灌带与枸杞树间距为 10cm。覆膜和不覆膜枸杞各对应处理灌水施肥措施相同，灌水时间、各次灌水定额见表 2.1。施肥时间、施肥种类和施肥量见表 2.2。除草、剪枝等他农艺措施同当地枸杞基地。

表 2.1　　　　　　　　　　　　灌水时间和灌水定额　　　　　　　　　　单位：m³/hm²

灌水时间 处理	萌芽期 4 月中旬	春梢生长期 4 月 28 日	开花初期 5 月 20 日	果熟期 6 月 4 日	果熟期 6 月 25 日	果熟期 7 月 8 日	果熟期 7 月 18 日	落叶期 10 月下旬
F1/B1	300	270	270	270	270	270	270	300
F2/B2	300	360	360	360	360	360	360	300
F3/B3	300	450	450	450	450	450	450	300
F4/B4	300	540	540	540	540	540	540	300
F5/B5	300	630	630	630	630	630	630	300

续表

灌水时间 处理	萌芽期 4月中旬	春梢生长期 4月28日	开花初期 5月20日	果熟期 6月4日	果熟期 6月25日	果熟期 7月8日	果熟期 7月18日	落叶期 10月下旬
F6/B6	300	720	720	720	720	720	720	300
F7/B7	300	810	810	810	810	810	810	300

表 2.2　　　　　　　　　　　　　　　　施肥种类和施肥量

施肥时间	4月15日	4月18日	4月28日	5月20日	6月4日	7月8日	7月18日
施肥种类	鸡粪、羊粪鸡粪为主	二铵复合肥；磷酸二铵	磷酸一铵	氨基酸尿素	磷酸二氢钾	氨基酸尿素	氨基酸尿素
施肥量/(kg/hm²)	7500	1800	180	氨基酸：750；尿素：75	166.5	氨基酸：750；尿素：75	氨基酸：750；尿素：75

2.2 不同灌水处理对枸杞生长的影响

2.2.1 不同灌水处理对枸杞地径的影响

2.2.1.1 不同灌溉定额对枸杞地径的影响

　　覆膜和不覆膜种植方式下枸杞地径随生育期变化规律如图 2.1 所示。不覆膜种植枸杞各灌水处理枸杞地径随生育期的变化规律与覆膜种植条件下枸杞地径随生育期的变化规律相同，随生育期延长均不断增大。7月中旬到 8月中旬枸杞地径生长比较旺盛，8月中旬以后地径生长速度有所减缓。

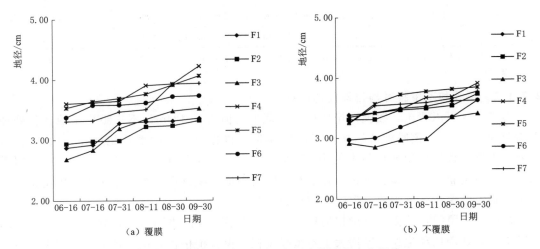

（a）覆膜　　　　　　　　　　　　（b）不覆膜

图 2.1　不同种植方式下枸杞生育期地径变化规律

　　覆膜和不覆膜种植方式下不同灌水处理枸杞地径方差分析结果见表 2.3，方差分析表明：覆膜种植枸杞与不覆膜种植枸杞不同灌水处理对地径的生长影响达显著（$P<0.05$）。覆膜种植方式下，枸杞地径随着灌溉定额的增大先增大后减小。当灌溉定额小于等于

$3840m^3/hm^2$（F4 处理）时，枸杞地径随着灌溉定额增大而不断增大，灌溉定额为 $3840m^3/hm^2$（F4 处理）时，地径最大，为 3.89cm；当灌溉定额大于 $3840m^3/hm^2$（处理 F4）时，地径随着灌溉定额的增大而减小。不覆膜种植方式下，枸杞地径随灌溉定额的变化规律与覆膜种植方式下枸杞随灌溉定额的变化规律相似，当灌溉定额小于等于 $4380m^3/hm^2$（处理 B5）时，枸杞地径随着灌溉定额的增大而增大，灌溉定额为 $4380m^3/hm^2$（处理 B5）时，地径最大，为 3.66cm；当灌溉定额大于 $4380m^3/hm^2$（处理 B5）时，地径随灌溉定额的增大而减小。

表 2.3　　　　　　　覆膜和不覆膜枸杞各处理生长指标方差分析

种植模式	处理	地径/cm	冠幅 EW/cm	冠幅 NS/cm	枝条数/枝	枝长/cm
覆膜	F1	2.78±0.24dC	120.7±4.9cdCD	117.4±2.4cdC	69±9eD	71.5±8.13cB
	F2	3.11±0.34cdBC	115.7±1.4dD	120.1±2.9cdBC	71±6eD	73.9±11.4bcAB
	F3	3.28±0.01bcABC	117.1±19.2cdD	113.2±8.3dC	75±7dC	72.3±10.4bcB
	F4	3.89±0.84aA	140.6±18.0abAB	139.7±12.85aA	96±7aA	77.3±9.8aA
	F5	3.77±0.40aA	146.4±8.2aA	136.1±3.8aA	85±7bB	73.9±7.8bcAB
	F6	3.60±0.12abAB	136.2±4.56abABC	130.3±1.7abAB	78±5cC	74.4±11.2bAB
	F7	3.51±0.29abcAB	129.6±2.4bcBCD	124.0±11.9bcBC	70±5eD	74.8±13.0bcAB
不覆膜	B1	2.85±0.52cB	110.2±4.7cC	103.5±8.5dD	65.±19cD	72.8±10.3bBC
	B2	3.36±0.11abAB	120.6±3.1bcABC	107.9±23.5dCD	70±17bcCD	71.1±8.8cC
	B3	3.51±0.23abA	116.8±9.9bcBC	116.2±4.4cdBCD	74±16bABCD	74.2±10.7bBC
	B4	3.58±0.51abA	139.8±31.5aA	125.2±0.7abAB	83±5aA	78.4±9.6aA
	B5	3.66±0.33aA	133.6±7.8abAB	129.4±22.6aA	82±8aAB	78.2±8.2aA
	B6	3.25±0.19bcAB	129.3±16.2abABC	121.1±1.8abcABC	75±12bABC	74.9±11.8bB
	B7	3.56±0.14abA	126.4±10.3abcABC	115.7±2.6bcdABCD	73±16bBCD	75.6±8.9bAB

注　表中的各值为平均值，小写英文字母不同表明差异显著（$P<0.05$），大写英文字母不同表明差异极大显著（$P<0.01$）。

2.2.1.2　覆膜和不覆膜对枸杞地径的影响

由表 2.3 可以看出，覆膜枸杞地径各处理平均值为 3.42cm，不覆膜枸杞地径各处理平均值为 3.39cm，覆膜种植枸杞大于不覆膜种植枸杞。覆膜种植枸杞地径最大的为 F4 处理，不覆膜种植枸杞地径最大的为 B5 处理，最大地径分别为 3.89cm、3.66cm，覆膜枸杞大于不覆膜枸杞。覆膜枸杞地径达最大时所对应的灌溉定额覆膜小于不覆膜枸杞，这说明覆膜可以保持土壤水分，促进枸杞地径生长。

覆膜和不覆膜种植模式下枸杞地径生长速度见图 2.2。由图可知，除 F5 和 F6 处理，覆膜枸杞各处理地径生长速度均大于不覆膜枸杞。覆膜枸杞各处理地径生长速度平均值为 0.05mm/d、不覆膜枸杞地径生长速度为 0.04mm/d，覆膜枸杞各处理地径生长速度平均值大于不覆膜枸杞。这说明覆膜可以促进枸杞地径生长。

以上分析说明：灌溉和覆膜对枸杞地径生长均可产生明显影响，适宜的灌溉定额和覆膜措施能够促进枸杞地径生长。

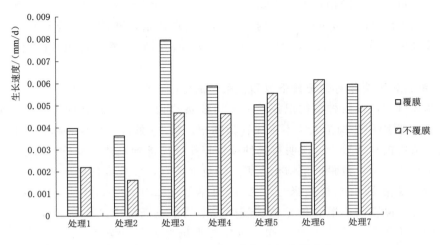

图 2.2　不同种植方式下枸杞地径生长速度

2.2.2　不同灌溉定额对枸杞枝条数和枝条长的影响

2.2.2.1　不同灌溉定额对枸杞枝条数和枝条长的影响

覆膜种植方式下和不覆膜种植方式下枸杞各生长指标方差分析见表 2.3。覆膜和不覆膜种植方式下枸杞枝条数随灌溉定额的变化规律如图 2.3 所示。方差分析表明，覆膜和不覆膜种植方式下枸杞灌溉定额对枝条数和枝条长均影响显著（$P < 0.05$）。由图 2.3 可知，覆膜和不覆膜种植方式下，各处理枝条数随灌溉定额的增大均先增大后减小，当灌溉定额小于等于 $3840 \mathrm{m}^3/\mathrm{hm}^2$（F4 和 B4 处理）时，枸杞枝条数随灌溉定额的增大而增大。灌溉定额为 $3840 \mathrm{m}^3/\mathrm{hm}^2$（F4 和 B4 处理）时，覆膜和不覆膜枸杞枝条数均达最大，分别为 96 条和 83 条。当灌溉定额大于 $3840 \mathrm{m}^3/\mathrm{hm}^2$（F4 和 B4 处理）时，枸杞枝条数随着灌溉定额的增大而减小。覆膜和不覆膜种植枸杞，枝条数随灌溉定额的增大均先增大后减小，变化规律相似，这说明灌溉定额在一定范围内可以促进枸杞枝条数的增长，但过大的灌溉定额反而不利于枝条数的提高。

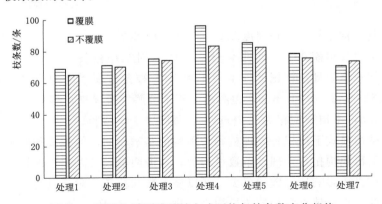

图 2.3　覆膜和不覆膜种植方式下枸杞枝条数变化规律

由表 2.2 可知，覆膜枸杞 F4 处理枝条长度最大，为 77.3cm，F1 处理枝条长度最小，为 71.5cm，F4 比 F1 大 6.8cm。不覆膜枸杞 B4 处理枝条长度最大，最大为 78.4cm，B2 处理枝条长度最小，为 71.1cm，B4 比 B2 大 7.3cm。适宜的灌溉定额可以促进枸杞枝条生长。

2.2.2.2　覆膜和不覆膜对枸杞枝条数和枝条长的影响

由表 2.2 可知，覆膜种植枸杞各处理平均枝条数为 78，不覆膜种植枸杞各处理平均枝条数为 75，覆膜种植枸杞大于不覆膜种植枸杞。除 F7 处理，覆膜种植枸杞枝条数均大于不覆膜种植枸杞枝条数，这说明覆膜种植枸杞能够促进枸杞枝条生长。这是因为覆膜具有保水、保肥的作用，覆膜种植枸杞水肥条件更加适宜，枝条生长更加旺盛。

覆膜与不覆膜种植枸杞枝条生长变化规律如图 2.4、图 2.5 所示。由图 2.4、图 2.5 可以看出，覆膜与不覆膜枸杞枝长随生育期均呈不断增大的变化规律，且随时间变化增长速度较为均匀。由表 2.3 可知，虽然覆膜枸杞枝长除处理 F2，其他各处理均小于不覆膜枸杞枝长，但覆膜枸杞各处理枝条长平均值为 74.01cm，不覆膜枸杞枝长各处理枝长平均值为 75.04cm，覆膜比不覆膜小 1.03cm，两者基本相同。这说明覆膜虽没有显著提高枸杞枝条长度，但也没有明显减小枸杞枝条长，覆膜对枸杞枝长没有产生明显影响。

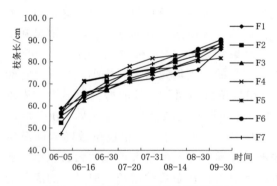

图 2.4　覆膜方式下枸杞生育期枝条
长变化规律

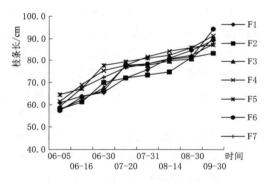

图 2.5　不覆膜方式下枸杞生育期枝条
长变化规律

覆膜与不覆膜枸杞枝条生长速度图如图 2.6、图 2.7 所示。由图 2.6、图 2.7 可以看出，覆膜和不覆膜种植模式下，处理 4（F4 和 B4）对枸杞枝条生长影响程度高于其他处理。覆膜种植与不覆膜种植枸杞处理 4（F4 和 B4）枝条生长速度均最快，覆膜和不覆膜最快分别为 0.32cm/d、0.31cm/d，覆膜略大于不覆膜。覆膜枸杞各处理枝条生长速度平均值为 0.28cm/d，不覆膜枸杞为 0.26cm/d，覆膜大于不覆膜。

虽然两种种植模式下枸杞各处理枝条长平均值基本相同，但覆膜种植枸杞各处理枝条数平均值大于不覆膜枸杞各处理枝条数平均值，这说明覆膜可以促进枸杞枝条生长。由于枝条数和枝条长直接影响挂果数的多少，所以枝条数和枝条长对产量均有重大影响。在覆膜和不覆膜条件下枸杞枝条数和枝条长均为处理 4（F4 和 B4）最大，这可以促进产量的提升。

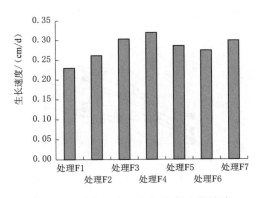

图 2.6 覆膜方式下枸杞枝条生长速度

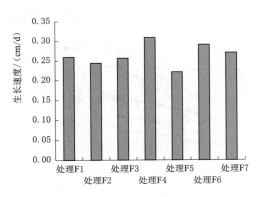

图 2.7 不覆膜方式下枸杞枝条生长速度

2.2.3 不同灌水处理对枸杞冠幅的影响

2.2.3.1 不同灌溉定额对枸杞冠幅的影响

苗木长势可用冠幅大小进行衡量，覆膜和不覆膜枸杞冠幅方差分析见表2.2，方差分析表明，灌溉定额对覆膜和不覆膜种植枸杞冠幅均影响显著（$P<0.05$）。由表2.2可以看出，覆膜种植条件下，东西冠幅和南北冠幅随灌溉定额的增大均先增大后减小，但东西冠幅以及南北冠幅达最大时的灌溉定额不同。对于覆膜枸杞东西向冠幅，当灌溉定额小于等于4380m³/hm²（处理F5）时，东西冠幅随着灌溉定额的增大而增大，覆膜F5处理枸杞东西冠幅最大，最大为146.39cm。当灌溉定额大于4380m³/hm²（处理F5）时，东西冠幅随灌溉定额的增大而减小。对于覆膜枸杞南北向冠幅，当灌溉定额小于等于3840m³/hm²（处理F4）时，南北冠幅随灌溉定额的增大而增大，F4处理枸杞南北冠幅最大。当灌溉定额大于3840m³/hm²（处理F4）时，南北冠幅随着灌溉定额的增大而减小。不覆膜枸杞，冠幅随灌溉定额的变化规律与覆膜枸杞相似，枸杞东西冠幅和南北冠幅随灌溉定额的增大均先增大后减小，但东西冠幅以及南北冠幅达最大时的灌溉定额不同。对于不覆膜枸杞东西向冠幅，当灌溉定额小于等于3840m³/hm²（处理B4）时，东西向冠幅随灌溉定额的增大而增大，B4处理枸杞东西冠幅最大。当灌溉定额大于3840m³/hm²（处理B4）时，东西冠幅随着灌溉定额的增大而减小。对于不覆膜枸杞南北向冠幅，当灌溉定额小于等于4380m³/hm²（处理B5）时，南北冠幅随着灌溉定额的增大而增大，覆膜B5处理枸杞南北冠幅最大。当灌溉定额大于4380m³/hm²（处理B5）时，南北冠幅随灌溉定额的增大而减小。覆膜枸杞东西冠幅和南北冠幅平均最大的两个处理为F4和F5，分别为140.15cm和141.25cm，两者基本相等。不覆膜枸杞东西冠幅和南北冠幅平均最大的B4处理为132.5cm。覆膜与不覆膜条件下，枸杞东西冠幅、南北冠幅随灌溉定额的增大均先增大后减小，这说明灌溉定额在一定范围内有利于冠幅的增加，但过大的灌溉定额会抑制枸杞生长。

2.2.3.2 覆膜和不覆膜对枸杞冠幅的影响

覆膜和不覆膜种植枸杞冠幅变化规律如图2.8所示。由图2.8可以看出，覆膜和不覆膜种植方式下，枸杞冠幅随生育期延长均不断增大。覆膜种植枸杞，南北冠幅平均值为125.81cm，东西冠幅平均值为129.45cm。不覆膜种植枸杞，南北冠幅平均值为116.26cm，东西冠幅平均值为 125.24cm，覆膜枸杞南北冠幅和东西冠幅均大于不覆膜枸杞。

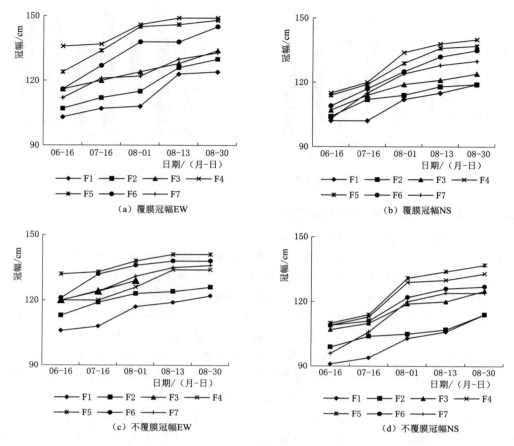

图 2.8 不同种植模式下枸杞生育期冠幅的变化规律
（注：EW 表示东西走向，NS 表示南北走向）

　　覆膜和不覆膜种植枸杞东西冠幅及南北冠幅增长速度分别如图 2.9、图 2.10。由图 2.9、图 2.10 可以看出，覆膜枸杞东西冠幅增长速度除处理 4 略小于不覆膜枸杞外，其他各处理均大于不覆膜枸杞。覆膜枸杞东西冠幅增长速度平均值为 0.28cm/d，不覆膜枸杞东西冠幅增长速度平均值为 0.18cm/d，覆膜枸杞东西冠幅增长速度平均值大于不覆膜枸杞。覆膜和不覆膜枸杞南北冠幅增长速度平均值均为 0.29cm/d，基本相等。

　　两种种植模式下枸杞东西向冠幅均大于南北向冠幅。且 6 月 16 日到 8 月 30 日，覆膜和不覆膜枸杞南北冠幅增长速度平均值均为 0.29cm/d，基本相等。这主要是因为枸杞沿南北向进行种植，南北向株距为 1m，东西向行距为 3m，与南北向相比，东西向更有利于枸杞枝条的生长延伸。南北向受株距限制，覆膜和不覆膜枸杞枝条生长均受到一定影响。因 6 月 16 日到 8 月 30 日各时期覆膜枸杞南北冠幅均大于不覆膜枸杞，所以 6 月 16 日到 8 月 30 日覆膜枸杞受株距影响更大，这是使得覆膜枸杞各处理南北冠幅平均值虽然大于不覆膜枸杞各处理南北冠幅平均值，但 6 月 16 日到 8 月 30 日覆膜枸杞南北冠幅增长速度和不覆膜枸杞南北冠幅增长速度基本相等的原因。

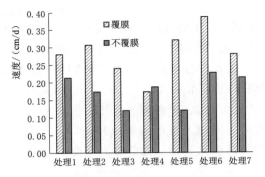

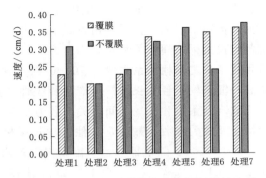

图 2.9 覆膜和不覆膜枸杞东西冠幅增长速度　图 2.10 覆膜和不覆膜枸杞南北冠幅增长速度

除 2 处理（F2 和 B2），覆膜各处理东西向冠幅均大于不覆膜各处理。除 3 处理（F3 和 B3），覆膜各处理南北向冠幅均大于不覆膜各处理。除 4 处理（F4 和 B4），覆膜枸杞东西冠幅增长速度略小于不覆膜，其他各处理覆膜均大于不覆膜。南北冠幅增长速度覆膜与不覆膜枸杞基本相等。覆膜与不覆膜枸杞东西和南北冠幅随灌溉定额增大均呈先增大后减小的变化趋势。以上分析说明覆膜及适宜的灌溉定额有利于枸杞冠幅的增长。

2.2.4 覆膜和不覆膜枸杞生长指标与产量的关系

不同种植模式下枸杞生长指标与产量变化关系如图 2.11 所示。由于各指标数值差异较大，为方便比较，图中纵坐标为单处理指标占各处理总和指标的百分比。由图 2.11 可以看出，随灌溉定额的增大覆膜与不覆膜枸杞地径、冠幅、枝条数和产量均先增大后减小。枸杞地径、冠幅、枝条数和枝长越大产量也越大，地径、冠幅、枝条数和枝长越小产量也越小，枸杞生长指标和产量呈同步变化的规律。这主要是因为枸杞地径、枝条等的良好生长能够为枸杞开花结果提供坚实的基础，为枸杞果实的生长提供充足的养分，从而促进产量的提高。

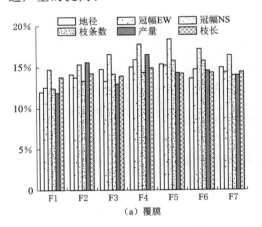

（a）覆膜

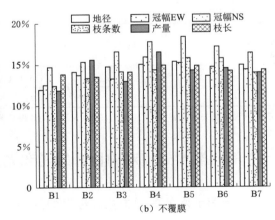

（b）不覆膜

图 2.11 不同种植模式下枸杞生长指标与产量变化关系

覆膜与不覆膜种植方式下枸杞各生长指标与产量相关性分析见表 2.4。在相关分析中，因为处理 2 产量异常的高（这可能是由于处理 2 小区地块土壤本底值与其他小区土壤本底值差异较大所造成的），所以在进行相关分析时剔除了处理 2 的生长量与产量数据。相关分析结果表明：覆膜种植方式下，除东西冠幅与枝条数和枝条长相关性不显著外，枸杞各生长指标之间相关性达显著（$P<0.05$）或极显著（$P<0.01$）。地径、冠幅、枝条数和枝条长之间相关系数为 $0.70\sim0.86$，地径、冠幅、枝条数和枝条长协同增长。除枝条数，覆膜枸杞各生长指标与产量相关性均达不到显著水平（$P<0.05$），但相关系数均为正数。枝条数和产量之间相关系数为 0.85（$P<0.05$）。不覆膜条件下，除地径与东西冠幅之间相关系数不显著，其他各生长指标两两之间相关性达显著（$P<0.05$）或极显著（$P<0.01$）。除地径外，不覆膜枸杞东西冠幅、南北冠幅、枝条数和枝条长与产量之间相关性均达显著（$P<0.05$）或极显著（$P<0.01$），相关系数分别为：0.96（$P<0.01$）、0.78（$P<0.05$）、0.86（$P<0.05$）和 0.85（$P<0.05$）。以上分析说明，覆膜与不覆膜条件下枸杞各生长指标和产量之间均呈正相关关系，且覆膜与不覆膜枸杞枝条数与产量相关性均达显著水平。这主要是因为枸杞挂果枝条数是影响产量的最直接因素，挂果枝条数越多意味着挂果数越多，则产量越大。适宜的灌溉定额可以促进枸杞地径、冠幅、枝条的生长，从而促进产量的提高。

表 2.4　　　　　　　　　　　　　　枸杞生长指标与产量相关性分析

	生长指标	地径	冠幅 EW	冠幅 NS	枝条数	枝长	产量
覆膜	地径	1	0.83*	0.84*	0.79*	0.86*	0.51
	冠幅 EW	0.83*	1	0.96**	0.72	0.70	0.35
	冠幅 NS	0.84*	0.96**	1	0.83*	0.83*	0.48
	枝条数	0.79*	0.72	0.83*	1	0.77*	0.85*
	枝长	0.86*	0.70	0.83*	0.77*	1	0.51
	产量	0.51	0.35	0.48	0.85*	0.51	1
不覆膜	地径	1	0.71	0.82*	0.83*	0.79*	0.63
	冠幅 EW	0.71	1	0.89**	0.92**	0.94**	0.96**
	冠幅 NS	0.82*	0.89**	1	0.97**	0.90**	0.78*
	枝条数	0.83*	0.92**	0.97**	1	0.95**	0.86*
	枝长	0.79*	0.94**	0.90**	0.95**	1	0.85*
	产量	0.63	0.96**	0.78*	0.86*	0.85*	1

注　*表示相关性显著（$P<0.05$），**表示相关性极显著（$P<0.01$）。

2.3　不同灌水处理对枸杞叶绿素和光合特性的影响

2.3.1　不同灌水处理对枸杞叶绿素的影响

2.3.1.1　不同灌溉定额对枸杞叶绿素含量（SPAD）的影响

覆膜和不覆膜种植模式下枸杞叶绿素含量（SPAD）结果见表 2.5。方差分析表明：灌水对覆膜与不覆膜枸杞各处理叶绿素（SPAD）影响均显著（$P<0.05$）。覆膜条件下枸杞叶绿素含量大小顺序为：F4 处理＞F5 处理＞F1 处理＞F3 处理＞F7 处理＞F6 处理＞F2 处理，

最大值为 67.2，最小值为 62.0，最大值比最小值大 8.3％。不覆膜枸杞各处理叶绿素大小顺序为：B4 处理＞B2 处理＞B5 处理＞B6 处理＞B1 处理＞B3 处理＞B7 处理，最大值为 66.5，最小值为 63.3，最大值比最小值大 5.1％。

表 2.5　　　　　　　　　　　　不同种植方式下枸杞叶绿素含量（SPAD）

处　理	覆　膜	处　理	不覆膜
	叶绿素含量（SPAD）		叶绿素含量（SPAD）
F1	66.5±7.92abA	B1	64.3±6.86aA
F2	62.0±10.34cB	B2	66.1±5.82aA
F3	65.6±10.37aA	B3	64.0±10.58aA
F4	67.2±11.03abcAB	B4	66.5±14.42aA
F5	66.7±11.34abA	B5	66.0±13.26aA
F6	64.0±8.63bcAB	B6	66.0±10.04aA
F7	65.0±6.60abcAB	B7	63.3±11.52aA
平均值	65.27	平均值	65.18

2.3.1.2　覆膜和不覆膜对枸杞叶绿素的影响

由表 2.5 可以看出，除 F2 和 F6 处理，覆膜枸杞各处理叶绿素相对含量均高于不覆膜处理。覆膜与不覆膜种植方式下，当灌溉定额为 3840m³/hm²（处理 F4 和 B4）时，叶绿素含量（SPAD）均最大，最大分别为 67.2 和 66.5，覆膜比不覆膜高 1.06％。覆膜枸杞各处理叶绿素含量平均值为 65.27，不覆膜枸杞各处理叶绿素含量平均值为 65.18，覆膜高于不覆膜。这说明覆膜可以提高枸杞叶绿素含量。

覆膜与不覆膜枸杞叶绿素含量（SPAD）变化规律如图 2.12、图 2.13 所示。从图 2.12 和图 2.13 可以看出，覆膜与不覆膜种植方式下，枸杞全生育期叶绿素含量（SPAD）变化均呈"前期快速增长，后期稳定"的变化规律。各处理叶绿素含量（SPAD）在开花初期增加速度最大，果熟期增加速度较小，落叶期甚至逐渐下降。这主要是因为在开花初期，枸杞植株生长尚处旺盛时期，所以枸杞叶绿素相对含量在开花初期仍在增长。而在果熟期，枸杞生长主要以生殖生长为主，光合作用所积累营养化合物主要用来开花和结果，所以叶绿素相对含量增长较慢。在落叶期，气温逐渐下降，枸杞生长进入凋零期，枸杞叶绿素相对含量逐渐下降。

2.3.2　不同灌水处理对枸杞净光合速率日变化的影响

2.3.2.1　不同灌溉定额对枸杞净光合速率日变化的影响

在枸杞整个生育期中，分别于 6 月 12 日、7 月 8 日，7 月 17 日、8 月 2 日和 8 月 30 日测定枸杞各光合指标，因各次所得枸杞各光合指标变化规律相似，故以处在盛果期的 8 月 2 日所测得的枸杞光合指标为例分析光合指标日变化规律。

覆膜与不覆膜枸杞 8 月 2 日日光合速率平均值见表 2.6。由表 2.6 可以看出，覆膜条件下日平均净光合速率大小顺序为：F4＞F3＞F2＞F1＞F5＞F6＞F7；不覆膜条件下日平均净光合速率大小顺序为：B4＞B5＞B6＞B7＞B3＞B1＞B2。随灌溉定额增大，覆膜与不

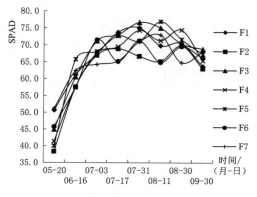

图 2.12　覆膜方式下枸杞生育
叶绿素含量（SPAD）变化规律

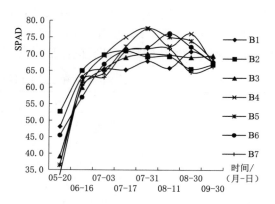

图 2.13　不覆膜方式下枸杞生育期
叶绿素含量（SPAD）变化规律

覆膜枸杞日平均光合速率均呈先增大后减小的趋势，当灌溉定额为 $3840\text{m}^3/\text{hm}^2$（处理 F4 和 B4）时，覆膜与不覆膜条件下日平均净光合速率均最大。

表 2.6　　　　　　　　　覆膜与不覆膜枸杞 8 月 2 日日光合速率平均值

处　理	光合速率 /[μmol/(m²·s)]	处　理	光合速率 /[μmol/(m²·s)]
F1	16.77	B1	15.07
F2	17.49	B2	15.84
F3	17.28	B3	16.89
F4	21.55	B4	17.63
F5	18.08	B5	13.73
F6	17.16	B6	12.75
F7	15.95	B7	12.45

8 月 2 日覆膜与不覆膜枸杞净光合速率变化规律如图 2.14、图 2.15 所示。由图 2.14、图 2.15 可以看出，不同灌溉定额对覆膜与不覆膜枸杞净光合速率均有影响。覆膜与不覆膜种植枸杞净光合速率日变化均呈双峰型变化规律。两个峰值分别出现在 10：00 和 16：00。在 10：00 第一个峰值后，净光合速率不断下降，12：00—14：00 进入低谷期。这主要是由于中午太阳辐射强烈，光照强度强，为了减少植株蒸腾水分损失，气孔导度减小，从而产生光合午休现象所致。在 16：00 第二个峰值后，随着太阳辐射的减弱，光合速率随之下降。

2.3.2.2　覆膜和不覆膜对枸杞净光合速率日变化的影响

由表 2.5 还可以看出，当灌溉定额为 $3840\text{m}^3/\text{hm}^2$（处理 F4 和 B4）时，覆膜与不覆膜条件下日平均净光合速率均最大，且覆膜枸杞大于不覆膜枸杞。覆膜各处理日平均净光合速率均大于不覆膜处理，覆膜与不覆膜枸杞各处理净光合速率平均值分别为 $17.75\mu\text{mol}/(\text{m}^2·\text{s})$ 和 $14.91\mu\text{mol}/(\text{m}^2·\text{s})$，覆膜比不覆膜大 $2.85\mu\text{mol}/(\text{m}^2·\text{s})$。这主要是因为覆膜能够减少棵间蒸发，提高土壤含水率，同时相较于不覆膜枸杞，覆膜提高了

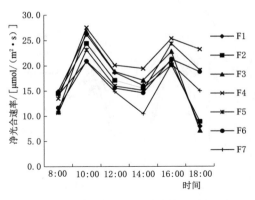

图 2.14　覆膜枸杞净光合速率变化规律

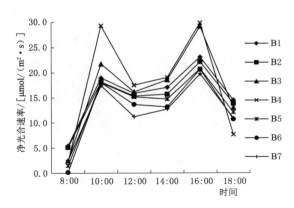

图 2.15　不覆膜枸杞净光合速率变化规律

枸杞叶绿素含量，水和叶绿素都是光合作用必不可少的物质，所以覆膜能够提高净光合速率。以上分析说明覆膜和适宜的灌溉定额有助于光合速率的提高。

2.3.3　不同灌水处理对枸杞气孔导度日变化的影响

覆膜与不覆膜枸杞 8 月 2 日日气孔导度平均值见表 2.7。由表 2.7 可以看出，覆膜条件下日平均气孔导度大小顺序为：F4>F3>F2>F5>F1>F6>F7；不覆膜条件下日平均气孔导度大小顺序为：B4>B5>B6>B7>B3>B2>B1。随灌溉定额增大，覆膜与不覆膜枸杞日平均气孔导度均呈先增大后减小的趋势，当灌溉定额为 3840 m^3/hm^2（处理 F4 和 B4）时，覆膜与不覆膜条件下日平均气孔导度均最大。

表 2.7　　　　　　　　覆膜与不覆膜枸杞 8 月 2 日日气孔导度平均值

处　理	气孔导度 /[mol/(m^2 · s)]	处　理	气孔导度 /[mol/(m^2 · s)]
F1	0.40	B1	0.33
F2	0.48	B2	0.35
F3	0.51	B3	0.35
F4	0.53	B4	0.51
F5	0.47	B5	0.46
F6	0.36	B6	0.47
F7	0.34	B7	0.37

图 2.16、图 2.17 为覆膜与不覆膜枸杞气孔导度日变化规律图。由图 2.16、图 2.17 可以看出不同灌溉定额对覆膜与不覆膜枸杞气孔导度均有影响，且覆膜与不覆膜种植枸杞气孔导度日变化均呈双峰型变化规律，与光合速率日变化规律一致。两个峰值分别出现在 10：00 和 16：00，与光合速率最大时刻一致。在 10：00 第一个峰值后，气孔导度不断下降，气孔导度于 12：00—14：00 进入低谷期。在 16：00 第二个峰值后，随着太阳辐射的减弱，气温的下降，气孔导度随之下降。

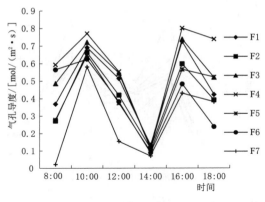

图 2.16　覆膜枸杞气孔导度日变化规律

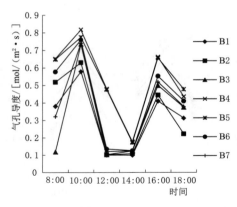

图 2.17　不覆膜枸杞气孔导度日变化规律

2.3.4　不同灌水处理对枸杞蒸腾速率日变化的影响

2.3.4.1　不同灌溉定额对枸杞蒸腾速率日变化的影响

覆膜与不覆膜枸杞 8 月 2 日日蒸腾速率平均值变化规律见表 2.8。由表 2.8 可以看出，覆膜条件下日平均蒸腾速率大小顺序为：F4＞F3＞F2＞F1＞F5＞F6＞F7；不覆膜条件下日平均蒸腾速率大小顺序为：B4＞B5＞B6＞B7＞B3＞B1＞B2。随灌溉定额增大，覆膜与不覆膜枸杞日平均蒸腾速率均呈先增大后减小的趋势，当灌溉定额为 3840m³/hm²（处理 F4 和 B4）时，覆膜与不覆膜条件下日平均蒸腾速率均最大。

表 2.8　　　　　　　　　覆膜与不覆膜枸杞 8 月 2 日日蒸腾速率平均值

处　　理	蒸腾速率 /[mmol/(m²·s)]	处　　理	蒸腾速率 /[mmol/(m²·s)]
F1	6.93	B1	5.58
F2	7.31	B2	5.27
F3	7.60	B3	5.94
F4	8.10	B4	7.38
F5	6.80	B5	6.50
F6	6.71	B6	6.42
F7	6.22	B7	6.20

图 2.18、图 2.19 为覆膜与不覆膜枸杞蒸腾速率日变化规律图。由图 2.18、图 2.19 可以看出，不同灌溉定额对覆膜与不覆膜枸杞蒸腾速率均有影响，且覆膜与不覆膜种植枸杞蒸腾速率日变化均呈双峰型变化规律，与光合速率日变化规律一致。不覆膜条件下枸杞蒸腾速率和光合速率相关系数为 0.8（$P<0.05$）。两个峰值分别出现在早上 10:00 和下午 16:00，与光合速率峰值时刻相同。在 10:00 出现第一个峰值后，蒸腾速率不断下降，蒸腾速率于 12:00—14:00 进入低谷期，这也是由于光合午休现象的缘故。在 16:00 出现第二个峰值后，随着太阳辐射的减弱，气孔导度的下降，蒸

腾速率随之下降。

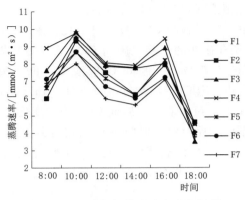

图 2.18　覆膜枸杞蒸腾速率变化规律　　　图 2.19　不覆膜枸杞蒸腾速率变化规律

2.3.4.2　覆膜和不覆膜对枸杞蒸腾速率平均值日变化的影响

由表 2.8 还可以看出，当灌溉定额为 3840m³/hm²（处理 F4 和 B4）时，覆膜与不覆膜条件下日平均蒸腾速率均最大，且覆膜枸杞大于不覆膜枸杞。覆膜枸杞各处理日平均蒸腾速率均大于不覆膜处理，覆膜与不覆膜枸杞各处理日蒸腾速率平均值分别为：7.09mmol/(m²·s) 和 6.18mmol/(m²·s)，覆膜比不覆膜大 14.7%。

2.3.5　不同灌水处理对枸杞胞间二氧化碳浓度日变化的影响

2.3.5.1　不同灌溉定额对枸杞胞间二氧化碳浓度平均值日变化的影响

覆膜与不覆膜枸杞 8 月 2 日日胞间 CO_2 浓度平均值见表 2.9。由表 2.9 可以看出，覆膜条件下日平均胞间 CO_2 浓度变化大小顺序为：F4<F3<F2<F1<F5<F6<F7；不覆膜条件下日平均胞间 CO_2 浓度变化大小顺序为：B4<B5<B6<B7<B3<B1<B2。随灌溉定额增大，覆膜与不覆膜枸杞日平均胞间 CO_2 浓度均呈先减小后增大的趋势，当灌溉定额为 3840m³/hm²（处理 F4 和 B4）时，覆膜与不覆膜条件下日平均胞间 CO_2 浓度均最小。

表 2.9　　　　　　覆膜与不覆膜枸杞 8 月 2 日日胞间 CO_2 浓度平均值

处　理	覆膜胞间 CO_2 浓度 /(g/L)	处　理	不覆膜胞间 CO_2 浓度 /(g/L)
F1	210.56	B1	255.87
F2	209.29	B2	243.76
F3	196.59	B3	237.49
F4	181.78	B4	220.67
F5	216.46	B5	232.24
F6	222.92	B6	248.53
F7	231.38	B7	244.25

图 2.20、图 2.21 为覆膜与不覆膜枸杞胞间 CO_2 浓度日变化规律图。由图 2.20、图 2.21 可以看出：不同灌溉定额对覆膜与不覆膜枸杞胞间 CO_2 浓度均有影响。8：00—10：00，随着光照强度的增强，气孔导度增大，光合速率上升，胞间 CO_2 被大量消耗，胞间 CO_2 浓度下降。10：00 出现第一个低谷，此后随着光合速率的下降，胞间 CO_2 又开始富集。12：00—14：00，太阳辐射不断增强，气孔导度不断减小，胞间 CO_2 浓度不断下降。14：00—16：00，随着气孔导度和光合速率的上升，胞间 CO_2 浓度继续下降。16：00 以后，随着光合速率的下降，胞间 CO_2 浓度逐渐上升。可以看出，胞间 CO_2 浓度变化趋势与气孔导度和光合速率变化趋势恰好相反。相关分析表明：覆膜种植枸杞各处理胞间 CO_2 浓度与气孔导度相关系数为 -0.96（$P < 0.01$），呈极显著负相关。不覆膜种植枸杞各处理胞间 CO_2 浓度与气孔导度相关系数为 -0.77（$P < 0.05$），呈显著负相关。

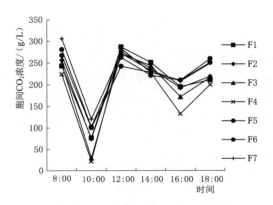

图 2.20　覆膜枸杞胞间 CO_2 浓度变化规律

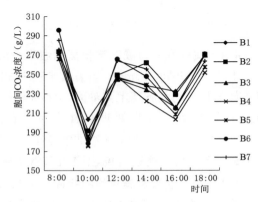

图 2.21　不覆膜枸杞胞间 CO_2 浓度变化规律

2.3.5.2　覆膜和不覆膜对枸杞胞间 CO_2 浓度日变化的影响

由表 2.9 还可以看出，覆膜枸杞各处理日平均胞间 CO_2 浓度均小于不覆膜处理，覆膜与不覆膜枸杞各处理日胞间 CO_2 浓度平均值分别为 209.85g/L 和 240.40g/L，不覆膜比覆膜大 14.6%。这主要是由于覆膜枸杞光合速率大于不覆膜枸杞，胞间 CO_2 被大量消耗的缘故。

2.3.6　不同灌水处理对枸杞全生育期光合规律的影响

2.3.6.1　不同灌溉定额对枸杞全生育期光合规律的影响

生育期日平均光合速率、生育期日平均蒸腾速率、生育期日平均气孔导度和生育期日平均胞间 CO_2 浓度分别为所测定的 5 次日光合速率、5 次日蒸腾速率、5 次日气孔导度和 5 次日胞间 CO_2 浓度的平均值。覆膜与不覆膜枸杞全生育期光合参数平均值见表 2.10。由表 2.10 可以看出，除生育期日平均胞间 CO_2 浓度，覆膜与不覆膜枸杞各光合气体参数（生育期日平均光合速率、生育期日平均蒸腾速率、生育期日平均气孔导度）随灌溉定额增大均先增大后减小。生育期日平均胞间 CO_2 浓度，随灌溉定额增大均先减小后增大。当灌溉定额为 3840m³/hm²（处理 F4 和 B4）时，覆膜与不覆膜条件下枸杞生育期日平均光合速率、生育期日平均蒸腾速率、生育期日平均气孔导度均最大，灌溉定额过大或过小均对光合作用有一定的限制作用。

表 2.10　　　　　　　　　覆膜与不覆膜枸杞全生育期光合规律气体参数平均值

处理	光合速率 /[μmol/(m²·s)]		气孔导度 /[mol/(m²·s)]		蒸腾速率 /[mmol/(m²·s)]		胞间 CO_2 浓度 /[mmol/(m²·s)]	
	覆膜	不覆膜	覆膜	不覆膜	覆膜	不覆膜	覆膜	不覆膜
F1/B1	12.60	11.89	0.24	0.22	4.63	4.16	254.19	369.37
F2/B2	13.64	12.36	0.29	0.24	4.87	3.99	261.21	360.89
F3/B3	13.14	12.68	0.30	0.24	4.97	4.32	234.90	327.48
F4/B4	15.57	13.81	0.33	0.29	5.30	4.97	218.90	250.74
F5/B5	13.73	11.54	0.29	0.27	4.68	4.28	261.55	278.76
F6/B6	12.83	10.68	0.26	0.26	4.53	4.13	302.72	296.60
F7/B7	12.63	10.50	0.25	0.23	4.34	3.91	312.81	335.44

　　图 2.22、图 2.23 为覆膜与不覆膜枸杞光合速率生育期变化规律图。图 2.24、图 2.25 为覆膜与不覆膜枸杞气孔导度生育期变化规律图。图 2.26、图 2.27 为覆膜与不覆膜枸杞蒸腾速率生育期变化规律图。图 2.28、图 2.29 为覆膜与不覆膜枸杞胞间 CO_2 浓度生育期变化规律图。由图 2.22 和图 2.23、图 2.24 和图 2.25、图 2.26 和图 2.27 可以看出：光合速率、气孔导度和蒸腾速率三者变化趋势一致。随生育期延长，均呈现先变大后变小的趋势。由图 2.28 和图 2.29 可以看出：覆膜与不覆膜条件枸杞胞间 CO_2 浓度变化趋势与光合速率等变化趋势相反。胞间 CO_2 浓度随着生育期的变化呈现先下降后上升的趋势。

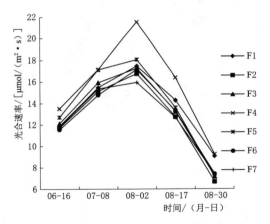

图 2.22　生育期覆膜枸杞光合速率变化规律

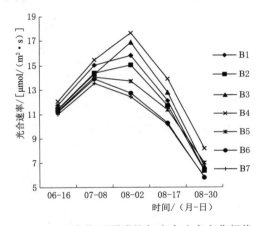

图 2.23　生育期不覆膜枸杞光合速率变化规律

2.3.6.2　覆膜和不覆膜对枸杞全生育期光合规律的影响

　　由表 2.10 还可以看出，覆膜枸杞各处理生育期日平均光合速率、生育期日平均蒸腾速率、生育期日平均气孔导度均大于不覆膜枸杞。除 F6 处理，各处理生育期日平均胞间 CO_2 浓度均小于不覆膜枸杞。这说明覆膜可以提高枸杞的蒸腾速率和气孔导度，从而提高光合速率。这主要是因为覆膜具有蓄水保墒的作用，覆膜土壤含水率高于不覆膜土壤，而水分是参与光合作用的主要物质之一，所以覆膜可以提高光合速率。

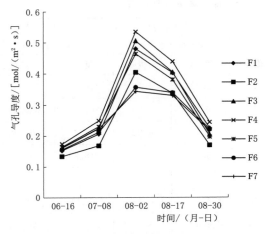

图 2.24　生育期覆膜枸杞气孔导度变化规律

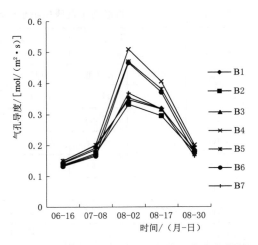

图 2.25　生育期不覆膜枸杞气孔导度变化规律

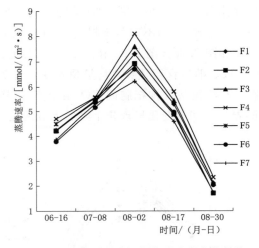

图 2.26　生育期覆膜枸杞蒸腾速率变化规律

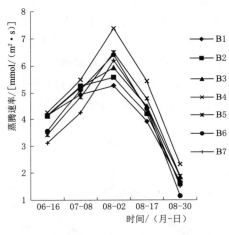

图 2.27　生育期不覆膜枸杞蒸腾速率变化规律

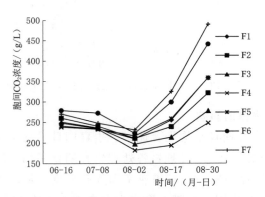

图 2.28　生育期覆膜枸杞胞间 CO_2 浓度变化规律

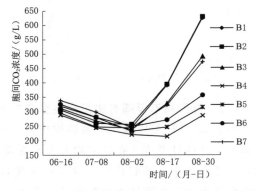

图 2.29　生育期不覆膜枸杞胞间 CO_2 浓度变化规律

2.3.7 覆膜、不覆膜枸杞各光合指标及产量之间相关分析

覆膜与不覆膜条件下枸杞产量与生育期日平均光合速率、生育期日平均蒸腾速率、生育期日平均气孔导度、生育期日平均胞间 CO_2 浓度相关分析结果分别见表 2.11 和表 2.12。由表 2.11 可以看出，覆膜枸杞产量与生育期日平均净光合速率、生育期日平均蒸腾速率、生育期日平均气孔导度和生育期日平均胞间 CO_2 浓度相关系数分别为：0.91（$P<0.01$）、0.42、0.90（$P<0.01$）和 -0.72（$P<0.05$）。由表 2.12 可以看出，不覆膜枸杞产量与生育期日平均净光合速率、生育期日平均蒸腾速率、生育期日平均气孔导度和生育期日平均胞间 CO_2 浓度相关系数分别为：0.82（$P<0.05$）、0.48、0.70 和 -0.59。其中生育期日平均光合速率、生育期日平均蒸腾速率和生育期日平均气孔导度均大于 0，与枸杞产量呈正相关。生育期日平均胞间 CO_2 浓度为负数，说明与产量呈负相关。覆膜与不覆膜种植枸杞与产量相关分析相关系数最大的光合气体交换参数均为生育期日均光合速率，且分别达极显著和显著，这说明光合速率大小和产量密切相关，适宜的灌溉定额可以提高光合速率从而提高产量。

表 2.11 覆膜枸杞产量与光合指标相关分析

相关系数	产量	光合速率	蒸腾速率	气孔导度	胞间 CO_2 浓度
产量	1	0.91**	0.42	0.90**	0.72*
光合速率	0.91**	1	0.37	0.94**	-0.78*
蒸腾速率	0.42	0.37	1	0.33	-0.67
气孔导度	0.90**	0.94**	0.33	1	-0.73*
胞间 CO_2 浓度	-0.72*	-0.78*	-0.67	-0.73*	1

注 *表示相关性显著（$P<0.05$），**表示相关性极显著（$P<0.01$）。

表 2.12 不覆膜枸杞产量与光合指标相关分析

相关系数	产量	光合速率	蒸腾速率	气孔导度	胞间 CO_2 浓度
产量	1	0.82*	0.48	0.70	-0.59
光合速率	0.82*	1	0.83*	0.87**	-0.76*
蒸腾速率	0.48	0.83*	1	0.85**	-0.84**
气孔导度	0.70	0.87**	0.85**	1	-0.95**
胞间 CO_2 浓度	-0.59	-0.76*	-0.84**	-0.95**	1

注 *表示相关性显著（$P<0.05$），**表示相关性极显著（$P<0.01$）。

2.4 不同灌水处理对枸杞品质的影响

2.4.1 不同灌水处理对枸杞总糖含量的影响

2.4.1.1 不同灌溉定额对枸杞总糖含量的影响

不同灌水处理条件下枸杞总糖含量见表 2.13。表 2.13 值分别为各处理 6 月 27 日、7 月 8 日、7 月 14 日、7 月 22 日、8 月 16 日 5 批次总糖含量平均值（以下将 5 批次总糖含

量平均值称为全生育期总糖含量平均值)。从表 2.13 可以看出,当灌溉定额为 3840m³/hm² 时,覆膜与不覆膜种植方式下处理 4(F4、B4 处理)生育期总糖含量平均值均最高,其值分别为 47.82% 和 47.79%,覆膜高于不覆膜。覆膜种植方式下,当灌溉定额为 4920m³/hm²(F6 处理)时,生育期总糖含量平均值达到最低,其值为 44.48%。不覆膜种植枸杞,当灌溉定额为 3300m³/hm²(处理 B3)时,生育期总糖含量平均值达到最低,平均为 45.49%。

表 2.13　　　　　　　　　覆膜和不覆膜种植枸杞品质结果

种植模式	处理	总糖含量/%	甜菜碱含量/(g/100g)	胡萝卜素含量/%
覆膜	F1	46.43	1.16	0.36
	F2	46.63	1.12	0.40
	F3	45.55	1.08	0.41
	F4	47.82	1.32	0.41
	F5	44.70	1.15	0.39
	F6	44.48	1.10	0.38
	F7	45.73	1.23	0.39
	平均值	46.39	1.17	0.39
不覆膜	B1	46.12	1.69	0.35
	B2	46.48	1.64	0.37
	B3	45.49	1.51	0.36
	B4	47.79	1.77	0.38
	B5	45.78	1.70	0.36
	B6	46.80	1.46	0.38
	B7	46.24	1.69	0.38
	平均值	45.91	1.64	0.37

2.4.1.2　覆膜和不覆膜对枸杞总糖含量的影响

从表 2.13 还可以看出,覆膜枸杞各处理总糖含量高于不覆膜总糖含量的 1.05%。当灌溉定额小于等于 3840m³/hm²(处理 4)时,覆膜种植方式下各处理总糖含量均高于不覆膜各处理,覆膜种植 F1、F2、F3、F4 比不覆膜种植 B1、B2、B3、B4 分别高出 0.67%、0.32%、0.13%、0.06%。当灌溉定额大于 3840m³/hm²(处理 4)时,不覆膜种植处理 B5、B6、B7 比覆膜种植处理 F5、F6、F7 分别高出 2.42%,5.22%,1.12%。这说明相较于不覆膜枸杞,灌溉定额在一定范围内可促进覆膜枸杞总糖含量的提高,但过高的灌溉定额不利于覆膜枸杞总糖含量的提高。

覆膜和不覆膜种植模式下不同采摘月份枸杞总糖含量变化规律如图 2.30 所示。图 2.30 中 7 月份枸杞总糖含量为 7 月 8 日、7 月 14 日、7 月 22 日 3 批次总糖含量的平均值。从图 2.30 能够看出,两种种植方式下,不同灌溉处理枸杞总糖含量随采收月份的不同呈不同的变化规律。枸杞覆膜种植方式下,总糖含量随生育期延长呈"先上升后下降"的变化趋势,峰值出现在 7 月。不同采摘月份枸杞总糖含量规律呈现为:7 月>8 月>6 月。

枸杞不覆膜种植方式下，总糖含量随生育期延长总体上呈"逐渐上升"的变化趋势，其峰值出现在 8 月。不同采摘月份，枸杞总糖含量规律呈现为：8 月＞7 月＞6 月。这主要是因为在进入 8 月后，枸杞产量急剧下降，枸杞已停止灌水。若没有降雨，随生育期延长，由于植株蒸腾和棵间蒸发的缘故，覆膜和不覆膜种植条件下枸杞小区含水率均会越来越小。虽然 8 月有降雨，但由于覆膜的阻隔作用，降雨对覆膜小区土壤水分的补充作用有限，这些原因使得覆膜枸杞小区 8 月土壤含水率比 7 月小，土壤水分环境差于 7 月，所以覆膜枸杞 8 月总糖含量低于 7 月份。对于不覆膜枸杞，8 月的降雨则能起到很好的补水效果，且 8 月昼夜温差不断增大，更有利于糖类物质的积累，所以不覆膜枸杞 8 月总糖含量反而比 7 月高。

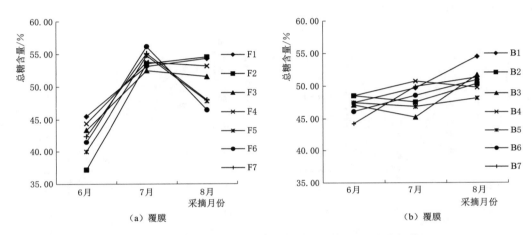

图 2.30　覆膜和不覆膜种植模式下枸杞总糖含量变化规律

2.4.2　不同灌水处理对枸杞甜菜碱含量的影响

2.4.2.1　不同灌溉定额对枸杞果实甜菜碱含量的影响

不同灌水处理条件下枸杞甜菜碱含量见表 2.13。表 2.13 甜菜碱值分别为各处理 6 月 27 日、7 月 8 日、7 月 14 日、7 月 22 日、8 月 16 日 5 批次甜菜碱含量平均值（以下将 5 批次甜菜碱含量平均值称为全生育期甜菜碱含量平均值）。从表 2.13 可以看出，覆膜种植条件下枸杞全生育期甜菜碱含量平均值大小顺序为：F4＞F7＞F1＞F5＞F2＞F6＞F3，最大值（F4）是最小值（F3）的 1.22 倍。当灌溉定额为 3840m³/hm²（F4）时，覆膜种植条件下枸杞全生育期甜菜碱含量平均值最高，每 100g 枸杞干果可含甜菜碱 1.32g。F4 处理枸杞全生育期甜菜碱含量平均值比 F7、F1、F5、F2、F6 和 F3 处理枸杞全生育期甜菜碱含量平均值分别高出 7.32％、13.79％、14.78％、17.86％、20％和 22.22％。不覆膜种植条件下枸杞全生育期甜菜碱含量平均值大小顺序为：B4＞B5＞B1＞B7＞B2＞B3＞B6。当灌溉定额为 3840m³/hm²（B4）时，不覆膜种植条件下枸杞全生育期甜菜碱含量平均值最高，每 100g 枸杞干果可含甜菜碱 1.77g，B4 处理枸杞全生育期甜菜碱含量平均值比 B5、B1、B7、B2、B3 和 B6 处理分别高 4.12％、4.73％、4.73％、7.93％、17.22％和 21.23％。

2.4.2.2　覆膜和不覆膜对枸杞甜菜碱含量的影响

从表2.13还可以看出：覆膜枸杞各处理全生育期甜菜碱含量平均值均低于不覆膜枸杞，不覆膜比覆膜平均高40.2%。这说明覆膜不利于枸杞甜菜碱含量的提高。

覆膜和不覆膜种植方式下枸杞不同采摘月份甜菜碱含量变化规律如图2.31所示，图2.31中7月枸杞甜菜碱含量为7月8日、7月14日、7月22日3批次甜菜碱含量的平均值。从图2.31可以看出，覆膜种植条件下和不覆膜种植条件下枸杞甜菜碱含量在不同采收月份变化规律不同。覆膜种植枸杞甜菜碱含量随生育期呈"先下降后上升"的变化规律，不同采摘月份甜菜碱含量大小顺序为：8月＞6月＞7月，其峰值出现在8月。不覆膜种植枸杞甜菜碱含量随生育期呈"不断下降"的变化规律，不同采摘月份甜菜碱含量的峰值出现在6月。

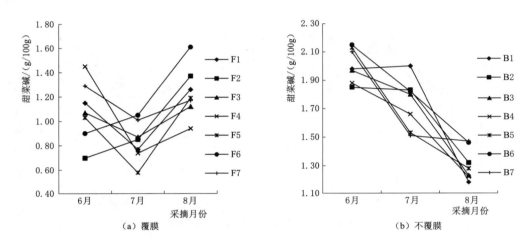

（a）覆膜　　　　　　　　　　　　　（b）不覆膜

图2.31　覆膜与不覆膜枸杞甜菜碱含量变化规律

2.4.3　不同灌水处理对枸杞胡萝卜素含量的影响

2.4.3.1　不同灌溉定额对枸杞胡萝卜素含量的影响

不同水分处理条件下枸杞胡萝卜素含量见表2.13。表2.13胡萝卜素值分别为各处理6月27日、7月8日、7月14日、7月22日、8月16日5批次胡萝卜素含量平均值（以下将5批次胡萝卜素含量平均值称为全生育期胡萝卜素含量平均值）。从表2.13可以看出，覆膜种植条件下枸杞全生育期胡萝卜素含量平均值大小顺序为：F4＞F3＞F2＞F7＞F5＞F6＞F1，全生育期胡萝卜素含量平均值最大值（F4处理）是最小值（F1处理）的1.14倍。不覆膜种植条件下枸杞全生育期胡萝卜素含量平均值大小顺序为：B4＞B6＞B7＞B2＞B5＞B3＞B1。当灌溉定额为3840m³/hm²（处理4）时，覆膜F4处理和不覆膜B4处理枸杞全生育期胡萝卜素含量平均值均达最高，最高值分别为0.41%和0.38%。

2.4.3.2　覆膜和不覆膜对枸杞胡萝卜素含量的影响

覆膜和不覆膜种植方式下不同采摘月份枸杞胡萝卜素含量变化规律如图2.32所示。图2.32中7月份枸杞胡萝卜素含量为7月8日、7月14日、7月22日3批次胡萝卜素含量的平均值。从图 2.32 可以看出，覆膜种植条件下和不覆膜种植条件下枸杞胡萝卜素含量在不同采收月份变化规律相同，两种种植方式下枸杞胡萝卜素含量随生育期延长均呈"不断上升"的变化规律。不同采收月份枸杞胡萝卜素含量大小顺序均为：8 月＞6 月＞7月，枸杞胡萝卜素含量峰值均出现在 8 月。

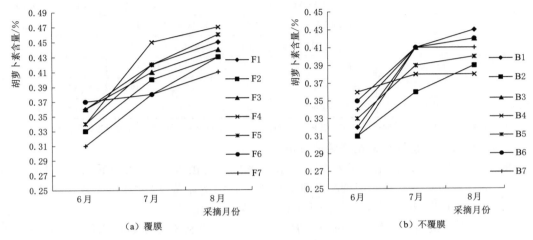

图 2.32　覆膜和不覆膜枸杞胡萝卜素含量变化规律

由表 2.13 还可以看出：与不覆膜种植枸杞相比，覆膜枸杞各处理全生育期胡萝卜素含量平均值均高于不覆膜种植枸杞全生育期胡萝卜素含量平均值。覆膜种植枸杞各处理全生育期胡萝卜素含量平均值平均为 0.39％，不覆膜种植枸杞各处理全生育期胡萝卜素含量平均值平均为 0.37％，覆膜种植枸杞高于不覆膜种植枸杞。

2.5　不同灌水处理对枸杞产量和耗水规律的影响

2.5.1　不同灌水处理对枸杞产量的影响

2.5.1.1　不同灌溉定额对枸杞产量的影响

不同灌水处理枸杞产量见表 2.14。由表 2.14 可以看出，覆膜与不覆膜条件下枸杞鲜重和干重随灌溉定额增大有相同的变化趋势。当灌溉定额小于等于 3840m³/hm² 时，覆膜与不覆膜枸杞鲜重和干重均随灌溉定额的增大而增大，等于 3840m³/hm² 时，鲜重和干重均达到最大。当灌溉定额大于 3840m³/hm² 时，覆膜与不覆膜枸杞鲜重和干重均随灌溉定额增大而减小。覆膜与不覆膜条件下，F4 和 B4、F2 和 B2 处理枸杞鲜重均极显著地高于其他各处理（$P<0.01$），F4 和 B4 处理干重均极显著地高于其他各处理（$P<0.01$），且枸杞鲜重及干重最高的处理均为 4 处理。覆膜条件下 F4 处理的鲜重和干重分别为 10400.7kg/hm²、2629.9kg/hm²，不覆膜条件下 B4 处理的鲜重和干重分别为 9923.4kg/hm²、2380.1kg/hm²，覆膜比不覆膜鲜重和干重分别提高 4.81％、10.5％。这说明覆膜与不覆膜枸杞最优灌溉定额均为 3840m³/hm²（F4 和 B4），且覆膜枸杞最大鲜重和干重均大于不覆膜枸杞。

表 2.14　　　　　　　　　　　　　　　　不同灌水处理的枸杞产量

处理	鲜重/(kg/hm²)	干重/(kg/hm²)	处理	鲜重/(kg/hm²)	干重/(kg/hm²)
F1	7548.0±334.3Cc	1797.2±79.6Cd	B1	7126.2±24.04Ee	1590.4±80.5Dd
F2	10256.4±82.7Aa	2252.7±18.2Bb	B2	9357.3±1033.2ABb	2013.2±222.3Bb
F3	8824.5±503.2Bb	2070.7±118.1Bc	B3	7792.2±248.2DEd	1824.6±58.1Cc
F4	10400.7±940.8Aa	2629.9±237.9Aa	B4	9923.4±437.7Aa	2380.1±104.9Aa
F5	8935.5±1205.4Bb	2111.5±284.8Bc	B5	8591.4±379.1Cc	1847.6±81.5Cc
F6	7126.2±814.7Cc	1621.3±185.4Ce	B6	8746.8±252.7BCc	2037.6±58.9Bb
F7	7292.7±298.3Cc	1636.6±66.9Ce	B7	8424.9±298.3CDc	1873.3±66.3Cc

注　表中同列肩标大写英文字母不同表示差异达极显著（$P<0.01$），小写英文字母不同表示差异达显著（$P<0.05$）。

2.5.1.2　覆膜和不覆膜对枸杞产量的影响

覆膜和不覆膜处理枸杞产量 t 检验 P 值见表 2.15。由表 2.15 可以看出，除 F4/B4 和 F5/B5 处理，覆膜和不覆膜处理枸杞鲜重 t 检验差异均达显著（$P<0.05$）或极显著（$P<0.01$），其中 F1/B1 和 F2/B2 处理鲜重 t 检验差异均达显著（$P<0.05$），F3/B3、F6/B6 和 F7/B7 处理 t 检验差异均达极显著（$P<0.01$）。覆膜和不覆膜处理枸杞干重除 F2/B2 和 F5/B5 处理差异达显著（$P<0.05$）外，其余各处理间干重差异均达极显著（$P<0.01$）。可见，覆膜对枸杞产量有很大影响。由表 2.15 可以看出，除 F6 和 F7 处理外，覆膜枸杞各处理鲜重和干重均高于不覆膜枸杞各处理。

表 2.15　　　　　　　　　　覆膜和不覆膜处理枸杞产量 t 检验 P 值表

处理	F1/B1	F2/B2	F3/B3	F4/B4	F5/B5	F6/B6	F7/B7
鲜重 P 值	0.02	0.02	0.00	0.12	0.3063	0.00	0.00
干重 P 值	0.00	0.04	0.00	0.01	0.02	0.00	0.00

2.5.2　不同灌水处理枸杞土壤含水率的变化规律

图 2.33 和图 2.34 分别为覆膜和不覆膜种植模式下枸杞不同灌水处理质量含水率随时间变化曲线，其中田间持水率（$\theta_{田}$）为 20.12%。由图 2.33 和图 2.34 可以看出：5 月 1 日—8 月 9 日，覆膜枸杞各处理土壤含水率在 $0.6\theta_{田}\sim\theta_{田}$，大部分时间段在 $0.6\theta_{田}\sim 0.8\theta_{田}$。8 月 9 日以后，由于已无灌水，除 F1 处理，各处理含水率降至 $0.5\theta_{田}\sim 0.6\theta_{田}$，F1 处理降至 $0.5\theta_{田}$ 以下。5 月 1 日—7 月 31 日，不覆膜枸杞各处理土壤含水率在 $0.6\theta_{田}\sim\theta_{田}$，大部分时间段在 $0.6\theta_{田}\sim 0.8\theta_{田}$。7 月 31 日以后，由于已无灌水，各处理含水率降至 $0.5\theta_{田}$ 以下。除个别日期含水率，覆膜枸杞各处理土壤含水率均大于不覆膜枸杞，且覆膜与不覆膜枸杞土壤质量含水率随时间变化趋势相同。覆膜枸杞各处理土壤含水率平均为 14.13%，不覆膜枸杞各处理土壤含水率平均为 12.81%，覆膜比不覆膜大 1.32%。以上分析说明：覆膜可抑制蒸发，提高土壤含水率。

2.5.3　不同灌水处理对各生育阶段耗水量和耗水模系数的影响

2.5.3.1　不同灌溉定额对各生育阶段耗水量和模系数的影响

覆膜和不覆膜枸杞不同处理各生育阶段耗水量和模系数分别见表 2.16、表 2.17。由

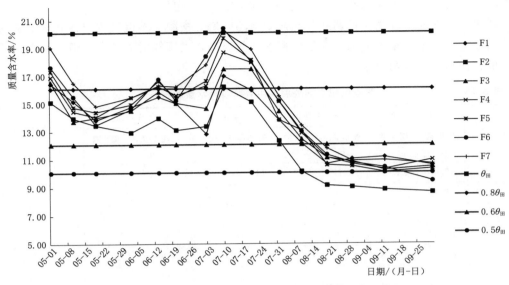

图 2.33　覆膜枸杞不同灌水处理质量含水率变化曲线

（注：$\theta_{田}$ 表示田间持水率）

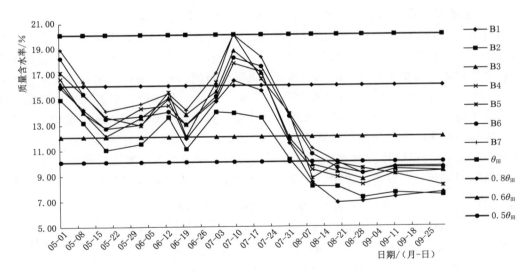

图 2.34　不覆膜枸杞不同灌水处理质量含水率变化曲线

（注：$\theta_{田}$ 表示田间持水率）

表 2.16 和表 2.17 可以看出，覆膜与不覆膜枸杞全生育期耗水量随灌溉定额增大均不断增大。覆膜和不覆膜枸杞不同灌水处理各生育期耗水量和耗水模系数随灌溉定额的增大呈不同变化规律。其中，覆膜枸杞 F1 和 F2 处理各生育期耗水量及耗水模系数随生育期延长的变化规律：果熟期＞落叶期＞春梢生长期＞开花初期。除 F1 和 F2 处理，覆膜枸杞不同灌水处理各生育期耗水量和耗水模系数随生育期延长的变化规律：果熟期＞春梢生长期＞落叶期＞开花初期。不覆膜枸杞 B1、B2 和 B3 处理各生育期耗水量和耗水模系数随生育期

49

延长的变化规律：果熟期＞春梢生长期＞落叶期＞开花初期；B4、B5、B6 和 B7 处理的变化规律：果熟期＞春梢生长期＞开花初期＞落叶期。覆膜与不覆膜枸杞各处理果熟期耗水量均最大。这主要是因为果熟期正值夏季，气温高，太阳辐射强度大，灌水量大，所以耗水量和耗水模系数均最大。

表 2.16　　　　　　　　　覆膜枸杞不同处理各生育阶段耗水量和模系数

处理		春梢生长期		开花初期		果熟期		落叶期		全生育期耗水量 /mm
		耗水量 /mm	模系数 /%	耗水量 /mm	模系数 /%	耗水量 /mm	模系数 /%	耗水量 /mm	模系数 /%	
覆膜	F1	77.03	22.11	25.47	7.31	161.57	46.37	84.37	24.21	348.43±23.99Gg
	F2	78.77	20.46	33.00	8.57	187.83	48.78	85.43	22.19	385.03±25.42Ff
	F3	92.77	21.44	38.20	8.83	210.57	48.66	91.23	21.08	432.77±22.18Ee
	F4	93.33	19.61	52.80	11.09	239.43	50.30	90.43	19.00	475.99±27.18Dd
	F5	115.80	21.59	57.07	10.64	261.03	48.68	102.43	19.09	536.27±26.25Cc
	F6	133.93	22.41	64.07	10.72	286.17	47.89	113.43	18.98	597.60±17.91Bb
	F7	150.63	23.34	71.07	11.01	321.30	49.79	102.30	15.85	645.30±23.21Aa

注　表中同列肩标大写字母不同表示差异极显著（$P<0.01$），小写字母不同表示差异显著。

2.5.3.2　覆膜和不覆膜对各生育阶段耗水量和耗水模系数的影响

由表 2.16 和表 2.17 还可以看出，不覆膜枸杞各处理全生育期耗水量均高于覆膜枸杞各处理全生育期耗水量。不覆膜枸杞各处理全生育期耗水量平均为 506.72mm，覆膜枸杞各处理全生育期耗水量平均为 488.77mm，不覆膜比覆膜枸杞各处理全生育期耗水量平均值高 17.94mm。这是因为覆膜可以抑制棵间蒸发，保持土壤水分。不覆膜枸杞春梢生长期各处理平均耗水量、开花初期各处理平均耗水量、果熟期各处理平均耗水量均大于覆膜枸杞。覆膜枸杞落叶期各处理平均耗水量为 95.65mm，不覆膜枸杞落叶期各处理平均耗水量为 74.12mm，覆膜比不覆膜高。除第一次和第八次灌水外，灌水时间集中在春梢生长期到果熟期期间，在春梢生长期、开花初期和果熟期，不覆膜枸杞棵间蒸发量大，而覆

表 2.17　　　　　　　　　不覆膜枸杞不同处理各生育阶段耗水量和模系数

处理		春梢生长期		开花初期		果熟期		落叶期		全生育期耗水量 /mm
		耗水量 /mm	模系数 /%	耗水量 /mm	模系数 /%	耗水量 /mm	模系数 /%	耗水量 /mm	模系数 /%	
不覆膜	B1	94.93	26.12	33.67	9.26	161.50	44.43	73.37	20.19	363.4±28.29Gg
	B2	96.10	22.91	52.53	12.52	195.97	46.72	74.83	17.84	419.43±16.61Ff
	B3	101.73	22.89	42.53	9.57	229.90	51.72	70.30	15.82	444.47±32.29Ee
	B4	106.30	21.46	72.67	14.67	251.03	50.69	65.23	13.17	495.2±16.77Dd
	B5	140.60	24.96	76.40	13.56	274.37	48.70	72.03	12.79	563.4±15.77Cc
	B6	155.23	25.71	81.67	13.53	288.17	47.73	78.70	13.03	603.7±21.30Bb
	B7	160.33	24.39	89.00	13.54	324.30	49.34	83.63	12.72	657.2±20.13Aa

注　表中同列肩标大写字母不同表示差异极显著（$P<0.01$），小写字母不同表示差异显著。

膜可以抑制棵间蒸发，保持土壤水分，覆膜枸杞棵间蒸发量小，所以不覆膜枸杞春梢生长期各处理平均耗水量、开花初期各处理平均耗水量和果熟期各处理平均耗水量均大于覆膜枸杞。除第八次灌水外，最后一次灌水在 7 月 18 日，当进入落叶期后，覆膜和不覆膜枸杞土壤水分主要靠降雨补给。覆膜枸杞因覆膜可以抑制棵间蒸发，保持土壤水分，在进入落叶期时，覆膜枸杞土壤含水率远远高于不覆膜枸杞。落叶期覆膜枸杞初始含水率远远高于不覆膜枸杞，而土壤水分补给主要靠降雨，在落叶期期间，覆膜枸杞土壤储水量大于不覆膜枸杞。所以落叶期覆膜枸杞各处理平均耗水量高于不覆膜枸杞落叶期各处理平均耗水量。

以上分析说明，覆膜可以保持土壤水分，降低枸杞耗水量，从而达到节水的目的，适宜在宁夏中部干旱区推广应用。

2.5.4　不同灌水处理对枸杞水分利用效率的影响

2.5.4.1　不同灌溉定额对枸杞水分利用效率的影响

各处理枸杞水分利用效率（WUE）见表 2.18。从表 2.18 可看出，除 F6 和 F7 处理，覆膜枸杞各处理水分利用效率均大于不覆膜枸杞，平均大 0.08。覆膜枸杞 F6 和 F7 处理比 B6 和 B7 处理平均小 0.02。灌溉定额在一定范围内，覆膜相较于不覆膜可提高枸杞水分利用效率，但过高的灌溉定额不利于覆膜枸杞水分利用效率的提高。覆膜枸杞 F4 处理水分利用效率第 2 高，不覆膜枸杞 B4 处理水分利用效率最高且其产量均最高，最低的处理均为处理 7（F7/B7）。这与杜宇旭等研究结果一致，即灌溉定额过高时水分利用效率反而降低。这主要是因为当灌溉定额过高时，不仅产量低，灌溉定额也大，从而水分利用效率降低。

表 2.18　　　　　　　　　　枸杞水分利用效率（WUE）

种植模式	处理号	耗水量/(mm)	干果产量/(kg/hm²)	WUE/(kg/m³)
覆膜	F1	348.43	1797.21	0.51 ± 0.23Cc
	F2	385.03	2252.71	0.59 ± 0.26Aa
	F3	432.77	2070.67	0.48 ± 0.23Dd
	F4	476.00	2629.94	0.55 ± 0.25Bb
	F5	536.27	2111.49	0.39 ± 0.16Ee
	F6	597.60	1621.33	0.27 ± 0.12Ff
	F7	645.30	1636.61	0.25 ± 0.12Ff
不覆膜	B1	363.47	1590.44	0.44 ± 0.04Bb
	B2	419.43	2013.18	0.48 ± 0.07Aa
	B3	444.47	1824.61	0.41 ± 0.04Bb
	B4	495.23	2380.08	0.48 ± 0.02Aa
	B5	563.40	1847.55	0.33 ± 0.02Cc
	B6	603.77	2037.63	0.34 ± 0.01Cc
	B7	657.27	1873.28	0.29 ± 0.01Dd

2.5.4.2 覆膜和不覆膜对枸杞水分利用效率的影响

从表 2.18 还可以看出，除 F6、B6 和 F7、B7 处理外，覆膜枸杞各处理 WUE 均高于不覆膜枸杞各处理 WUE。覆膜枸杞各处理水分利用效率平均为 0.44kg/m^3，不覆膜枸杞各处理水分利用效率平均为 0.39kg/m^3，覆膜高于露地。原因是覆膜具有增温、保墒、保肥以及改善土壤理化性质，提高土壤肥力，抑制杂草生长，减轻病害的作用，能够为枸杞提供适宜的生长环境，在一定灌溉定额范围内，覆膜枸杞相比不覆膜枸杞产量提高，从而水分利用效率也提高。这使得除 F6、B6 和 F7、B7 处理外，覆膜枸杞各处理 WUE 均高于不覆膜枸杞各处理 WUE，也使得覆膜枸杞各处理水分利用效率平均值高于不覆膜枸杞各处理水分利用效率平均值。而 F6、F7 和 B6、B7 处理灌溉定额较大，同时覆膜有保墒的作用，会抑制土壤水分蒸发，这使得覆膜条件下 F6 和 F7 处理土壤含水量过大，最终会导致覆膜条件下 F6 和 F7 处理产量低于不覆膜条件下 B6 和 B7 处理，所以覆膜条件下 F6 和 F7 处理水分利用效率均低于不覆膜条件下 B6 和 B7 处理水分利用效率。以上分析说明灌溉定额在一定范围内，覆膜和不覆膜相比可提高水分利用效率，但过高的灌溉定额不利于覆膜枸杞水分利用效率的提高，甚至会使覆膜枸杞水分利用效率低于不覆膜枸杞水分利用效率。

第3章 宁夏中部干旱区枸杞精量灌溉试验研究

3.1 试验设计

依据枸杞生育期共设置春梢期控水期、营养生长期和盛花期控水期、盛果期控水期及秋果期控水期等四个控水阶段，以基于土壤水分上下限的不同生育期水分控制试验确定枸杞精量灌溉关键参数，试验采用随机区组排列设计，设置8个水分处理，重复三次。试验小区布置为每小区7.5m×9m，株行距：0.7m×3m，10棵树为一个试验小区。采用四级管网，主管PEϕ63，支干管PEϕ40，支管PEϕ32，毛管PEϕ16滴灌管。其中春梢期控制灌溉枸杞根区土壤含水量为50%θ_f（θ_f为田间持水率），营养生长期和盛花期控水期控制灌溉枸杞根区土壤含水量为50%θ_f、65%θ_f及75%θ_f，盛果期控水期控制灌溉枸杞根区土壤含水量为50%θ_f、65%θ_f及75%θ_f，秋果期控制灌溉枸杞根区土壤含水量为55%θ_f。此外，4月中下旬春灌及10月下旬冬灌水量分别为25m^3/亩及30m^3/亩。全生育期施肥8次，每次6kg/亩，共计48kg/亩。灌溉试验设计见表3.1，枸杞试验小区布置图如图3.1所示。

表 3.1 　　　　　　　宁夏中部干旱带枸杞精量灌溉关键参数试验设计

控水期	生育期	时间	灌水量/(m³/亩)								施肥量/(kg/亩)		施肥时间
			S1	S2	S3	S4	S5	S6	S7	S8	施肥量	氮：磷：钾	
萌芽期（春水）		4月中下旬	25	25	25	25	25	25	25	25			
春梢期控水	春梢生长期	4月下旬—5月上旬	50%θ_f	50%θ_f	50%θ_f	50%θ_f	50%θ_f	50%θ_f	50%θ_f	50%θ_f	6	1：0.26：0.33	4月下旬
营养生长期和盛花期控水	始花期	5月中旬—下旬	50%θ_f	65%θ_f	50%θ_f	50%θ_f	65%θ_f	65%θ_f	75%θ_f	75%θ_f	6	1：0.26：0.33	5月中旬
											6	1：0.26：0.33	6月上旬
	果熟前半期	6月上旬—7月上旬									6	1：1.27：1.02	6月中旬
											6	1：1.27：1.02	6月下旬

续表

控水期	生育期	时间	灌水量/(m³/亩)								施肥量/(kg/亩)		施肥时间
			S1	S2	S3	S4	S5	S6	S7	S8	施肥量	氮：磷：钾	
盛果期控水	果熟后半期	7月上旬—下旬	$50\%\theta_f$	$50\%\theta_f$	$65\%\theta_f$	$75\%\theta_f$	$65\%\theta_f$	$75\%\theta_f$	$65\%\theta_f$	$75\%\theta_f$	6	$1:1.27:1.02$	7月上旬
											6	$1:0.26:0.33$	7月中旬
	秋果前期	7月下旬—8月上旬									6	$1:0.26:0.33$	7月下旬
秋果期控水	秋果后期	8月上旬—9月下旬	$55\%\theta_f$	$55\%\theta_f$	$55\%\theta_f$	$55\%\theta_f$	$55\%\theta_f$	$55\%\theta_f$	$55\%\theta_f$	$55\%\theta_f$			
休眠期（冬灌）		10月下旬—11月上旬	30	30	30	30	30	30	30	30			
合计											48		8次

注　分别测定每个处理小区0～20cm，20～60cm土壤田间持水率，试验小区计划湿润层深度为60cm，灌水上限为95%θ_f，分两层（0～20cm，20～60cm）分别计算所需灌溉水量，各小区灌水量为两个土层灌水量之和。每个小区的灌溉水量利用公式计算：$W=(90\%\times\theta_{f20}-\theta_i)\times0.20m\times67.5m^2+(90\%\times\theta_{f40}-\theta_i)\times0.40m\times67.5m^2$，最后利用水表进行灌溉水量控制。

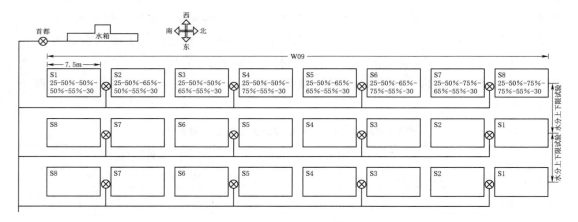

图3.1　枸杞试验小区布置图

3.2　不同水分处理下枸杞根区土壤含水率的变化规律

3.2.1　不同水分处理下枸杞各土层土壤含水率的变化规律

整理各水分处理全生育期枸杞根区10～20cm、20～40cm、40～60cm、60～80cm、80～100cm土壤含水率数据并绘制各处理不同土层土壤含水率变化过程线（图3.2～图3.5）。从图中可以看出各处理不同土层土壤含水率变化规律基本相似，灌水后均有显著增加，全生育期内20～60cm土层土壤含水率最大，是枸杞生长土壤水分来源的主要土层，这与在试验区典型枸杞样株挖根的结论相似，试验所用 2 年龄枸杞植株主根系分布于 30~40cm，部分根系可深入至 60~80cm 土层。

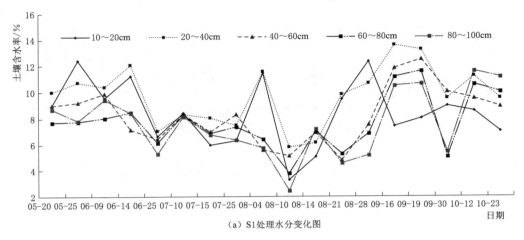

（a）S1处理水分变化图

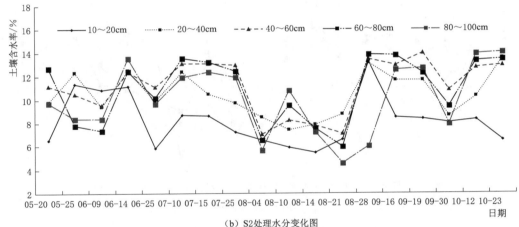

（b）S2处理水分变化图

图 3.2 处理 S1、S2 土层土壤含水率变化过程线

从处理 S1（春梢期 $50\%\theta_f$—营养生长期和盛花期 $50\%\theta_f$—盛果期 $50\%\theta_f$—秋果期 $55\%\theta_f$）的土壤含水率变化过程线可以看出：全生育期内，20~40cm 及 40~60cm 土层土壤含水量最大。其中 20~40cm 土层土壤含水量在 3.7%~12.7% 之间变化，40~60cm 层 cm 土层土壤含水率范围为 4.8%~12.5% 之间。6—8 月是枸杞的盛果期和秋果期，各不同深度土层土壤含水率波动范围相对较小，则枸杞对土壤水的吸收利用维持在较高的水平。由处理 S2（春梢期 $50\%\theta_f$—营养生长期和盛花期 $65\%\theta_f$—盛果期 $50\%\theta_f$—秋果期 $55\%\theta_f$）的土壤含水率变化过程线可以看出：全生育期内，40~60cm 及 60~80cm 土层土壤含水率最大。其中 40~60cm 土层土壤含水率为 7.1%~12.9%，60~80cm 土层土壤含水率范围为 7.2%~12.9%，则认为该处理典型样株根系较为发达，对于 60~80cm 土层含水率影响较大。

从处理 S3（春梢期 $50\%\theta_f$—营养生长期和盛花期 $50\%\theta_f$—盛果期 $65\%\theta_f$—秋果期

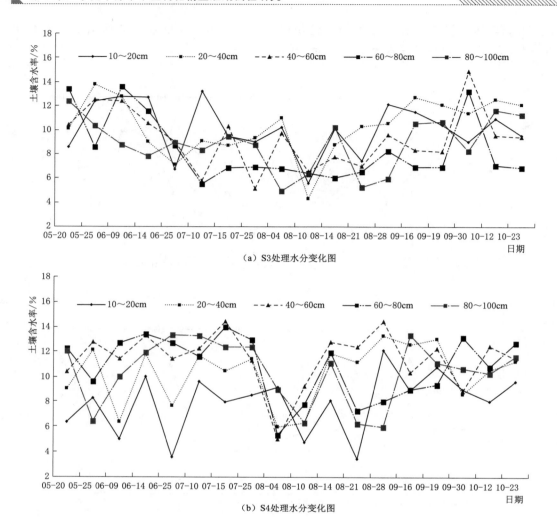

（a）S3处理水分变化图

（b）S4处理水分变化图

图 3.3　处理 S3、S4 土层土壤含水率变化过程线

55%θ_f）的土壤含水率变化过程线可以看出：在 10～20cm 及 20～40cm 土层土壤含水率最大，则认为该处理枸杞植株根系不甚发达，对土壤水分的吸收主要集中在 10～40cm，且表层土壤含水量变化较为剧烈。从处理 S4（春梢期 50%θ_f—营养生长期和盛花期 50%θ_f—盛果期 75%θ_f—秋果期 55%θ_f）的土壤含水率变化过程线可以看出：8 月以前，主要以 40～80cm 土层土壤含水率变化最大，8 月以后以 20～60cm 土层土壤含水率最大，则认为后期枸杞对土壤水分的需求有所降低，主要因为土层较浅的根系在汲取水分，20～60cm 土壤含水量在 7.7%～12.8%之间变化。

　　由处理 S5（春梢期 50%θ_f—营养生长期和盛花期 65%θ_f—盛果期 65%θ_f—秋果期 55%θ_f）的土壤含水率变化过程线可以看出：全生育期在 40～60cm 土壤含水率最大，其他土层土壤含水率变化规律性不明显。土壤含水率在 7.5%～12.5%之间变化，灌溉水在此土壤层存蓄水量最大，对枸杞生长较为关键。从处理 S6（春梢期 50%θ_f—营养生长期

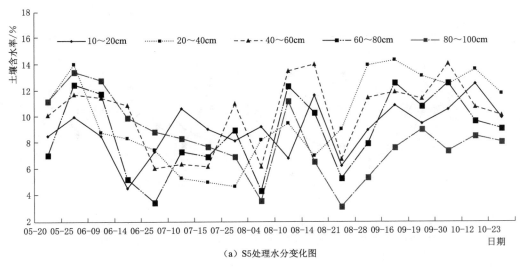

（a）S5处理水分变化图

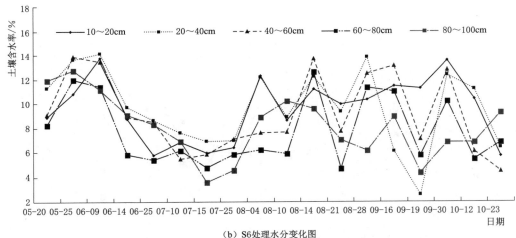

（b）S6处理水分变化图

图 3.4 处理 S5、S6 土层土壤含水率变化过程线

和盛花期 $65\%\theta_f$—盛果期 $75\%\theta_f$—秋果期 $55\%\theta_f$）的土壤含水率变化过程线可以看出：$10\sim80\text{cm}$ 土壤含水率变化率较其他层高，其中 $40\sim60\text{cm}$ 含水率最大，8 月前土壤含水率变化相对不太剧烈，8 月后土壤含水率变化显著，尤其是 $20\sim40\text{cm}$ 土层。

从处理 S7（春梢期 $50\%\theta_f$—营养生长期和盛花期 $75\%\theta_f$—盛果期 $65\%\theta_f$—秋果期 $55\%\theta_f$）的土壤含水率变化过程线可以看出：各土层土壤含水率变化过程基本相似，$60\sim80\text{cm}$ 土层土壤含水率最大，8 月以后 $40\sim60\text{cm}$ 土壤含水率显著增大。由处理 S8（春梢期 $50\%\theta_f$—营养生长期和盛花期 $75\%\theta_f$—盛果期 $75\%\theta_f$—秋果期 $55\%\theta_f$）的土壤含水率变化过程线可以看出：水分亏缺程度最轻，各生育期土壤含水量均较高，在 $5.7\%\sim12.9\%$ 之间变化，以 $20\sim40\text{cm}$ 土层土壤含水率最高。

3.2.2　不同控水时期灌水前后土壤含水率变化规律

为了分析不同生育期内不同水分控制梯度对各层土壤含水率的影响，将各处理划分为

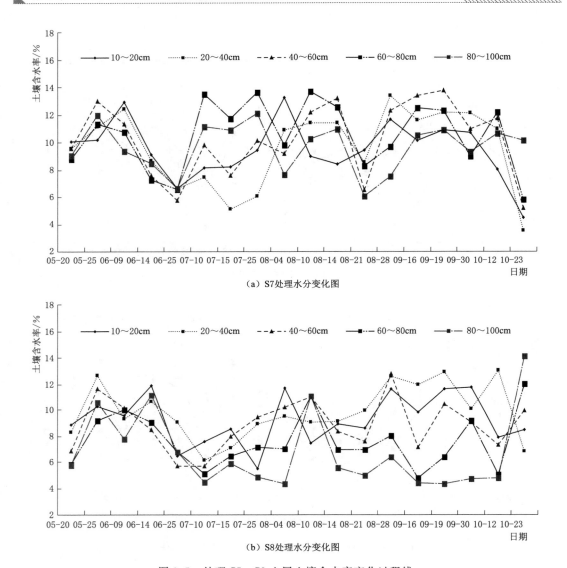

（a）S7处理水分变化图

（b）S8处理水分变化图

图 3.5　处理 S7、S8 土层土壤含水率变化过程线

三类，其中处理 S1 和 S2 在萌芽期、春梢期、盛果期（均控制在 $50\%\theta_f$）、秋果期及冬眠期水分处理完全一致，仅营养生长期和盛花期有所区别（S1 为 $50\%\theta_f$，S2 为 $65\%\theta_f$）；处理 S3、S5 及 S7 在萌芽期、春梢期、盛果期（均控制在 $65\%\theta_f$）、秋果期及冬眠期水分处理完全一致，仅营养生长期和盛花期有所区别（S3 为 $50\%\theta_f$，S5 为 $65\%\theta_f$，S7 为 $75\%\theta_f$）；处理 S4、S6 及 S8 在萌芽期、春梢期、盛果期（均控制在 $75\%\theta_f$）、秋果期及冬眠期水分处理完全一致，仅营养生长期和盛花期有所区别（S4 为 $50\%\theta_f$，S6 为 $65\%\theta_f$，S8 为 $75\%\theta_f$）。对各分类情况枸杞不同关键生育期内分别选取 1 次典型灌水，绘制营养生长期灌水（6 月 11 日灌水）前后土壤含水率变化过程剖面图（图 3.6）、盛果期灌水（7 月 29 日灌水）前后土壤水分变化过程剖面图（图 3.7）、秋果期灌水（8 月 25 日灌

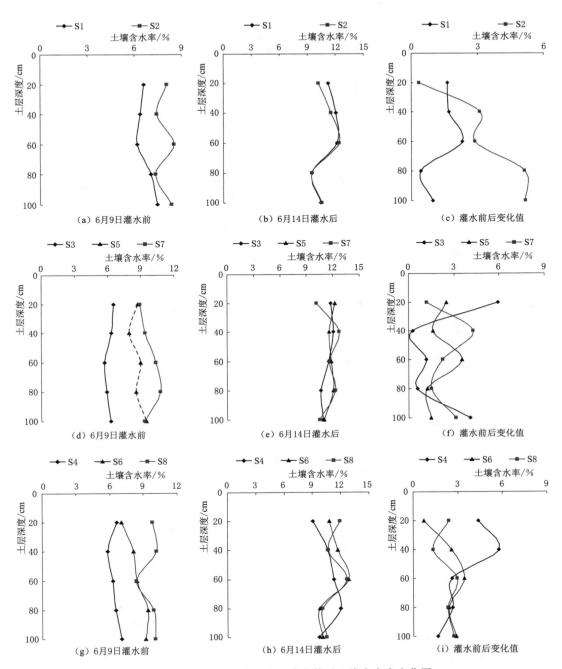

图 3.6　营养生长期控水阶段灌水前后土壤含水率变化图

水）前后土壤水分变化过程剖面图（图 3.8）。

　　从图 3.6 可以看出，在营养生长期控水阶段，不同水分处理灌水前后含水率变化规律大体呈"3"字形规律。盛果期控水至 $50\%\theta_f$ 时，其他生育期控水一致条件下，处理 S2 的当次灌水土壤含水率变化较大，其增幅为 $0.5\%\sim5.2\%$，其中 $40cm\sim60cm$ 以及 $80\sim$

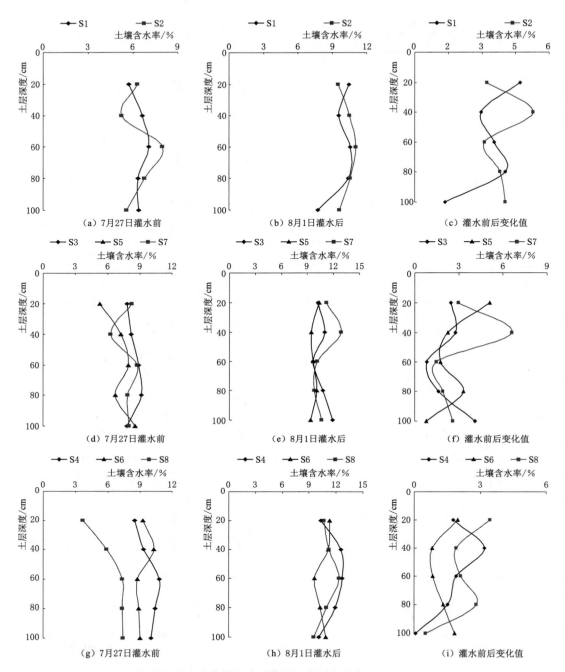

图 3.7　盛果期控水阶段灌水前后土壤含水率变化

100cm 变化最为显著。在盛果期控水至 $65\%\theta_f$ 条件下，S3 处理变化幅度最小，即该处理此次灌水土壤贮存水量最小，对枸杞生长不利；处理 S5 在 60cm 处土壤水分变化最为显著，增幅为 3.5%，该处理优于 S3 处理；处理 S7 在 40cm 处土壤水分变化最为显著，增幅为 4.3%，该处理土壤贮存水量为该类型处理的最大值，对营养生育期枸杞生长最有

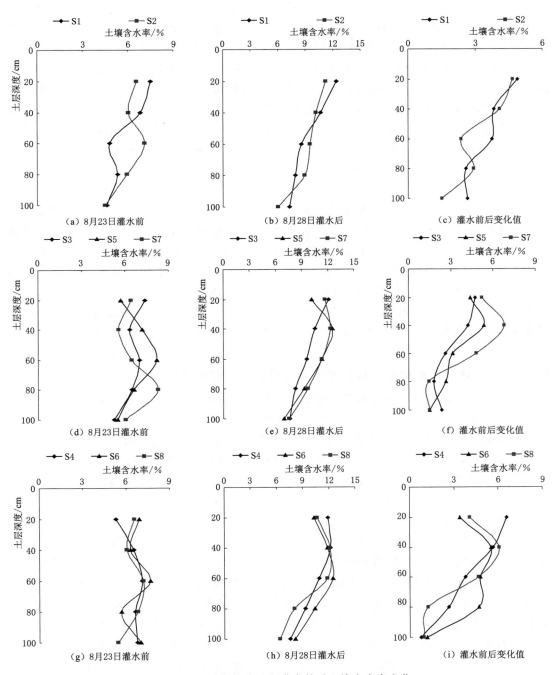

图 3.8　秋果期控水阶段灌水前后土壤含水率变化

利。在盛果期控水至 $75\%\theta_f$ 条件下，S4 处理在 40cm 处土壤水分变化最为显著，增幅为 5.7%，处理 S6 及 S8 均在 60cm 处土壤含水率有变化，增幅分别为 3.4% 及 2.9%。S4 变化幅度最大，即该处理此次灌水土壤贮存水量最大，对枸杞生长有利。

从图 3.7 可以看出，在盛果期控水阶段，不同水分处理灌水前后含水率变化也是大体呈 "3" 字形规律变化。当盛果期控水至 $50\%\theta_f$，其他生育期控水条件一致时，处理 S2 当次灌水土壤含水率增幅显著高于 S1，增幅为 $3.1\% \sim 5.3\%$，尤其是 40cm 处，达到 5.3%。在盛果期控水至 $65\%\theta_f$ 条件下，处理 S7 在 40cm 处土壤水分变化最为显著，增幅为 6.6%，处理 S5 在 80cm 处土壤水分变化较为明显，增幅为 3.3%，处理 S3 变化幅度最小，因此认为 S7 处理土壤贮存水量为该类型处理的最大值，对盛果期枸杞生长最为有利。在盛果期控水至 $75\%\theta_f$ 条件下，处理 S8 在 20cm 处土壤水分变化最为显著，增幅为 3.5%，同时在 80cm 处增幅为 2.8%，S6 在 60cm 处土壤含水率增幅为 3.2%，S4 变化幅度最小为 $0.8\% \sim 2.0\%$。此次处理 S8 在该处理灌水土壤贮存水量最大，对枸杞生长有利。

从图 3.8 可以看出，在秋果期控水阶段，当盛果期控水至 $50\%\theta_f$，其他生育期控水条件一致时，处理 S2 当次灌水土壤含水率增幅高于处理 S1，其中 20cm 处含水量增幅 4.9%，60cm 处含水量增幅 3.7%；处理 S2 在 80cm 处含水量增幅 2.9%。在盛果期控水至 $65\%\theta_f$ 条件下，处理 S7、S5 及 S3 均在 40cm 处土壤水分变化较显著，增幅分别为 6.8%、5.3% 及 4.2%，认为 S7 处理土壤贮存水量为该类型处理的最大值，对秋果期枸杞生长最为有利。在盛果期控水至 $75\%\theta_f$ 条件下，S8、S4 及 S6 在 40cm 处土壤水分变化较为显著，分别为 6.0%、5.5% 及 4.8%，处理 S8 在此次灌水后土壤贮存水量最大，对枸杞生长有利。

3.2.3　不同水分控制梯度下枸杞根区土壤含水率的变化规律

按照不同生育期内不同水分控制梯度将各处理划分为三类：其中 S1 及 S2（盛果期均控制在 $50\%\theta_f$）为第一类；S3、S5 及 S7（盛果期控制在 $65\%\theta_f$）为第二类；S4、S6 及 S8（盛果期控制在 $75\%\theta_f$）为第三类。分别绘制各分类情况下枸杞根区 $0 \sim 20cm$、$20 \sim 40cm$、$40 \sim 60cm$、$60 \sim 80cm$ 不同土层全生育期土壤含水率变化过程（图 3.9）。

从图中可以看出，土层深度在 $0 \sim 20cm$ 之间，8 月以前处理 S2 土壤含水率较高，土壤贮存水量较大，而 8 月以后 S1 土壤含水量略高于 S2；S3、S5 及 S7 在 $0 \sim 20cm$ 土层含水率交错升高，全生育期没有统一规律。处理 S6 较处理 S4 及处理 S8 在全生育期内土壤含水率较高，处理 S8 次之。土层深度在 $20 \sim 40cm$ 时，8 月以前 S2 土壤含水率较高，土壤水贮存量较大，而 8 月以后处理 S1 土壤含水率略高于 S2；处理 S5 在全生育期土壤含水量均高于处理 S3 和处理 S7，处理 S7 次之。$40 \sim 60cm$ 土层与 $0 \sim 20cm$ 及 $20 \sim 40cm$ 土层规律相似，8 月以前处理 S2 土壤含水率较高，土壤水贮存量较大，而 8 月以后处理 S1 土壤含水率略高于 S2。处理 S5 在全生育期土壤含水率均高于处理 S3 及 S7。处理 S4 在全生育期土壤含水率均高于 S6 及 S8，在此土层存蓄水量较多，有利于枸杞吸收利用。而土层深度在 $60 \sim 80cm$ 时，处理 S2 在全生育期土壤含水率均高于 S1；处理 S5 在全生育期土壤含水率也高于 S3 及 S7。处理 S4 在全生育期土壤含水率均高于 S6 及 S8，在此土层存蓄水量较多，有利于枸杞吸收利用。

3.2.4　灌水后连续时段内不同水分处理下土壤含水率的变化规律

为了探讨在试验区土壤类型下，不同水分处理不同土层土壤含水率随时间的变化过

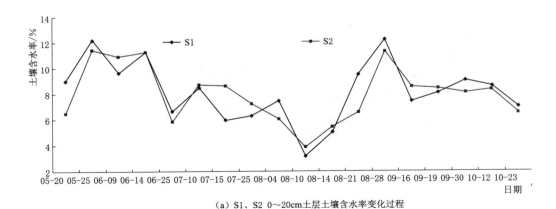

（a）S1、S2 0～20cm土层土壤含水率变化过程

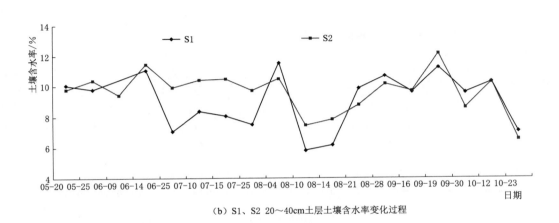

（b）S1、S2 20～40cm土层土壤含水率变化过程

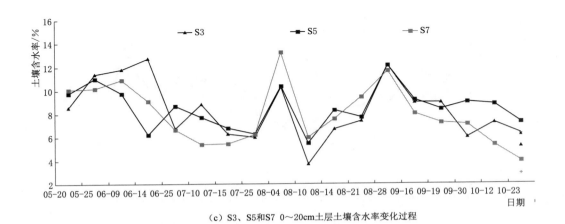

（c）S3、S5和S7 0～20cm土层土壤含水率变化过程

图3.9（一） 不同水分控制梯度各土层土壤含水率变化过程

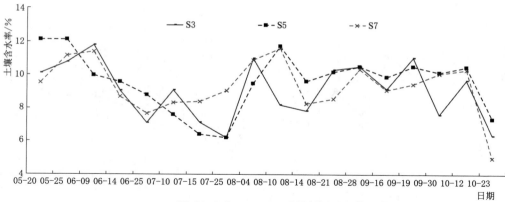

（d）S3、S5和S7 20～40cm土层土壤含水率变化过程

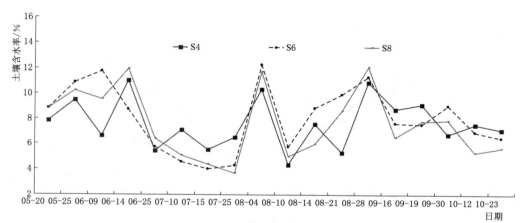

（e）S4、S6和S8 0～20cm土层土壤含水率变化过程

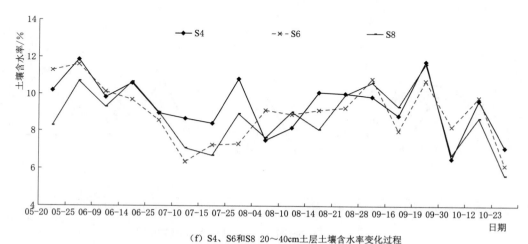

（f）S4、S6和S8 20～40cm土层土壤含水率变化过程

图 3.9（二）　不同水分控制梯度各土层土壤含水率变化过程

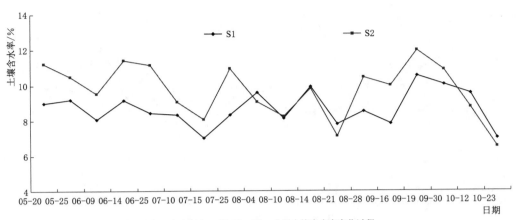

（g）S1、S2 40～60cm土层土壤含水率变化过程

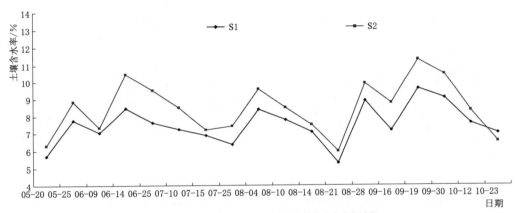

（h）S1、S2 60～80cm土层土壤含水率变化过程

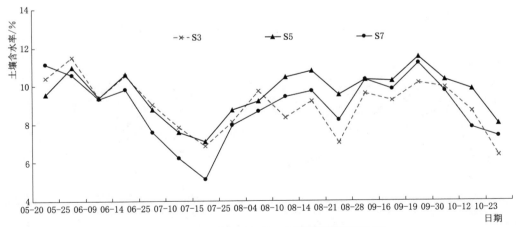

（i）S3、S5和S7 40～60cm土层土壤含水率变化过程

图 3.9（三） 不同水分控制梯度各土层土壤含水率变化过程

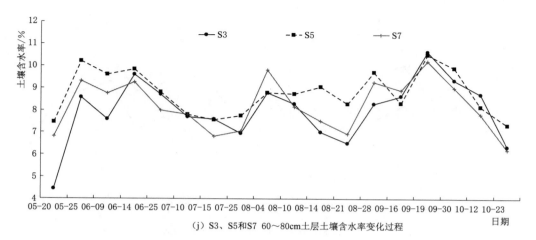

（j）S3、S5和S7 60~80cm土层土壤含水率变化过程

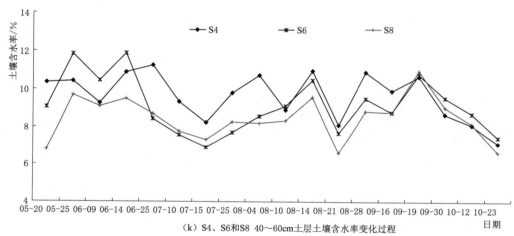

（k）S4、S6和S8 40~60cm土层土壤含水率变化过程

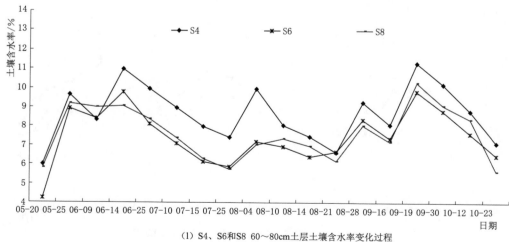

（l）S4、S6和S8 60~80cm土层土壤含水率变化过程

图3.9（四）　不同水分控制梯度各土层土壤含水率变化过程

程，自 8 月 25 日灌水后，连续监测 8 月 26 日—9 月 5 日各土层土壤含水率，并分别绘制 0～10cm、10～20cm、20～30cm、30～40cm、40～60cm、60～100cm 等不同土层深度各处理的土壤含水率变化过程线（图 3.10）。

从图 3.10 中可以看出，在不同水分处理下，0～100cm 各土层土壤含水率变化规律相似，均随时间变化呈递减趋势，其中 0～10cm 及 10～20cm 变化幅度相对较大，60～100cm 土壤含水率历经 11 天的消耗，土壤含水率变化不显著。从水分处理来说，0～10cm 土层处理 S8 土壤水含水率最高，变化也最为剧烈，处理 S6 次之。10～20cm 土层 S1 处理土壤含水率变化最为剧烈，从 10.9％降至 4.2％，降幅 6.7％；20～30cm 土层 S1 处理土壤含水率变化最为剧烈，处理 S3 次之，从 11.1％降至 3.9％；60～100cm 土层土

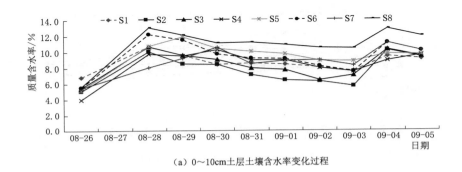

（a）0～10cm土层土壤含水率变化过程

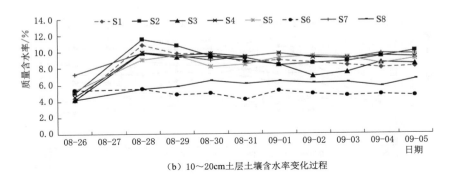

（b）10～20cm土层土壤含水率变化过程

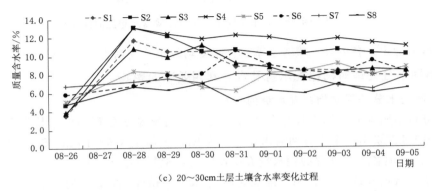

（c）20～30cm土层土壤含水率变化过程

图 3.10（一） 不同水分处理下不同土层深度土壤含水率随时间变化过程线

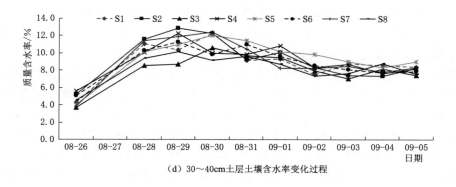

（d）30～40cm土层土壤含水率变化过程

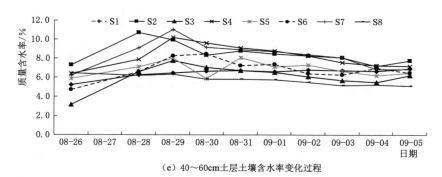

（e）40～60cm土层土壤含水率变化过程

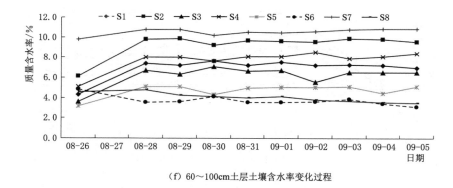

（f）60～100cm土层土壤含水率变化过程

图 3.10（二）　不同水分处理下不同土层深度土壤含水率随时间变化过程线

壤含水率最为稳定，各处理土壤含水率变化幅度均较小，变幅为 1.1％～3.8％。

3.2.5　不同水分处理对枸杞耗水量及水分利用效率的影响

3.2.5.1　不同水分处理对枸杞耗水量的影响

整理分析不同水分处理下枸杞各生育阶段耗水情况及水分利用效率特征参数，见表3.2。从表中可以看出，全生育期需水量最大为 S1，其值是 336.01mm，S2 需水量最小为290.85mm。其他各水分处理的耗水量大小顺序为：S1＞S8＞S5＞S7＞S4＞S3＞S6＞S2。而全生育期灌溉定额最大的是 S1，灌溉定额为 229.37mm，灌溉定额最小的还是 S2，为176.93mm。其他各水分处理的灌溉定额大小顺序为：S1＞S8＞S7＞S5＞S6＞S3＞

S4＞S2，说明一定灌溉定额范围内，耗水量随灌溉定额的增大而增大（图3.11）。采用多元线性回归的方法得回归方程如下：

$$y = -0.0027x^2 + 1.9445x + 32.806 \tag{3.1}$$

方程中 $R^2 = 0.8228$，回归模型 F 检验概率 $p = 0.00196$（$P < 0.05$），回归模型显著性检验达到显著，模型拟合程度良好，可靠性度高。

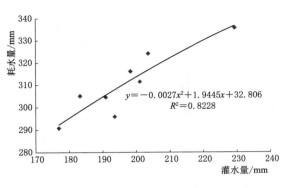

图 3.11 不同水分处理下枸杞灌水量与耗水量拟合图

表 3.2 不同水分处理枸杞需水量及水分利用效率计算表

处理	生育期 名称	生育期 时间段/(月-日)	土壤贮存水分增加值/mm	灌水量/mm	降雨量/mm	耗水量/mm	日耗水强度/(mm/d)	全生育期需水量/mm	产量/(kg/亩)	灌溉水分利用效率/(kg/m³)	水分利用效率/(kg/m³)	水分生产效益/(元/m³)
S1	萌芽新枝抽生期	04-05—05-20	-3.63	30.00	19.40	53.03	1.18	336.01	52.99	0.35	0.24	21.29
	新枝现蕾期	05-20—06-04	10.45	31.11	8.10	28.76	1.92					
	盛花期	06-04—06-14	2.53	19.56	1.90	18.93	1.89					
	夏果期 前期	06-14—06-25	-22.99	0.00	3.70	26.69	2.43					
	夏果期 盛果期	06-25—07-25	-5.59	23.78	23.10	52.47	1.75					
	夏果期 后期	07-25—08-04	15.61	13.93	14.20	12.51	1.25					
	秋季生长期	08-04—08-28	12.10	18.96	20.10	26.97	1.12					
	秋果期	08-28—10-23	-2.17	47.04	41.70	90.91	1.62					
	落叶休眠期	10-23—11-20	27.66	45.00	8.40	25.74	0.95					
	全生育期		33.96	229.37	140.60	336.01	1.57					
S2	萌芽新枝抽生期	04-05—05-20	-2.45	30.00	19.40	51.85	1.15	290.85	66.08	0.55	0.34	30.67
	新枝现蕾期	05-20—06-04	-0.14	27.41	8.10	35.64	2.38					
	盛花期	06-04—06-14	4.54	14.96	1.90	12.32	1.23					
	夏果期 前期	06-14—06-25	-11.95	0.00	3.70	15.65	1.42					
	夏果期 盛果期	06-25—07-25	0.49	1.41	23.10	24.01	0.80					
	夏果期 后期	07-25—08-04	6.36	4.74	14.20	12.58	1.26					
	秋季生长期	08-04—08-28	10.21	19.85	20.10	29.74	1.24					
	秋果期	08-28—10-23	-0.85	33.56	41.70	76.10	1.36					
	落叶休眠期	10-23—11-20	20.46	45.00	8.40	32.94	1.22					
	全生育期		26.68	176.93	140.60	290.85	1.34					

续表

处理	生育期 名称	生育期 时间段/(月-日)	土壤贮存水分增加值/mm	灌水量/mm	降雨量/mm	耗水量/mm	日耗水强度/(mm/d)	全生育期需水量/mm	产量/(kg/亩)	灌溉水分利用效率/(kg/m³)	水分利用效率/(kg/m³)	水分生产效益/(元/m³)
S3	萌芽新枝抽生期	04-05—05-20	-7.24	30.00	19.40	56.64	1.26	304.70	52.06	0.41	0.26	23.07
	新枝现蕾期	05-20—06-04	2.48	37.19	8.10	42.81	2.85					
	盛花期	06-04—06-14	-13.37	0.00	1.90	15.27	1.53					
	夏果期 前期	06-14—06-25	-9.60	0.00	3.70	13.30	1.21					
	夏果期 盛果期	06-25—07-25	12.65	19.85	23.10	30.30	1.01					
	夏果期 后期	07-25—08-04	15.69	12.00	14.20	10.51	1.05					
	秋季生长期	08-04—08-28	-1.84	18.96	20.10	40.90	1.70					
	秋果期	08-28—10-23	2.34	27.85	41.70	67.21	1.20					
	落叶休眠期	10-23—11-20	25.65	45.00	8.40	27.75	1.03					
	全生育期		26.75	190.85	140.60	304.70	1.43					
S4	萌芽新枝抽生期	04-05—05-20	-9.64	30.00	19.40	59.04	1.31	305.08	60.34	0.49	0.30	26.70
	新枝现蕾期	05-20—06-04	-3.00	27.41	8.10	38.51	2.57					
	盛花期	06-04—06-14	7.67	14.52	1.90	8.75	0.87					
	夏果期 前期	06-14—06-25	-15.82	0.00	3.70	19.52	1.77					
	夏果期 盛果期	06-25—07-25	-7.15	2.07	23.10	32.33	1.08					
	夏果期 后期	07-25—08-04	-0.57	0.30	14.20	15.07	1.51					
	秋季生长期	08-04—08-28	20.87	35.11	20.10	34.35	1.43					
	秋果期	08-28—10-23	-2.37	28.74	41.70	72.82	1.30					
	落叶休眠期	10-23—11-20	28.69	45.00	8.40	24.71	0.92					
	全生育期		18.67	183.15	140.60	305.08	1.42					
S5	萌芽新枝抽生期	04-05—05-20	-7.99	30.00	19.40	57.39	1.28	316.28	72.46	0.56	0.34	30.93
	新枝现蕾期	05-20—06-04	-1.50	28.44	8.10	38.05	2.54					
	盛花期	06-04—06-14	-13.68	0.67	1.90	16.25	1.62					
	夏果期 前期	06-14—06-25	-7.13	0.00	3.70	10.83	0.98					
	夏果期 盛果期	06-25—07-25	3.94	15.41	23.10	34.57	1.15					
	夏果期 后期	07-25—08-04	9.27	7.56	14.20	12.49	1.25					
	秋季生长期	08-04—08-28	16.83	31.11	20.10	34.38	1.43					
	秋果期	08-28—10-23	-7.43	40.07	41.70	89.20	1.59					
	落叶休眠期	10-23—11-20	30.27	45.00	8.40	23.13	0.86					
	全生育期		22.58	198.26	140.60	316.28	1.41					

处理	生育期		土壤贮存水分增加值/mm	灌水量/mm	降雨量/mm	耗水量/mm	日耗水强度/(mm/d)	全生育期需水量/mm	产量/(kg/亩)	灌溉水分利用效率/(kg/m³)	水分利用效率/(kg/m³)	水分生产效益/(元/m³)
	名称	时间段/(月-日)										
S6	萌芽新枝抽生期	04-05—05-20	1.38	30.00	19.40	48.02	1.07	296.05	61.08	0.47	0.31	27.85
	新枝现蕾期	05-20—06-04	1.19	25.04	8.10	31.95	2.13					
	盛花期	06-04—06-14	−9.21	0.00	1.90	11.11	1.11					
	夏果期 前期	06-14—06-25	−9.51	0.00	3.70	13.21	1.20					
	夏果期 盛果期	06-25—07-25	−2.82	26.81	23.10	52.74	1.76					
	夏果期 后期	07-25—08-04	21.23	28.44	14.20	21.41	2.14					
	秋季生长期	08-04—08-28	13.30	16.30	20.10	23.10	0.96					
	秋果期	08-28—10-23	−5.44	21.85	41.70	68.99	1.23					
	落叶休眠期	10-23—11-20	27.88	45.00	8.40	25.52	0.95					
	全生育期		38.00	193.44	140.60	296.05	1.39					
S7	萌芽新枝抽生期	04-05—05-20	−9.45	30.00	19.40	58.85	1.31	311.50	59.83	0.45	0.29	25.93
	新枝现蕾期	05-20—06-04	3.77	32.89	8.10	37.22	2.48					
	盛花期	06-04—06-14	−6.28	3.85	1.90	12.03	1.20					
	夏果期 前期	06-14—06-25	−16.58	0.00	3.70	20.28	1.84					
	夏果期 盛果期	06-25—07-25	6.49	26.07	23.10	42.69	1.42					
	夏果期 后期	07-25—08-04	20.19	18.22	14.20	12.23	1.22					
	秋季生长期	08-04—08-28	5.58	18.81	20.10	33.34	1.39					
	秋果期	08-28—10-23	−3.65	26.37	41.70	71.72	1.28					
	落叶休眠期	10-23—11-20	30.26	45.00	8.40	23.14	0.86					
	全生育期		30.32	201.22	140.60	311.50	1.45					
S8	萌芽新枝抽生期	04-05—05-20	−11.11	30.00	19.40	60.51	1.34	324.15	63.45	0.47	0.29	26.43
	新枝现蕾期	05-20—06-04	17.07	30.81	8.10	21.85	1.46					
	盛花期	06-04—06-14	8.47	21.04	1.90	14.47	1.45					
	夏果期 前期	06-14—06-25	−18.48	0.00	3.70	22.18	2.02					
	夏果期 盛果期	06-25—07-25	−15.27	26.07	23.10	64.44	2.15					
	夏果期 后期	07-25—08-04	13.54	15.26	14.20	15.92	1.59					
	秋季生长期	08-04—08-28	8.44	17.78	20.10	29.44	1.23					
	秋果期	08-28—10-23	−4.50	17.63	41.70	63.83	1.14					
	落叶休眠期	10-23—11-20	21.88	45.00	8.40	31.52	1.17					
	全生育期		20.04	203.59	140.60	324.15	1.50					

3.2.5.2 不同水分处理对枸杞水分利用效率的影响

整理不同水分处理下枸杞水分利用效率和水分生产效益特征参数，并对各处理进行方差分析，其结果见表 3.3。

表 3.3　　　　　　　　　不同水分处理下枸杞水分利用效率方差分析

处理	水分利用效率/(kg/m³)	水分生产效益/(元/m³)
S1	0.24±0.4d	21.29±15.11c
S2	0.34±0.6ab	30.67±16.05ad
S3	0.26±0.5cd	23.07±14.99ab
S4	0.30±0.7abc	26.7±18.56bc
S5	0.34±0.6a	30.93±12.83d
S6	0.31±0.5abc	27.85±13.64bc
S7	0.29±0.5bc	25.93±13.23cd
S8	0.29±0.6abc	26.43±15.23bd

注　同一列中字母相同代表差异不显著，小写字母代表差异显著（$P<0.05$），大写字母代表差异达极显著水平（$P<0.01$）。

由表 3.3 可以得出，不同水分处理对枸杞水分利用效率和水分生产效益的影响存在显著差异（$P<0.05$）。从表中可以得出，S2 和 S5 的水分利用效率均最大，达到 0.34kg/m³，S1 最小为 0.24kg/m³，极差为 0.10kg/m³。其他各水分处理水分利用效率大小顺序为：S1<S3<S8<S7<S4<S6<S2<S5。根据调查，试验区 2015 年枸杞干果试产售价为中级果 90 元/kg。计算得出试验示范区水分生产效益处理 S5 最高，为 30.93 元/m³，S1 最小，为 21.29 元/m³。综合上述各类指标分析，认为 S5 处理最优。

3.3　不同水分处理对枸杞光合特性的影响

3.3.1　不同水分处理对枸杞叶片光合有效辐射的影响

光合有效辐射（PAR）是植物生命活动、有机物质合成和产量形成的能量来源。统计枸杞光合有效辐射数据表（表 3.4），并绘制其日变化过程图（图 3.12）。

表 3.4　　　　　不同水分处理下枸杞叶片光合有效辐射 PAR 值　　　单位：$\mu mol/(m^2 \cdot s)$

处理	8：00	10：00	12：00	14：00	16：00	18：00
S1	1440.15	1957.50	1744.80	2061.05	1201.20	749.85
S2	376.20	2107.40	2198.70	2141.45	1192.90	559.85
S3	1461.10	2082.40	2116.05	2277.10	1471.05	720.90
S4	1498.95	1931.00	2033.25	2082.30	1304.85	633.60
S5	1202.65	1473.90	2167.65	2144.80	824.35	412.55
S6	1607.55	1905.65	2100.45	1884.00	1593.50	882.55
S7	1305.90	2063.50	2108.80	2222.55	1195.65	647.00
S8	1751.75	2078.85	2172.50	2050.60	790.65	467.60

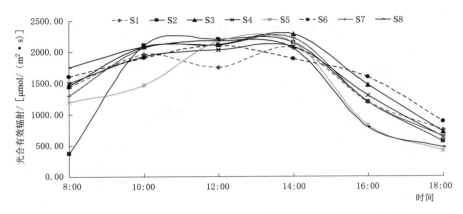

图 3.12　不同水分处理枸杞叶片叶片光合有效辐射 PAR 日变化曲线

从图 3.12 中可以看到,除 S6 外,其他处理光合有效辐射日变化均呈"双峰"曲线规律,第一个峰值出现在图中的 10:00(在监测期间,10:00 数据取自 10:00—11:00);随后光合有效辐射开始逐渐减小,到 12:00 降低到一个极小值,这段时间太阳辐射较强,但是光合有效辐射降低。到 14:00,光合有效辐射又回到另一个峰值,之后开始降低,到 16:00 达到另一个极小值,到 18:00 有微小上升趋势。S6 变化趋势均为单峰曲线,峰值出现在 12:00。则不同水分处理下枸杞叶片光合有效辐射 PAR 值平均值大小顺序为:S5<S2<S1<S8<S4<S7<S6<S3。从以上分析可知,枸杞叶片光合有效辐射不仅跟太阳辐射有关系,其变化规律也与枸杞叶片其他指标有关系。

3.3.2　不同水分处理对枸杞叶片温度与空气温度差值 ΔT 的影响

枸杞为变温植物,其温度是由土壤-植物-大气连续体内的热量和水汽流决定的。通过不同水分处理使枸杞在生育期内受不同程度的水分亏缺,从而枸杞叶片的蒸腾量会有所减少,枸杞自身消耗能量减少,致使叶片温度增加。枸杞叶片温度与空气温度的差值变化反映了土壤供水与枸杞需水之间的矛盾。枸杞的这一温度差可作为枸杞水分亏缺指标,用以指导田间灌溉。试验监测了枸杞作物层的空气温度和枸杞叶片的具体温度,并对其进行分析,见表 3.5。各处理枸杞叶片温度与空气温度之差的日变化曲线如图 3.13 所示。

表 3.5　　　　　　　　　　不同水分处理下枸杞叶片 ΔT 值　　　　　　　　　　单位:℃

处理	8:00	10:00	12:00	14:00	16:00	18:00
S1	1.85	1.70	1.00	0.90	0.50	−0.25
S2	2.15	2.05	2.05	1.40	−0.10	−0.30
S3	1.60	1.70	0.70	0.95	−0.55	−0.25
S4	2.15	1.45	2.40	1.25	0.10	−0.40
S5	1.35	1.15	1.80	2.30	0.75	−0.30
S6	1.60	0.35	1.50	1.10	0.90	0.75
S7	2.20	1.75	2.50	1.15	0.50	0.25
S8	2.00	1.25	2.00	1.80	0.20	0.35

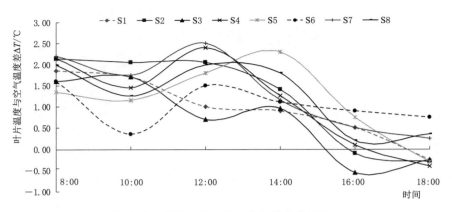

图 3.13　不同处理枸杞叶片温差日变化曲线

从图 3.13 中可以看到各处理温度差变化规律不尽相同，除 S1、S2、S3 外，其他处理变化均呈反弦曲线变化，8：00 时温差为一天中最大，随着时间的推移，到 10：00 温差降低到极小值，随后温差开始回升，到 12：00 温差达到极大值，随后温差开始减小，到 16：00 温差接近 0，有的处理甚至出现温差为负值的情况。S1 温差变化为线性递减变化，S2 的温差从 8：00 到 12：00 无明显变化，从 12：00 开始迅速下降。S3 的温差变化规律虽然同其他变化，但是其第一个极小值出现的时间较其他处理推后 2h，出现在 12：00。12：00 之后变化同其他处理。

3.3.3　不同水分处理对枸杞叶片气孔导度的影响

气孔导度（G_s）表示的是气孔张开的程度，影响作物的光合作用和蒸腾作用。气孔是植物叶片与外界进行气体交换的主要通道。通过气孔扩散的气体有氧气、二氧化碳和水蒸气。气孔可以根据环境条件的变化来调节开度的大小而使植物在损失水分较少的条件下获取最多的二氧化碳。试验对枸杞叶片气孔导度进行监测统计（表 3.6），并进行分析绘制了枸杞叶片气孔导度的日变化曲线（图 3.14）。

表 3.6　　　　　　　　　　不同水分处理下枸杞叶片气孔导度 G_s 值　　　　　　　　单位：mmol/(m^2 · s)

处理	8：00	10：00	12：00	14：00	16：00	18：00
S1	6.15	217.41	115.68	73.56	47.93	51.62
S2	53.51	80.90	78.05	101.27	50.54	89.28
S3	105.19	110.09	162.10	96.18	104.50	148.56
S4	101.89	87.03	65.86	65.69	74.25	78.22
S5	223.03	155.93	95.45	58.00	68.87	21.77
S6	279.74	101.32	114.34	63.99	110.28	74.53
S7	196.96	134.64	68.11	68.25	79.18	94.11
S8	141.96	223.17	143.30	59.67	63.83	70.53

从图 3.14 中可以看出，枸杞叶片气孔导度日变化规律有两种：一种是呈现凸抛物线变化规律，峰值出现在 10：00（S1、S8）、12：00（S3）、14：00（S2）；另一种呈现线性

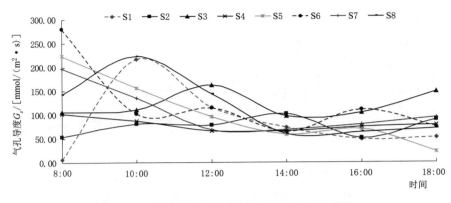

图 3.14　不同处理枸杞叶片气孔导度日变化曲线

递减性变化规律，极小值均出现在 10∶00（S6）和 14∶00（S4、S5、S7）。各处理气孔导度均呈现前高后低的变化趋势，与光合速率的变化规律基本一致。各水分处理叶片气孔导度平均值大小顺序为：S2＜S4＜S1＜S5＜S7＜S8＜S3＜S6。上午峰值出现在 10∶00 左右，下午峰值出现在 16∶00 左右。14∶00 左右气孔导度最小，原因是中午 12∶00—14∶00 是全天光照强度最强的时候，大气相对湿度低，蒸腾作用强烈，为减少植株体内水分流失，气孔关闭，气孔导度降低。

3.3.4　不同水分处理对枸杞叶片光合速率的影响

光合速率（P_n）是光合作用固定二氧化碳的速率，试验监测了枸杞生长期的光合速率，对各处理光合速率值进行了统计，并绘制了光合速率日变化曲线。光合速率变化曲线同光合有效辐射的双峰凸抛物线形，而不同于气温的单峰凸抛物线形，这也表明光合有效辐射是光合速率的重要影响因素。统计枸杞叶片光合速率数据表，见表 3.7，并绘制其日变化过程图，见图 3.15。

表 3.7　　　　　　　　不同水分处理下枸杞叶片光合速率 P_n 值　　　　　　　单位：$\mu mol/(m^2 \cdot s)$

处理	8∶00	10∶00	12∶00	14∶00	16∶00	18∶00
S1	20.55	24.55	15.59	12.15	9.30	6.05
S2	20.55	18.30	12.31	16.22	7.30	7.24
S3	19.00	16.71	20.30	15.61	14.46	11.84
S4	20.27	15.99	11.19	9.22	9.19	6.98
S5	19.42	21.18	14.53	10.52	8.09	2.93
S6	20.42	13.04	16.53	9.47	10.27	12.37
S7	24.29	20.14	11.05	10.10	10.63	9.54
S8	21.71	24.30	18.41	8.67	8.84	6.50

从图 3.15 中可以看到，光合速率整体表现在双峰凸抛物线变化趋势，各水分处理光合速率平均值大小顺序为：S3＞S8＞S1＞S7＞S6＞S2＞S5＞S4。其中 S1、S2、S3、S5、S6、S8 变化特征较明显，从 8∶00 开始光合速率开始逐步增加，到 10∶00 达到第一个峰

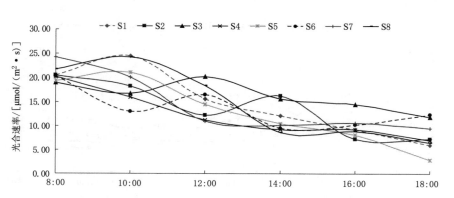

图 3.15　不同处理枸杞叶片光合速率日变化曲线

值，S3、S6 的第一个峰值出现在 12：00，此时出现光合午休现象，增幅最大的是 S8，随后各处理光合速率开始降低，降幅均在 40.25％～43.12％之间，这主要是光合有效辐射降低和气温急剧升高引起气孔关闭的结果，到 14：00 光合速率又回升的一个极大值，此时光合有效辐射也回升，到 16：00 光合速率又降低极小值，最后又有微小回升，这是由于气孔导度受空气相对湿度上升、光合辐射强度下降等影响。S4 和 S7 的光合速率变化呈现线性递减型规律。各水分处理上午的光和速率明显大于下午，这主要是由于经过上午的光合作用后，叶片中的光合产物积累而发生反馈抑制的原因。

3.3.5　不同水分处理对枸杞叶片蒸腾速率的影响

蒸腾作用是水分从活的植物体叶片中以水蒸气状态散失到大气中的过程，蒸腾作用不仅受气候条件和土壤水分的影响，而且还受植物本身的调节和控制，因此它是一种复杂的生理过程。试验监测了枸杞叶片生长期的蒸腾速率（T_r），对各处理蒸腾速率值进行了统计（表 3.8），并绘制了枸杞蒸腾速率日变化曲线（图 3.16）。

表 3.8　　　　　　　　　　　不同水分处理下枸杞叶片蒸腾速率 T_r 值　　　　　单位：mmol/(m² · s)

处理	8：00	10：00	12：00	14：00	16：00	18：00
S1	0.09	5.31	4.62	3.74	2.38	2.02
S2	0.86	2.92	4.11	5.22	2.58	3.23
S3	1.37	3.71	6.80	5.13	4.72	4.88
S4	1.67	3.28	3.87	3.88	3.78	2.69
S5	2.96	5.57	5.04	3.94	3.66	0.94
S6	3.82	3.69	5.85	3.80	5.42	2.94
S7	3.34	5.18	3.88	4.65	3.89	3.52
S8	2.78	7.61	6.83	3.85	3.30	2.66

从图 3.16 中可以看到，各处理蒸腾速率的日变化呈两种变化：一种是单峰凸抛物线形，如 S1、S2、S3、S4、S8；另一种是双峰凸抛物线形，如 S5、S6。S8 在 8：00，枸杞叶片的蒸腾速率为 2.78mmol/(m² · s)，到 12：00 增大到 6.83mmol/(m² · s)，到 18：00 降低到 2.66mmol/(m² · s)。S6 在 08：00，蒸腾速率为 3.82mmol/(m² · s)，到

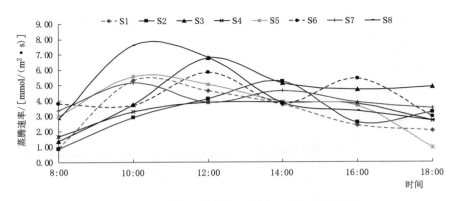

图 3.16 不同处理枸杞叶片蒸腾速率日变化曲线

12：00 达到极大值 5.85mmol/($m^2 \cdot s$)，随后开始下降，到 14：00 达到极小值 3.80mmol/($m^2 \cdot s$)，随后蒸腾速率开始回升，到 16：00 达到极大值点，为 5.42mmol/($m^2 \cdot s$)，之后到 18：00 蒸腾速率又降低到 2.94mmol/($m^2 \cdot s$)。各水分处理叶片蒸腾速率平均值大小顺序为：S8＞S3＞S6＞S7＞S5＞S4＞S2＞S1，说明在适量的灌水量下，有利于提高枸杞叶片蒸腾速率。

3.3.6 不同水分处理对枸杞叶片水分利用效率的影响

水分利用效率是对植物性能的一种测量，在农作物系统中，提高水分利用效率是面对有限的水供给时增加农作物产量的有效方法。叶片水分利用效率（LWUE）指植物消耗单位水量生产出的同化量。它还是评价干旱缺水条件下作物生长水平的指标。计算枸杞叶片水分利用效率（表 3.9），绘制枸杞叶片水分利用效率的日变化曲线（图 3.17）。

表 3.9 不同水分处理枸杞叶片水分利用效率 单位：$\mu molCO_2/mmolH_2O$

处理	8：00	10：00	12：00	14：00	16：00	18：00
S1	23.08	4.62	3.38	3.25	3.91	2.99
S2	24.04	6.28	2.99	3.11	2.83	2.24
S3	13.92	4.50	2.99	3.05	3.07	2.43
S4	12.14	4.87	2.90	2.38	2.43	2.59
S5	6.56	3.80	2.89	2.67	2.21	3.12
S6	5.35	3.54	2.82	2.49	1.89	4.21
S7	7.28	3.89	2.85	2.17	2.74	2.71
S8	7.81	3.19	2.69	2.25	2.68	2.45

从图 3.17 中看可以看到，枸杞叶片水分利用效率的日变化规律一致，各处理一天当中的叶片水分利用效率均表现为在 8：00 最大，随后开始降低，到 10：00 变化开始缓慢，之后变化趋于稳定。各水分处理 LWUE 一天表现为：S2＞S1＞S3＞S4＞S8＞S7＞S5＞S6。说明在一定灌水量范围内，低水分处理能够提高枸杞叶片水分利用效率。

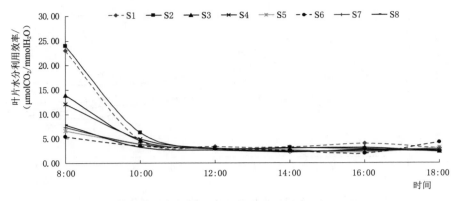

图 3.17　不同处理枸杞叶片水分利用效率日变化曲线

3.4　不同水分处理对枸杞生长量、产量和品质的影响

3.4.1　不同水分处理对枸杞生长量的影响

为了分析不同水分处理对枸杞生长及生态指标的影响，分别在不同生育期对枸杞主干基茎、东西及南北方向冠幅、株高、典型枝条茎粗及条长等生长指标进行监测，并统计其全生育期增长量，并对各处理进行方差分析，其结果见表 3.10。

表 3.10　　　　　　　　　　不同水分处理枸杞全生育期生长增长量表

处理	地径/mm	株高/cm	东西冠幅/cm	南北冠幅/cm	枝条径粗/mm	枝条长度/cm
S1	4.72±1.2d	39.70±15.21c	56.00±26.54c	25.00±15.11c	2.54±0.6cb	43.63±22.36b
S2	4.96±1.6ab	40.50±13.60ac	47.50±22.30a	41.50±16.05ad	1.82±0.8b	43.38±19.60a
S3	4.85±1.7cd	38.60±12.66cd	46.50±25.16d	40.50±14.99ab	1.86±0.2cd	40.63±18.66cd
S4	4.21±1.1abc	35.50±14.18ab	43.50±24.18a	42.00±18.56bc	2.46±0.3bc	35.75±20.28ab
S5	5.22±1.6a	41.50±14.60d	66.00±23.70d	37.50±12.83d	2.90±0.7a	45.13±21.40d
S6	3.17±1.5ab	25.00±16.5bc	47.00±26.43c	37.00±13.64bc	2.63±0.4b	39.50±21.56a
S7	5.11±1.4bc	19.50±11.49dc	42.50±24.49d	34.50±13.23cd	2.51±0.4bc	42.88±28.49b
S8	5.18±1.6abc	20.50±17.6abc	38.50±27.6a	35.50±15.23bd	2.40±0.5c	40.88±21.6cb

注　同一列中字母相同代表差异不显著，小写字母代表差异显著（$P < 0.05$），大写字母代表差异达极显著水平（$P < 0.01$）

3.4.1.1　不同水分处理对枸杞基径生长的影响

从表 3.10 可以得出，不同水分处理对枸杞基径生长的影响存在显著性差异（$P < 0.05$）。枸杞全生育期基径变化规律如图 3.18 所示。由图 3.18（a）可知，枸杞基径径粗随时间呈现逐渐增长的变化规律，增长的幅度较小。但枸杞地径生长没有呈现随灌水量的增加而增长的变化规律。整体表现规律呈 S6＜S4＜S1＜S3＜S2＜S7＜S5＜S8。

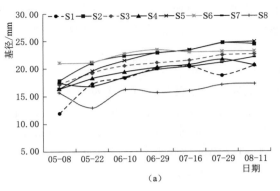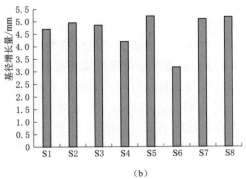

图 3.18 枸杞基径生长变化规律和增长量

从图 3.18（b）可以看出，滴灌条件下，全生育期内不同水分处理枸杞基径年增长量为 3.17～5.22mm，各处理从春梢生长期到落叶期生长量分别为：S1，4.72mm；S2，4.96mm；S3，4.85mm；S4，4.21mm；S5，5.22mm；S6，3.17mm；S7，5.11mm；S8，5.18mm。分别相对增长了 39.46%、27.84%、28.28%、25.59%、32.12%、15.11%、29.45%、33.81，处理 S5 增长量最大。

3.4.1.2 不同水分处理对枸杞株高的影响

株高是经果林植物最重要的生长指标之一，水分是枸杞株高的重要影响因素，枸杞树的高度在一定程度上反应枸杞生长过程中的营养状况。从表 3.10 可以得出，不同水分处理对枸杞株高的影响存在显著性差异（$P<0.05$）。枸杞全生育期株高变化规律如图 3.19 所示。从图 3.19（a）可以得出：枸杞树高度最高出现在 7 月中旬 S2 中，最高为 128.50cm；其次是 S5，其株高为 117.00cm，5 月 8 日—6 月 10 日株高生长速度最快，6 月 10 日—7 月 16 日枸杞株高生长速度次之。其中 S2 最大，为 0.67cm/d。随生育期的延长，枸杞生长速度整体呈下降趋势，基本趋于稳定。

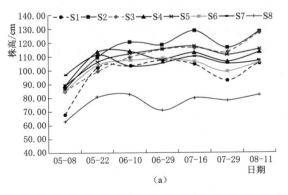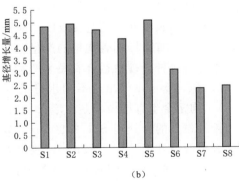

图 3.19 枸杞株高生长变化规律和增长量

由图 3.19（b）可知，而枸杞株高全生育期增长量为 19.5～41.5cm，其中 S5 增长量最大，其值为 41.50cm，S7 增长量最小为 19.5cm，极差为 22.0cm。其他各处理株高增长量表现为：S5>S2>S1>S3>S6>S8>S7。滴灌条件下，枸杞树的高度随时间呈现增长变化规律。枸杞树高并没有随着灌水量的增大而增加，其原因首先是在选定标定枸杞样株时选取的树均匀程度不一，其次在测量枸杞树高时存在误差，最后枸杞树的生长受降雨、蒸发和环境各因素影响较大。

3.4.1.3　不同水分处理对枸杞冠幅的影响

冠幅是指树（苗）木的南北或者东西方向的宽度，通常用冠幅来衡量苗木长势。从表 3.10 可以得出，不同水分处理对枸杞东西冠幅的影响存在显著性差异（$P<0.05$）。枸杞全生育期冠幅增长量如图 3.20 所示。由图 3.20（a）可知，滴灌方式下，枸杞冠幅随时间呈现逐渐增长的变化规律。整体来看，枸杞树冠幅的生长并没有随灌水量的增大而增加。在始花期（5 月中旬至下旬），枸杞树冠幅增长幅度最大。

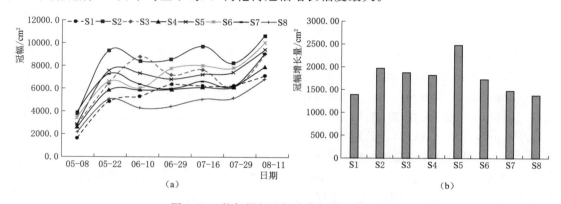

图 3.20　枸杞冠幅生长变化规律和增长量

从图 3.20（b）可以看出，滴灌条件下，全生育期内不同水分处理枸杞冠幅年增长量在 $0.14\sim0.24m^2$；处理 S5 冠幅增长量最大，S8 处理冠幅增长量最小，其他各处理表现为：S8＜S7＜S1＜S6＜S4＜S3＜S2＜S5。

3.4.1.4　不同水分处理对枸杞枝条茎粗的影响

枸杞结果枝条的茎粗可以反映枸杞营养物质的积累和供给，是枸杞生长的重要指标之一。枸杞枝条长度和茎粗直接反映了枝条的营养生长状况，直接影响后期的枝条上的着果率，而着果率直接影响着枸杞的产量。所以枸杞的枝条长度和茎粗以及枸杞的实际产量可以作为分析哪种处理更适合农民生产实践的指标。

从表 3.10 可以得出，不同水分处理对枸杞枝条茎粗的影响存在显著性差异（$P<0.05$）。枸杞全生育期枝条茎粗增长量如图 3.21 所示。从图中可以看出，枸杞典型枝茎粗值增长量最大的为处理 S5，2.90mm，处理 S6 次之，其增长量为 2.63mm，枝茎粗值增长量最小的为处理 S2，1.82mm，极差为 0.08mm。

3.4.1.5　不同水分处理对枸杞枝条生长量的影响

枸杞枝条生长量是衡量枸杞生长发育状况的主要指标，其增长快慢能够衡量植株的生长发育状况以及营养生长和生殖生长的协调状况。枝条生长对土壤水分胁迫反应敏感，因而枝条生长可以同时作为水分胁迫程度的鉴定指标之一。

从表 3.10 可以得出，不同水分处理对枸杞枝条生长量的影响存在显著性差异（$P<0.05$）。枸杞生育期枝条条长增长量见图 3.22。从图中可以得出，枸杞枝条条长增长量为

35.75～45.13cm，滴灌条件下，各处理的枸杞枝条条长增长量大小顺序为：S5＞S2＞S1＞S7＞S8＞S3＞S6＞S4。S5 的枸杞枝条条长增长量最大，最大值为 45.13cm，S4 的枸杞枝条条长增长量最小，最小值为 35.75cm，极差为 9.38cm。

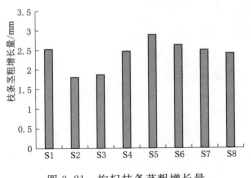

图 3.21　枸杞枝条茎粗增长量

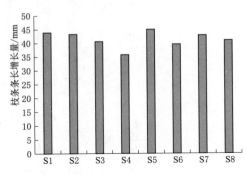

图 3.22　枸杞枝条条长增长量

3.4.2　不同水分处理对枸杞产量的影响

对各处理进行测产，统计不同水分处理枸杞鲜重、干重及 50g 粒数并计算干鲜比（表 3.11），绘制枸杞干果亩产量和鲜干比同轴图（图 3.23）及枸杞干果 50g 粒数和鲜干比同轴图（图 3.24）。

表 3.11　　　　　　　　　　　　　不同水分处理枸杞产量特征

处理号	鲜重/(kg/亩)	干重/(kg/亩)	干鲜比	50g 粒数/粒
S1	214.03	52.99	1：4.04	358
S2	256.11	66.08	1：3.88	308
S3	205.51	52.06	1：3.95	301
S4	244.47	60.34	1：4.05	318
S5	286.45	72.46	1：3.95	249
S6	246.98	61.07	1：4.04	298
S7	263.39	59.83	1：4.40	263
S8	253.22	63.45	1：3.99	286

从表 3.11、图 3.23 中可以看出，不同水分处理对枸杞产量各参数有显著影响，存在显著性差异。枸杞干重范围为 52.06～72.46kg/亩，S5 产量最高，最高为 72.46kg/亩，S2 次之，为 66.08kg/亩；S5 的枸杞干果亩产量较其他水分处理 S1、S2、S3、S4、S6、S7、S8 干果产量分别高 36.74%、9.65%、39.19%、20.09%、18.65%、21.11%、14.20%。采用多元线性回归的方法得回归方程如下：

$$y = -0.0335x^2 + 13.195x - 1044.7 \tag{3.2}$$
$$R^2 = 0.871$$

回归模型 F 检验概率 $p = 0.00596$（$P < 0.05$），回归模型显著性检验达到显著，模型拟合程度良好，可靠性度高。

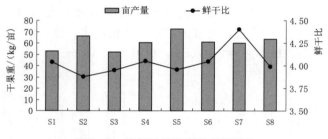

图 3.23　枸杞干果亩产量和鲜干比

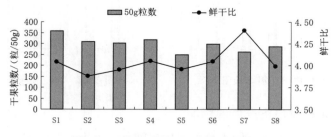

图 3.24　枸杞干果 50g 粒数和鲜干比

干鲜比最小为 S7 处理 1∶4.40，最大为 S2 处理 1∶3.88，其次为 S5 处理的 1∶3.95。50g 粒数处理 S5 的最小为 249 粒，S1 最大为 358 粒，这说明 50g 粒数越少的枸杞单个粒重越大，枸杞颗粒越大。通过综合干果产量、干鲜比以及 50g 粒数等产量指标，认为 S5 处理最优。

3.4.3　不同水分处理对枸杞品质的影响

对不同水分处理试验区进行考种测产并取样送交宁夏大学农学院检测中心对样品进行品质检测，分析并绘制不同水分条件下枸杞品质单参数变化图，如图 3.25 所示。从图中可以看出，不同水分处理对枸杞品质有显著影响，存在显著性差异。从图中可以看出，S5 甜菜碱含量最高，为 0.81%；S3、S4 及 S8 的含量均为 0.7%；S6 含量最低，为 0.27%。S5 枸杞多糖含量最高，为 9.76%；S3 次之；S7 最小，为 4.28%。S8 的粗脂肪含量最高，为 9.24%；S4 次之，为 8.48%；S2 含量最小，为 7.45%。蛋白质含量 S5 最高，为 12.68%；S8 次之，为 12.64%；含量最小的是 S7，为 11.35%。S5 氨基酸含量最高，为 7.89%；S4 次之；S3 为 7.76%；S2 最小，为 7.18%。

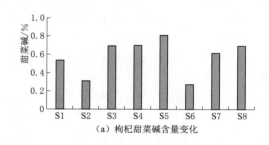

（a）枸杞甜菜碱含量变化

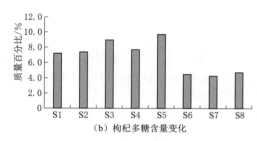

（b）枸杞多糖含量变化

图 3.25（一）　不同水分处理下枸杞品质变化图

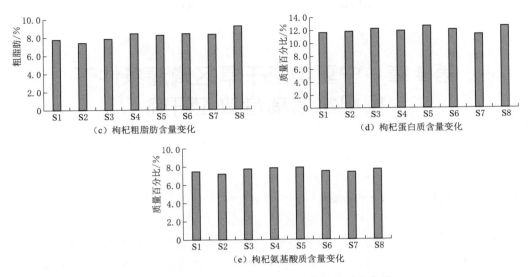

图 3.25（二） 不同水分处理下枸杞品质变化图

3.4.4 灌溉关键参数确定

基于土壤水分上下限的不同生育期水分控制的各项指标表现见表 3.12。从表中可以看出，综合枸杞生育期需水量、光合生理指标、产量、品质及水分利用效率评价，处理 S5 的各类指标表现最优。

表 3.12　　　　基于土壤水分上下限的不同生育期水分控制的各项指标表现

需水量	水分利用效率	产量指标（干果重）	生长指标（枝条长）	光合生理特性（光合速率）	品质指标（多糖）
S1	S5	S5	S5	S3	S5
S8	S2	S2	S2	S8	S3
S7	S6	S8	S1	S1	S4
S5	S4	S6	S7	S7	S2
S6	S7	S4	S8	S6	S1
S3	S8	S7	S3	S2	S8
S4	S3	S1	S6	S5	S6
S2	S1	S3	S4	S4	S7

注　表格中同一列各处理的排列顺序为从上至下依次减小。

由上表分析提出精量灌溉制度为：枸杞全生育期划分为 6 个灌水时期，其中萌芽期（4 月中下旬）灌水 $25m^3$/亩，休眠期（10 月下旬）灌水 $30m^3$/亩，其他划分为四个控水周期，其中春梢生长期（4 月下旬—5 月上旬）控水 $50\%\theta_f$，营养生长期和盛花期控水即枸杞始花期（5 月中下旬）、果熟前期（6 月上旬—7 月上旬）土壤含水量应控制在 $65\%\theta_f$，盛果期控水即枸杞果熟后期（7 月中下旬）及秋果前期（7 月下旬—8 月上旬）土壤含水量应控制在 $65\%\theta_f$，秋果期（8 月上旬—9 月下旬）土壤含水量应控制在 $55\%\theta_f$。当各生育期当土壤含水量低于各控水期下限时应及时灌水，灌水上限为 $95\%\theta_f$。

第4章　宁夏中部干旱区滴灌条件下枸杞水肥耦合效应研究

4.1　试验设计

本试验以补水量、氮肥施量、磷肥施量为试验因素，选用3因素5水平的"311-B"D饱和最优设计方案，采用随机区组排列。各生育期补水施肥比例见表4.1，因素编码方案及水平见表4.2。

表4.1　　　　　　　　　　各生育期补水施肥比例　　　　　　　　　　　　　　%

生育期	春梢生长期	开花初期	盛花期	果熟期	落叶期	合计
灌水比例	20	10	20	50	0	100
氮肥比例	35	10	10	45	0	100
磷肥比例	20	10	10	60	0	100
钾肥比例	30	0	0	70	0	100

表4.2　　　　　　　　　　枸杞室外大田试验因素编码方案及水平

处理号	补水量码值	补水量/(m³/亩)	氮肥码值	施氮量/(kg/亩)	磷肥码值	施磷量/(kg/亩)
1	0	150	0	21	2.45	21
2	0	150	0	21	−2.45	0
3	−0.751	118	2.106	42	1	14
4	2.106	240	0.751	28	1	14
5	0.751	182	−2.106	0	1	14
6	−2.106	60	−0.751	14	1	14
7	0.751	182	2.106	42	−1	8
8	2.106	240	−0.751	14	−1	8
9	−0.751	118	−2.106	0	−1	8
10	−2.106	60	0.751	28	−1	8
11	0	150	0	21	0	11

供试作物品种为宁杞7号，覆膜宽和膜间露地宽分别为60cm和2.4m。株行距0.75m×3m，一行10棵枸杞树为一个小区，滴头流量2L/h，每棵枸杞树放置1个滴头，

滴灌带距枸杞树 10cm。春灌和冬灌各灌水 20m³/亩。以尿素、过磷酸钙方式肥料，分别于 5 月 1 日、5 月 24 日、6 月 9 日、6 月 26 日、7 月 10 日、7 月 25 日分 6 次等量施入，硫酸钾为基施 22kg/亩。

4.2 水肥耦合对枸杞生理生长的影响

4.2.1 枸杞生育期地径变化规律

从 5 月下旬开始，在整个生育期分 9 次测定地径，从图 4.1（a）可以看出，在枸杞整个生育期，11 个处理的地径长势变化规律基本一致，枸杞地径变化规律为随着生育期的延长先不断增大，然后趋于平缓，增长幅度较小，6 月上旬—7 月中旬枸杞地径生长比较旺盛，7 月中旬以后地径生长速度有所减缓。原因是 7 月中旬以后枸杞夏果采摘结束，长势减缓。从图 4.1（b）可以看出，不同水肥条件下，全生育期内不同水肥处理枸杞地径增长量为 0.12～0.3cm，各处理从春梢生长期到落叶期增长量分别为：T1，0.199cm；T2，0.297cm；T3，0.178cm；T4，0.221cm；T5，0.211cm；T6，0.258cm；T7，0.187cm；T8，0.170cm；T9，0.122cm；T10，0.201cm；T11，0.158cm。整个生育期地径增长量变化规律为：T2>T6>T4>T5>T10>T1>T7>T3>T8>T11>T9。T1～T11 分别相对增长了 6.32%、10.14%、5.56%、6.98%、6.81%、8.18%、6.31%、5.80%、3.73%、6.49%、5.02%，处理 T2 增长量最大。

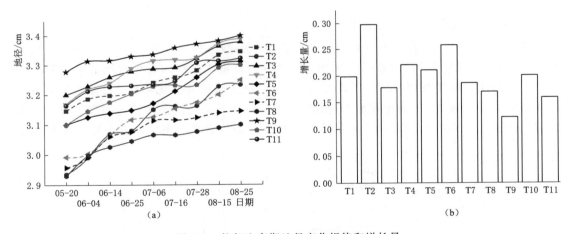

图 4.1 枸杞生育期地径变化规律和增长量

4.2.2 枸杞生育期枝条数的变化规律

从 5 月下旬开始，在整个生育期分 9 次测定枝条数，从图 4.2（a）可以看出，在枸杞整个生育期，11 个处理的枝条数变化规律基本一致，枸杞枝条数的数量随着生育期的延长先不断增长，然后增长幅度减缓，5 月下旬至 7 月中旬枸杞枝条数增长数量明显，7月中旬以后枝条数生长速度有所减缓。从图 4.2（b）可以看出，不同水肥条件下，全生育期内不同水肥分处理枸杞枝条数增长量为 13.11～27.56 条，各处理从春梢生长期到落叶期生长量分别为：T1，23.67条；T2，22.78条；T3，23.11条；T4，21条；T5，14.56条；T6，21条；T7，18.67条；T8，17.67条；T9，19.56条；T10，13.11条；T11，27.56条。整个生育期枝条数增长量变化规律为：T11＞T1＞T3＞T2＞T6＞T4＞T9＞T7＞T8＞T5＞T10。T1～T11分别相对增长了41.28%、42.01%、32.60%、34.74%、24.08%、34.42%、33.13%、31.36%、27.00%、19.60%、41.47%，处理T11增长量最大。

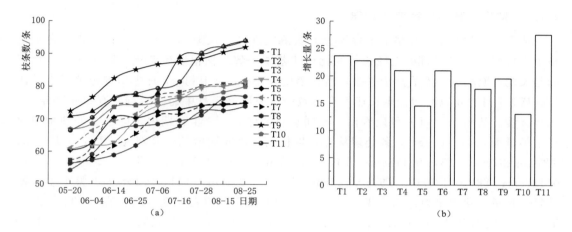

图4.2　枸杞生育期枝条数变化规律和增长量

4.2.3　枸杞生育期株高变化规律

从5月下旬开始，在整个生育期分9次测定枝条数，从图4.3（a）可以看出，在枸杞整个生育期，11个处理的株高变化规律基本一致，枸杞株高随着生育期的延长先不断增长，然后增长幅度减缓，6月上旬—7月下旬枸杞株高长势变化明显，7月下旬以后株高生长速度有所减缓，8月中旬后枸杞株高减小，8月下旬枸杞顶端枝条凋零，造成株高下降。从图4.3（b）可以看出，不同水肥条件下，全生育期内不同水肥分处理枸杞株高

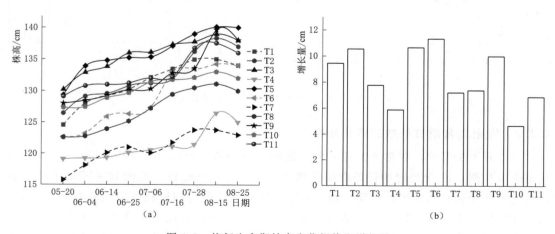

图4.3　枸杞生育期株高变化规律和增长量

增长量为 4.67～11.33cm，各处理从春梢生长期到落叶期生长量分别为：T1，9.44cm；T2，10.56cm；T3，7.78cm；T4，5.89cm；T5，10.67cm；T6，11.33cm；T7，7.22cm；T8，7.39cm；T9，10cm；T10，4.67cm；T11，6.89cm。整个生育期株高增长量变化规律为：T6＞T5＞T2＞T9＞T1＞T3＞T8＞T7＞T11＞T4＞T10。处理 T6 增长量最大。

4.2.4 枸杞生育期枝长的变化规律

从 5 月下旬开始，在整个生育期分 9 次测定枸杞枝长，从图 4.4（a）可以看出，在枸杞整个生育期，11 个处理的枝长变化规律基本一致，枸杞的枝长逐渐在增长，然后增长幅度减缓，5 月下旬—6 月中旬枸杞枝长长度增长明显，6 月中旬以后枝长生长速度有所减缓。从图 4.4（b）可以看出，不同水肥条件下，全生育期内不同水肥分处理枸杞枝长增长量为 10.11～20.33cm，各处理从春梢生长期到落叶期生长量分别为：T1，11.96cm；T2，11.68cm；T3，15.11cm；T4，12.89cm；T5，20.33cm；T6，10.11cm；T7，15.67cm；T8，15.56cm；T9，14.52cm；T10，16.44cm；T11，16.56cm。整个生育期枝长增长量的变化规律为：T5＞T11＞T10＞T7＞T8＞T3＞T9＞T4＞T1＞T2＞T6。T1～T11 分别相对增长了 24.74％、25.89％、32.61％、27.82％、46.45％、20.54％、33.73％、32.41％、31.25％、36.27％、38.20％，处理 T5 增长量最大。

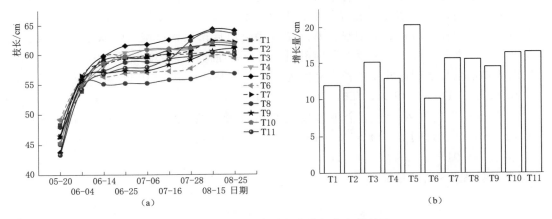

图 4.4 枸杞生育期枝长变化规律和增长量

4.2.5 枸杞生育期叶绿素含量（SPAD）的变化规律

从 5 月下旬开始，在整个生育期分 9 次测定枸杞叶绿素含量（SPAD），从图 4.5（a）可以看出，在枸杞整个生育期，11 个处理的叶绿素含量（SPAD）变化规律基本一致，枸杞的叶绿素含量（SPAD）先是在 5 月下旬—6 月下旬逐渐在增长，增长数量明显，然后 7 月上旬以后增长幅度减缓。从图 4.5（b）可以看出，不同水肥条件下，全生育期内不同水肥分处理枸杞枝叶绿素增长量为 20.30～34.10，各处理从春梢生长期到落叶期生长量分别为：T1，28.16；T2，34.1；T3，32.53；T4，20.30；T5，30.54；T6，28.25；T7，23.24；T8，29.76；T9，31.92；T10，25.35；T11，33.86。整个生育期叶绿素增长量的变化规律为：T2＞T11＞T3＞T9＞T5＞T8＞T6＞T1＞T10＞T7＞T4。T1～

T11 分别相对增长了 69.84％、103.85％、86.83％、46.00％、80.27％、71.00％、52.41％、73.63％、78.78％、60.47％、92.53％，处理 T2 增长量最大。

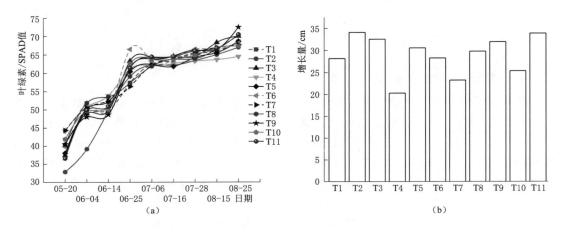

图 4.5　枸杞生育期叶绿素含量（SPAD）变化规律和增长量

4.2.6　枸杞生育期枝径的变化规律

从 5 月下旬开始，在整个生育期分 9 次测定枸杞枝径，从图 4.6（a）可以看出，在枸杞整个生育期，11 个处理的枝径值变化规律基本一致，枸杞的枝径先是在 5 月下旬—7 月上旬逐渐在增长，增长数量明显，然后 7 月中旬以后增长幅度减缓。从图 4.6（b）可以看出，不同水肥条件下，全生育期内不同水肥分处理枸杞枝径增长量为 0.16～0.27cm，各处理从春梢生长期到落叶期生长量分别为：T1，0.18cm；T2，0.17cm；T3，0.19cm；T4，0.18cm；T5，0.19cm；T6，0.16cm；T7，0.20cm；T8，0.27cm；T9，0.20cm；T10，0.23cm；T11，0.20cm。整个生育期枝径增长量的变化规律为：T8＞T10＞T9＞T11＞T7＞T5＞T3＞T4＞T1＞T2＞T6。T1～T11 分别相对增长了 50.97％、52.03％、57.73％、51.91％、58.28％、50.84％、60.82％、83.73％、64.87％、72.79％、64.28％，处理 T8 增长量最大。

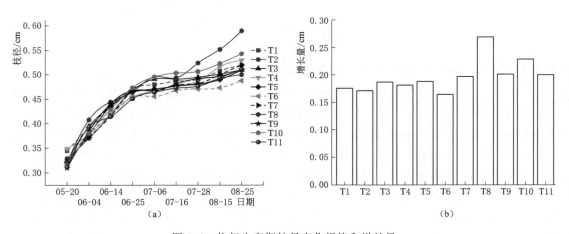

图 4.6　枸杞生育期枝径变化规律和增长量

4.2.7　枸杞生育期叶面积的变化规律

从 5 月下旬开始，在整个生育期分 9 次测定枸杞叶面积，从图 4.7（a）可以看出，在枸杞整个生育期，11 个处理的叶片叶面积值变化规律基本一致，枸杞的叶面积先是在 5 月下旬至 7 月上旬逐渐在增长，增长数量明显，然后 7 月中旬以后增长幅度减缓。从图 4.7（b）可以看出，不同水肥条件下，全生育期内不同水肥分处理枸杞叶面积增长量为 5.75～9.42cm²，各处理从春梢生长期到落叶期生长量分别为：T1，6.46cm²；T2，6.92cm²；T3，9.03cm²；T4，8.78cm²；T5，6.28cm²；T6，5.98cm²；T7，6.11cm²；T8，5.75cm²；T9，8.78cm²；T10，9.42cm²；T11，9.34cm²。整个生育期叶面积增长量的变化规律为：T10＞T11＞T3＞T4＞T9＞T2＞T1＞T5＞T7＞T6＞T8。处理 T10 增长量最大。

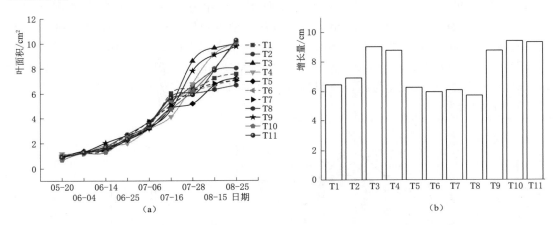

图 4.7　枸杞生育期叶面积变化规律和增长量

4.2.8　枸杞生育期冠幅的变化规律

从 5 月下旬开始，在整个生育期分 9 次测定枸杞叶面积，从图 4.8（a）可以看出，在枸杞整个生育期，11 个处理的冠幅（NS）值变化规律基本一致，枸杞的冠幅（NS）是

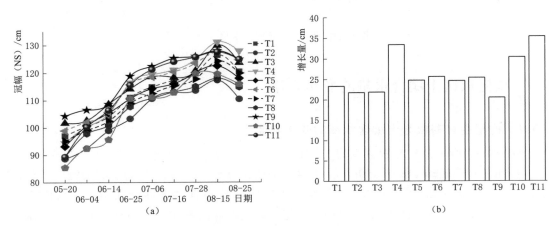

图 4.8　枸杞生育期冠幅（NS）变化规律和增长量

在 5 月下旬至 7 月下旬逐渐在增长，增长数量明显，然后 7 月下旬以后有所下降。从图 4.8（b）可以看出，不同水肥条件下，全生育期内不同水肥分处理枸杞冠幅（NS）增长量为 20.56～35.44cm，各处理从春梢生长期到落叶期生长量分别为：T1，23.33cm；T2，21.78cm；T3，21.89cm；T4，33.44cm；T5，24.78cm；T6，25.67cm；T7，24.67cm；T8，25.44cm；T9，20.56cm；T10，30.44cm；T11，35.44cm。整个生育期冠幅（NS）增长量的变化规律为：T11＞T4＞T10＞T6＞T8＞T5＞T7＞T1＞T3＞T2＞T9。处理 T11 增长量最大。

从 5 月下旬开始，在整个生育期分 9 次测定枸杞冠幅（EW），从图 4.9（a）可以看出，在枸杞整个生育期，11 个处理的冠幅（EW）值变化规律基本一致，枸杞的冠幅（EW）是在 5 月下旬—7 月下旬逐渐在增长，增长数量明显，然后 7 月下旬以后有所下降。从图 4.9（b）可以看出，不同水肥条件下，全生育期内不同水肥分处理枸杞冠幅（EW）增长量为 11.22～17.28cm，各处理从春梢生长期到落叶期生长量分别为：T1，14.11cm；T2，11.22cm；T3，12.33cm；T4，13.00cm；T5，14.22cm；T6，13.22cm；T7，15.67cm；T8，17.28m；T9，16.56cm；T10，17.22cm；T11，12.44cm。整个生育期冠幅（EW）增长量的变化规律为：T8＞T10＞T9＞T7＞T5＞T1＞T6＞T4＞T11＞T3＞T2。处理 T8 增长量最大。

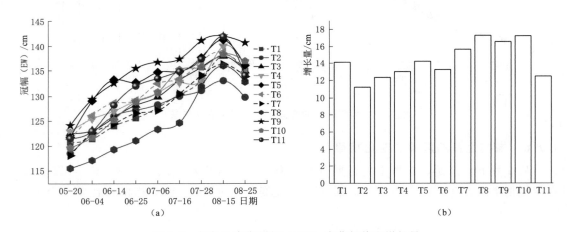

图 4.9　枸杞生育期冠幅（EW）变化规律和增长量

4.3　枸杞根区土壤含水量的变化规律

4.3.1　枸杞生育期根区土壤含水率的变化规律

如图 4.10 所示，枸杞根区 5 月 15 日—9 月 1 日的 11 个处理 0～20cm、20～40cm、40～60cm、60～80cm、80～100cm 土壤含水率变化过程。5 月 15 日的是灌前测定的初始含水率，11 个试验处理 0～100cm 含水率变化规律是垂直向下逐渐在增大，含水率在 40～60cm 最大。灌后枸杞每个生育期在枸杞根区土壤含水率在 0～60cm 土层土壤含水率变化比较明显，0～60cm 土壤含水率逐渐增大，最大值基本出现在 40～60cm 土层深度，

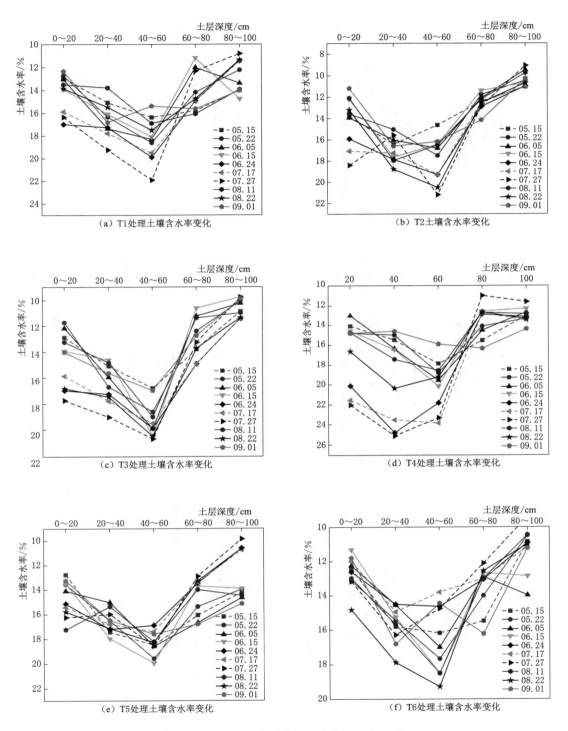

图 4.10（一） 各处理不同土层土壤含水率变化

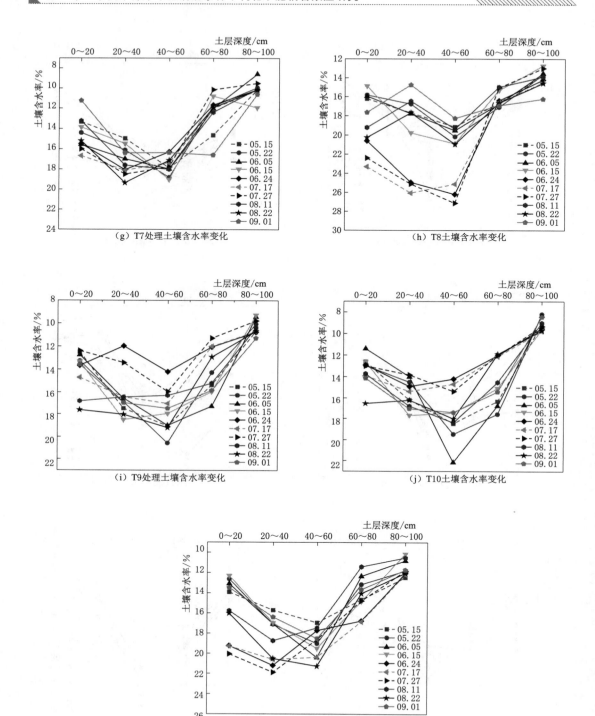

图 4.10 （二） 各处理不同土层土壤含水率变化

原因是本试验所选用的是有 4 年树龄的枸杞树，枸杞主根系主要分布在 40～60cm，40～60cm 土层的土壤水分是枸杞生长水分的主要来源，部分根系达到 60～80cm 土层深度。5 月下旬至 7 月中旬是枸杞的开花期和盛果期，对水也比较敏感，对水需求量比较大，枸杞对土壤水的吸收利用也处于较高的水平，7 月中旬枸杞果实采摘结束，处于"休眠期"，植株的蒸腾作用减小，蒸发强度减弱。80～100cm 变化规律不明显。

从土壤含水率变化过程线可以看出：处理 T1 各土层初始含水量在 12.91%～13.98% 之间变化，平均值为 14.83%。灌后 0～20cm 土壤含水率在 12.34%～16.99% 变化，20～40cm 土壤含水率在 13.79%～19.25% 变化，40～60cm 土层土壤含水率最大，在 15.38%～21.92% 变化。

处理 T2 各土层初始含水量在 11.05%～16.44% 变化，平均值为 13.67%。灌后 0～20cm 土壤含水率在 11.19%～18.40% 变化，20～40cm 土壤含水率在 15.03%～18.78% 变化，40～60cm 土层土壤含水率最大，在 14.64%～21.20% 变化。

处理 T3 各土层初始含水量在 10.86%～16.82% 变化，平均值为 13.90%。灌后 0～20cm 土壤含水率在 10.21%～17.75% 变化，20～40cm 土壤含水率在 14.82%～19.02% 变化，40～60cm 土层土壤含水率最大，在 16.99%～20.69% 变化。

处理 T4 各土层初始含水量在 13.04%～17.86% 变化，平均值为 15.21%。灌后 0～20cm 土壤含水率在 13.00%～22.03% 变化，20～40cm 土壤含水率在 14.63%～25.15% 变化，40～60cm 土层土壤含水率最大，在 15.91%～23.86% 变化。

处理 T5 各土层初始含水量在 12.76%～18.49% 变化，平均值为 15.80%。灌后 0～20cm 土壤含水率在 13.26%～18.05% 变化，20～40cm 土壤含水率在 15.04%～20.07% 变化，40～60cm 土层土壤含水率最大，在 16.90%～20.48% 变化。

处理 T6 各土层初始含水量在 10.86%～16.18% 变化，平均值为 14.15%。灌后 0～20cm 土壤含水率在 11.80%～19.92% 变化，20～40cm 土壤含水率在 14.50%～22.17% 变化，40～60cm 土层土壤含水率最大，在 14.45%～22.17% 变化。

处理 T7 各土层初始含水量在 10.15%～17.86% 变化，平均值为 14.19%。灌后 0～20cm 土壤含水率在 11.24%～18.05% 变化，20～40cm 土壤含水率在 16.11%～22.86% 变化，40～60cm 土层土壤含水率最大，在 16.28%～22.32% 变化。

处理 T8 各土层初始含水量在 13.72%～19.15% 变化，平均值为 16.68%。灌后 0～20cm 土壤含水率在 11.16%～23.30% 变化，20～40cm 土壤含水率在 14.73%～26.06% 变化，40～60cm 土层土壤含水率最大，在 16.18%～26.20% 变化。

处理 T9 各土层初始含水量在 10.68%～19.05% 变化，平均值为 15.01%。灌后 0～20cm 土壤含水率在 9.15%～17.64% 之间变化，20～40cm 土壤含水率在 11.96%～21.20% 变化，40～60cm 土层土壤含水率最大，在 14.21%～22.88% 变化。

处理 T10 各土层初始含水量在 9.13%～18.47% 变化，平均值为 14.54%。灌后 0～20cm 土壤含水率在 10.66%～16.89% 变化，20～40cm 土壤含水率在 14.00%～20.69% 变化，40～60cm 土层土壤含水率最大，在 14.68%～21.22% 变化。

处理 T11 各土层初始含水量在 12.45%～16.95% 变化，平均值为 14.73%。灌后 0～20cm 土壤含水率在 10.86%～20.05% 变化，20～40cm 土壤含水率在 17.74%～21.88%

变化，40～60cm 土层土壤含水率最大，在 16.52％～21.27％变化，变化区间也最大。

4.3.2 枸杞生育期根区耗水的变化规律

表 4.3 是枸杞不同处理下枸杞各生育阶段耗水特征参数值。从表中可以看出，全生育期需水量最大为处理 T4，其值是 494.72mm，处理 T6 需水量最小，为 310.57mm。其他各水分处理的耗水量大小顺序为：T4＞T8＞T7＞T5＞T1＞T11＞T2＞T3＞T9＞T10＞T6。全生育期灌溉定额最大的是处理 T4 和 T8，灌溉定额为 360.00mm，灌溉定额最小的是处理 T6 和 T10，最小为 90.00mm。其他各水分处理的灌溉定额大小顺序为：T4＝T8＞T7＝T5＞T1＝T11＝T2＞T3＝T9＞T10＝T6。说明一定灌溉定额范围内，耗水量与灌溉定额成正比，灌溉定额越大，耗水量也越大。枸杞不同处理各生育期耗水量和耗水模系数随灌溉定额的增大呈不同变化规律。各处理耗水量及模系数最大均是枸杞果熟期。这主要是因为果熟期灌水比例占全生育期的 50％，气温高，太阳辐射强度大，需水量大。各个处理的耗水量及耗水模系数变化规律在每个生育期变化规律不同，T1、T5、T8 的耗水量及耗水模系数变化规律为：果熟期＞春梢生长期＞落叶期＞盛花期＞开花初期；T2、T6、T7、T9 的耗水量及耗水模系数变化规律为：果熟期＞落叶期＞春梢生长期＞开花初期＞盛花期；T3、T4 的耗水量及耗水模系数变化规律为：果熟期＞落叶期＞盛花期＞春梢生长期＞开花初期；T10 的耗水量及耗水模系数变化规律为：果熟期＞落叶期＞盛花期＞开花初期＞春梢生长期；T11 的耗水量及耗水模系数变化规律为：果熟期＞落叶期＞春梢生长期＞盛花期＞开花初期。

表 4.3　　　　　　　　　不同处理枸杞需水量及水分利用效率计算

处理	生育期		土壤贮存水分增加值/mm	灌水量/mm	降雨量/mm	耗水量/mm	模系数/%	全生育期需水量/mm
	名称	时间段/(月-日)						
T1	春梢生长期	05-05—05-20	−8.65	45.00	15.66	69.32	18.00	385.10
	开花初期	05-20—06-04	5.63	33.75	12.31	40.44	10.50	
	盛花期	06-04—06-14	−16.31	33.75	0.00	50.06	13.00	
	果熟期	06-15—07-27	29.47	112.50	78.71	161.74	42.00	
	落叶期	08-04—08-28	2.54	0.00	66.08	63.54	16.50	
	全生育期		12.67	225.00	172.77	385.10	100.00	
T2	春梢生长期	05-05—05-20	3.49	45.00	15.66	57.17	15.00	381.14
	开花初期	05-20—06-04	2.23	33.75	12.31	43.83	11.50	
	盛花期	06-04—06-14	3.26	33.75	0.00	30.49	8.00	
	果熟期	06-15—07-27	31.13	112.50	78.71	160.08	42.00	
	落叶期	08-04—08-28	−23.49	0.00	66.08	89.57	23.50	
	全生育期		16.63	225.00	172.77	381.14	100.00	
T3	春梢生长期	05-05—05-20	5.38	35.40	15.66	45.68	12.00	380.69
	开花初期	05-20—06-04	3.44	26.55	12.31	35.42	9.31	
	盛花期	06-04—06-14	−26.75	26.55	0.00	53.30	14.00	

续表

处理	生育期 名称	生育期 时间段 /(月-日)	土壤贮存 水分增加 值/mm	灌水量 /mm	降雨量 /mm	耗水量 /mm	模系数 /%	全生育期 需水量 /mm
T3	果熟期	06-15—07-27	7.32		78.71	159.89	42.00	380.69
	落叶期	08-04—08-28	−20.32	0.00	66.08	86.40	22.70	
	全生育期		−30.92	177.00	172.77	380.69	100.00	
T4	春梢生长期	05-05—05-20	13.46	72.00	15.66	74.21	14.21	494.72
	开花初期	05-20—06-04	4.47	54.00	12.31	61.84	11.84	
	盛花期	06-04—06-14	−22.92	54.00	0.00	76.92	14.73	
	果熟期	06-15—07-27	50.93	180.00	78.71	207.78	39.79	
	落叶期	08-04—08-28	−35.34	0.00	66.08	101.42	19.42	
	全生育期		10.60	360.00	172.77	522.17	100.00	
T5	春梢生长期	05-05—05-20	4.63	54.60	15.66	65.63	17.00	386.06
	开花初期	05-20—06-04	8.87	40.95	12.31	44.40	11.50	
	盛花期	06-04—06-14	−1.52	40.95	0.00	54.05	14.00	
	果熟期	06-15—07-27	53.07	136.50	78.71	162.14	42.00	
	落叶期	08-04—08-28	−5.34	0.00	66.08	59.84	15.50	
	全生育期		59.71	273.00	172.77	386.06	100.00	
T6	春梢生长期	05-05—05-20	−6.71	18.00	15.66	40.37	13.00	310.57
	开花初期	05-20—06-04	−6.80	13.50	12.31	32.61	10.50	
	盛花期	06-04—06-14	−17.56	13.50	0.00	31.06	10.00	
	果熟期	06-15—07-27	2.59	45.00	78.71	130.44	42.00	
	落叶期	08-04—08-28	−19.33	0.00	66.08	76.09	24.50	
	全生育期		−47.80	90.00	172.77	310.57	100.00	
T7	春梢生长期	05-05—05-20	22.96	54.60	15.66	47.31	12.00	394.23
	开花初期	05-20—06-04	8.91	40.95	12.31	44.35	11.25	
	盛花期	06-04—06-14	−6.36	40.95	0.00	47.31	12.00	
	果熟期	06-15—07-27	49.64	136.50	78.71	165.57	42.00	
	落叶期	08-04—08-28	−23.61	0.00	66.08	89.69	22.75	
	全生育期		51.55	273.00	172.77	394.23	100.00	
T8	春梢生长期	05-05—05-20	14.41	72.00	15.66	73.25	16.00	457.81
	开花初期	05-20—06-04	4.51	54.00	12.31	61.80	13.50	
	盛花期	06-04—06-14	8.22	54.00	0.00	64.09	14.00	
	果熟期	06-15—07-27		180.00	78.71	192.28	42.00	
	落叶期	08-04—08-28	−18.61	0.00	66.08	66.38	14.50	
	全生育期		74.96	360.00	172.77	457.81	100.00	

续表

处理	生育期		土壤贮存水分增加值/mm	灌水量/mm	降雨量/mm	耗水量/mm	模系数/%	全生育期需水量/mm
	名称	时间段/(月-日)						
T9	春梢生长期	05-05—05-20	2.22	35.40	15.66	48.84	15.00	325.62
	开花初期	05-20—06-04	-5.09	26.55	12.31	43.96	13.50	
	盛花期	06-04—06-14	-9.27	26.55	0.00	35.82	11.00	
	果熟期	06-15—07-27	30.45	88.50	78.71	136.76	42.00	
	落叶期	08-04—08-28	5.84	0.00	66.08	60.24	18.50	
	全生育期		24.15	177.00	172.77	325.62	100.00	
T10	春梢生长期	05-05—05-20	2.05	18.00	15.66	31.62	10.00	316.18
	开花初期	05-20—06-04	-16.87	13.50	12.31	42.68	13.50	
	盛花期	06-04—06-14	-30.77	13.50	0.00	44.27	14.00	
	果熟期	06-15—07-27	-9.08	45.00	78.71	132.80	42.00	
	落叶期	08-04—08-28	1.26	0.00	66.08	64.82	20.50	
	全生育期		-53.41	90.00	172.77	316.18	100.00	
T11	春梢生长期	05-05—05-20	3.41	45.00	15.66	57.26	15.00	381.72
	开花初期	05-20—06-04	5.98	33.75	12.31	40.08	10.50	
	盛花期	06-04—06-14	1.30	33.75	0.00	53.44	14.00	
	果熟期	06-15—07-27	30.89	112.50	78.71	160.32	42.00	
	落叶期	08-04—08-28	-25.53	0.00	66.08	70.62	18.50	
	全生育期		16.05	225.00	172.77	381.72	100.00	

4.4　水肥耦合对枸杞品质的影响

4.4.1　水肥耦合对枸杞总糖含量的影响

4.4.1.1　水肥耦合与枸杞总糖含量的模型建立

通过二次多项式逐步回归方法，以补灌量编码值（X_1）、施氮量编码值（X_2）和施磷量编码值（X_3）为试验因素，建立枸杞总糖回归模型 $Y_{总糖}$。

$$Y_{总} = 50.5667 + 0.5347X_1 + 0.7492X_2 + 0.9218X_3 - 0.6946X_1^2 - 0.7635X_2^2 - 0.4220X_3^2$$
$$+ 0.4215X_1X_2 - 0.1405X_1X_3 + 0.4756X_2X_3 \tag{4.1}$$

该回归模型 F 检验，$F = 19006.77$，$p = 0.0056$（$P < 0.05$），回归模型关系显著，能够很好地反映各个因素与枸杞品质总糖含量指标之间的关系。对模型回归系数进行检验见表4.3。由表4.4可知，氮肥、磷肥和补灌量均对枸杞总糖均有显著或极显著影响。

表 4.4 总糖模型回归系数检验

因素	t	p	因素	t	p
X_1	128.5748	0.0050	X_3^2	111.2177	0.0057
X_2	180.1355	0.0035	X_1X_2	101.3873	0.0063
X_3	221.6744	0.0029	X_1X_3	33.7932	0.0188
X_1^2	182.9143	0.0035	X_2X_3	114.351	0.005
X_2^2	201.0565	0.0032			

4.4.1.2 枸杞总糖模型主因子效应分析

标准回归系数可以无量纲地比较各自变量对因变量的贡献，进而判断各个因素对总糖的影响次序。对 $Y_{总糖}$ 主模型各单因素及交互因素进行标准回归系数分析，结果见表 4.5。

表 4.5 枸杞总糖模型各因素标准回归系数

因　素	标准回归系数	因　素	标准回归系数
X_1	0.3109	X_1X_2	0.2451
X_2	0.4355	X_1X_3	-0.0817
X_3	0.5360	X_2X_3	0.2760

表 4.4 可看出，各单因素对枸杞果实总糖量的影响顺序为：施磷量＞施氮量＞补灌量。说明磷肥对枸杞总糖量影响最大。二因素对枸杞果实总糖量的影响次序为：X_2X_3＞X_1X_2＞X_1X_3。氮磷交互作用对枸杞总糖量正效应影响最大，水磷交互作用对枸杞果实总糖是负效应。

4.4.1.3 枸杞总糖模型单因子效应分析

为了分析单一因素对总糖的影响过程，通过降维得出各单因素与总糖之间关系子模型。

补灌量（X_1）： $\qquad Y_{总糖11} = 50.5667 + 0.5347X_1 - 0.6946X_1^2$ （4.2）

氮肥量（X_2）： $\qquad Y_{总糖22} = 50.5667 + 0.7492X_2 - 0.7635X_2^2$ （4.3）

磷肥量（X_3）： $\qquad Y_{总糖33} = 50.5667 + 0.9218X_3 - 0.4220X_3^2$ （4.4）

根据子模型，绘制各单因素对总糖的影响效应变化图。如图 4.11 所示。

从图 4.11 可以看出，各单因素子模型二次项的系数均为负，各因素的枸杞果实总糖量单因素效应均呈开口向下的抛物线变化趋势，总糖含量随着水肥各因素编码值的增加呈先增大减小的趋势，到达最适施用量时，最适量编码值分别为 0.38、0.49、1.09，总糖量存在最大值，分别为 50.67%、50.75%、51.07%。说明各因素的施用量对总糖量的影响有着密切关系，适量的水、氮、磷和钾有利于总糖量的提高。

4.4.1.4 枸杞总糖模型单因素边际效应

对模型（4.2）～模型（4.4）求一阶偏导，分别得到补灌量、施氮量和施磷量边际效应方程（4.5）～方程（4.7），将水、氮、磷的编码值代入，令 $\mathrm{d}y/\mathrm{d}x = 0$，绘制总糖含量边际效应与施入量的变化图（图 4.12）。

补灌量（X_1）： $\qquad \mathrm{d}y/\mathrm{d}x = 0.5347 - 0.6946X_1$ （4.5）

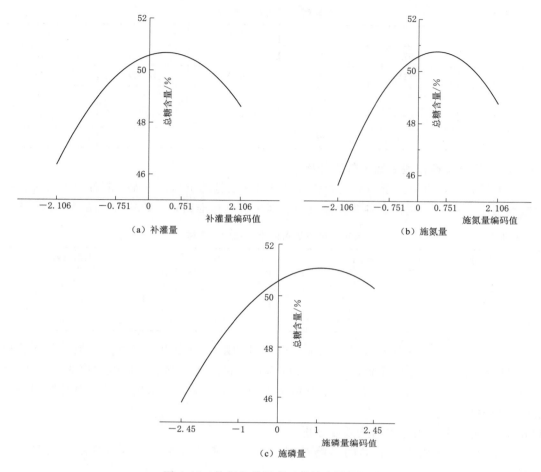

（a）补灌量　　　　　　　　　　　（b）施氮量

（c）施磷量

图 4.11　枸杞各单因素对总糖含量的影响

氮肥量（X_2）：　　　　　　　$\mathrm{d}y/\mathrm{d}x = 0.7492 - 0.7635X_2$　　　　　　　　（4.6）

磷肥量（X_3）：　　　　　　　$\mathrm{d}y/\mathrm{d}x = 0.9218 - 0.4220X_3$　　　　　　　　（4.7）

图 4.12 表明，随着补灌量、施氮量、施磷量增加，总糖含量边际效应均呈递减趋势，递减率的大小顺序为补灌量＞施氮量＞施磷量。图 4.12 纵坐标大于零表示各因素促进总糖含量，小于零则表示抑制作用。令 $\mathrm{d}y/\mathrm{d}x = 0$，补灌量、施氮量、施磷量的最高边际的投入量为 $X_{1\max} = 0.77$、$X_{2\max} = 0.98$、$X_{3\max} = 2.18$，换算为补灌量、施氮量、施磷量分别为 $182.88\mathrm{m^3}/$ 亩、$41.13\mathrm{kg}/$ 亩、$36.85\mathrm{kg}/$ 亩时总糖含量达到最高值，继续增加各个因素的投入量，总糖含量将受到抑制，出现负效益。

4.4.1.5　枸杞总糖模型交互效应分析

对枸杞总糖回归模型进行降维分析，得到二因素耦合对枸杞总糖影响的子模型，见以下各式。

$$Y_{总糖12} = 50.5667 + 0.5347X_1 + 0.7492X_2 - 0.6946X_1^2 - 0.7635X_2^2 + 0.4215X_1X_2$$

（4.8）

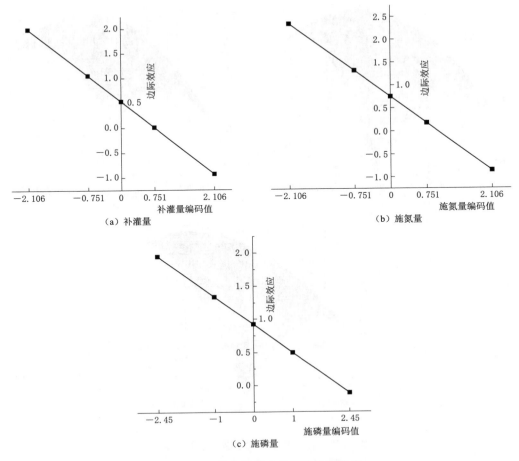

图 4.12 枸杞总糖各单因素边际效应

$$Y_{总糖13} = 50.5667 + 0.5347X_1 + 0.9218X_3 - 0.6946X_1^2 - 0.4220X_3^2 - 0.1405X_1X_3$$

$$(4.9)$$

$$Y_{总糖23} = 50.5667 + 0.7492X_2 + 0.9218X_3 - 0.7635X_2^2 - 0.4220X_3^2 + 0.4756X_2X_3$$

$$(4.10)$$

根据子模型，绘制各交互因素对总糖的影响效应变化图，如图 4.13 所示。

由图 4.13（a）知，在水氮交互中，当补灌量编码值一定时，总糖含量随着施氮量编码值的增加呈先增长后下降的趋势，当施氮量编码值一定时，总糖含量随着补灌量编码值的增加呈先增长后下降的趋势。由图 4.13（b）知，在水磷交互中，当补灌量编码值一定时，总糖含量随着施磷量编码值的增加呈先增长后下降的趋势，当施磷量编码值一定时，总糖含量随着补灌量编码值的增加呈先增长后下降的趋势。由图 4.13（c）知，在氮磷交互中，当施氮量编码值一定时，总糖含量随着施磷量编码值的增加呈先增长后下降的趋势，当施磷量编码值一定时，总糖含量随着施氮量编码值的增加呈先增长后下降的趋势。枸杞果实总糖最优量出现在中氮中水、中水中磷、中氮高磷区域，最优含量分别为

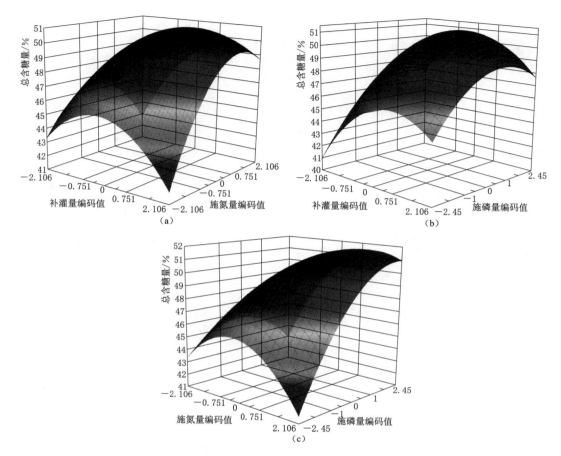

图 4.13　各交互因素对总糖含量的影响

50.71%、51.07、53.60%。任何单一因素的偏高或偏低均不利于枸杞总糖量的提高，而优化各因素的施用量，可提高枸杞果实总糖量。

以总糖为目标，总糖含量为 51.92% 时，较优的水肥组合编码值是：补灌量、施氮量、施磷量的最高边际总糖的投入量分别为 $X_{1max}=0.57$，$X_{2max}=1.16$，$X_{3max}=1.65$，换算为补灌量、施氮量、施磷量施入量分别为 174.36 m^3/亩、43.58kg/亩、32.65kg/亩。

4.4.2　水肥耦合对枸杞多糖含量的影响

4.4.2.1　水肥耦合与枸杞多糖含量的模型建立

通过二次多项式逐步回归方法，以补灌量编码值（X_1）、施氮量编码值（X_2）和施磷量编码值（X_3）为试验因素，建立枸杞多糖回归模型 $Y_{多糖}$。

$$Y_{多糖}=3.6967+0.0739X_1+0.08967X_2+0.1405X_3-0.1255X_1^2-0.1215X_2^2-0.0797X_3^2$$
$$+0.0861X_1X_2-0.0249X_1X_3+0.0433X_2X_3 \tag{4.11}$$

该回归模型 F 检验，$F=4417.18$，$p=0.012$（$P<0.05$），回归模型关系显著，能够很好地反映各个因素与枸杞品质多糖指标之间的关系。对模型回归系数进行 t 检验如表 4.6 所示。由表可知，氮肥、磷肥和补灌量对枸杞多糖均有显著或极显著影响。

表 4.6 多糖模型回归系数检验

因素	t	p	因素	t	p
X_1	57.2002	0.0111	X_3^2	67.5590	0.0094
X_2	69.3542	0.0092	$X_1 X_2$	66.6537	0.0096
X_3	108.7029	0.0059	$X_1 X_3$	19.2316	0.0331
X_1^2	106.3605	0.0060	$X_2 X_3$	33.5649	0.0190
X_2^2	102.8974	0.0058			

4.4.2.2 枸杞多糖模型主因子效应分析

对 $Y_{多糖}$ 主模型各单因素及交互因素进行标准回归系数分析，结果见表 4.7。

表 4.7 枸杞多糖模型各因素标准回归系数

因 素	标准回归系数	因 素	标准回归系数
X_1	0.2869	$X_1 X_2$	0.3343
X_2	0.3478	$X_1 X_3$	-0.0965
X_3	0.5450	$X_2 X_3$	0.1680

从表 4.7 可看出，各单因素对枸杞果实多糖量的影响顺序为：施磷量＞施氮量＞补灌量。说明磷肥对枸杞多糖量影响最大，其次为氮肥，补灌量最小。二因素对枸杞果实多糖量的影响次序为：$X_1 X_2 ＞ X_2 X_3 ＞ X_1 X_3$。水氮交互作用对枸杞多糖量正效应影响最大，水磷交互作用对枸杞果实多糖是负效应。

4.4.2.3 枸杞多糖模型单因子效应分析

通过降维得出各单因素与多糖之间关系子模型。

补灌量 (X_1)：$\qquad Y_{多糖11} = 3.6967 + 0.0739 X_1 - 0.1255 X_1^2$ (4.12)

氮肥量 (X_2)：$\qquad Y_{多糖11} = 3.6967 + 0.0897 X_2 - 0.1215 X_2^2$ (4.13)

磷肥量 (X_3)：$\qquad Y_{多糖11} = 3.6967 + 0.1405 X_3 - 0.0797 X_3^2$ (4.14)

根据子模型，绘制各单因素对多糖的影响效应变化图，如图 4.14 所示。

从图 4.14 可以看出，各单因素子模型二次项的系数均为负，各因素的枸杞果实多糖含量单因素效应均呈开口向下的抛物线变化趋势，多糖含量随着水肥各因素编码值的增加呈先增大减小的趋势，到达最适施用量时，最适量编码值分别为 0.29、0.37、0.88，多糖含量存在最大值，最大值分别为 3.708%、3.713%、3.759%。说明各因素的施用量对多糖含量的影响有着密切关系，适量的水、氮、磷和钾有利于多糖量的提高。

4.4.2.4 枸杞多糖模型单因素边际效应

对模型（4.12）～模型（4.14）求一阶偏导，分别得到补灌量、施氮量和施磷量边际效应方程（4.15）～方程（4.17），将水、氮、磷的编码值代入，令 $\mathrm{d}y/\mathrm{d}x = 0$，绘制多糖含量边际效应与施入量的变化图（图 4.15）。

补灌量 (X_1)：$\qquad \mathrm{d}y/\mathrm{d}x = 0.0739 - 0.1255 X_1$ (4.15)

氮肥量 (X_2)：$\qquad \mathrm{d}y/\mathrm{d}x = 0.0897 - 0.1215 X_2$ (4.16)

磷肥量 (X_3)：$\qquad \mathrm{d}y/\mathrm{d}x = 0.1405 - 0.0797 X_3$ (4.17)

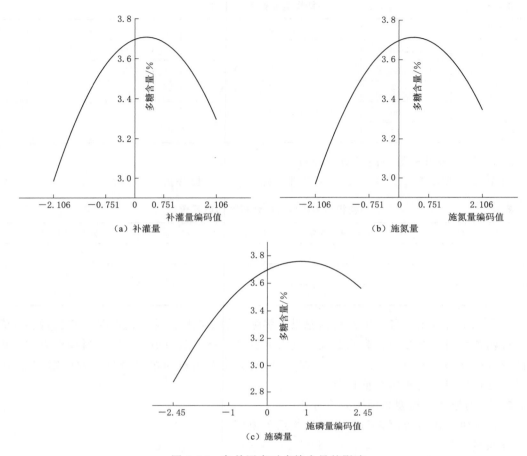

图 4.14　各单因素对多糖含量的影响

　　图 4.15 表明，随着补灌量、施氮量、施磷量增加，多糖含量边际效应均呈递减趋势，递减率的大小顺序为补灌量＞施氮量＞施磷量。图 4.15（a）、（b）、（c）纵坐标大于零表示各因素促进多糖含量，小于零则表示抑制作用。令 $dy/dx＝0$，补灌量、施氮量、施磷量的最高边际的投入量为 $X_{1max}＝0.59$，$X_{2max}＝0.74$，$X_{3max}＝1.76$，换算为补灌量、施氮量、施磷量投入量分别为 $175.93 \text{m}^3/亩$、$37.91 \text{kg}/亩$、$33.51 \text{kg}/亩$时多糖含量达到最高值，继续增加各个因素的投入量，多糖含量将受到抑制，出现负效益。

4.4.2.5　枸杞多糖模型交互效应分析

　　对枸杞多糖回归模型进行降维分析，得到二因素耦合对枸杞多糖影响的子模型，见式（4.18）～式（4.20），并绘制三维图（图 4.16）。

$$Y_{多糖12}＝3.6967＋0.0739X_1＋0.0897X_2－0.1255X_1^2－0.1215X_2^2＋0.0861X_1X_2$$

$$(4.18)$$

$$Y_{多糖13}＝3.6967＋0.0739X_1＋0.1405X_3－0.1255X_1^2－0.0797X_3^2－0.0249X_1X_3$$

$$(4.19)$$

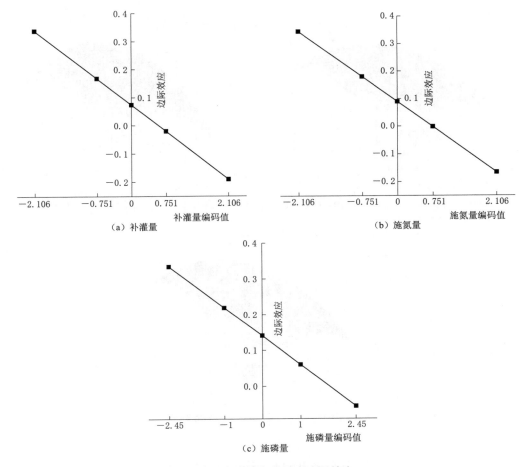

图 4.15　多糖各单因素边际效应

$$Y_{多糖23} = 3.6967 + 0.0897X_2 + 0.1405X_3 - 0.1215X_2^2 - 0.0797X_3^2 + 0.0433X_2X_3$$

$$(4.20)$$

由图 4.16（a）知，在水氮交互中，当补灌量编码值一定时，多糖含量随着施氮量编码值的增加呈先增长后下降的趋势，当施氮量编码值一定时，多糖含量随着补灌量编码值的增加呈先增长后下降的趋势。由图 4.16（b）知，在水磷交互中，当补灌量编码值一定时，多糖含量随着施磷量编码值的增加呈先增长后下降的趋势，当施磷量编码值一定时，多糖含量随着补灌量编码值的增加呈先增长后下降的趋势。由图 4.16（c）知，在氮磷交互中，当施氮量编码值一定时，多糖含量随着施磷量编码值的增加呈先增长后下降的趋势，当施磷量编码值一定时，多糖含量随着施氮量编码值的增加呈先增长后下降的趋势。枸杞果实最优量多出现在中氮中水、中水中磷、中氮中磷区域，最优含量分别为 3.73%、3.76%、3.79%。

以多糖为目标，多糖含量为 3.82% 时，较优的水肥组合编码值是：补灌量、施氮量、施磷量的最高边际多糖的投入量为 $X_{1max}=0.44$、$X_{2max}=0.70$、$X_{3max}=1.00$。换算为补灌

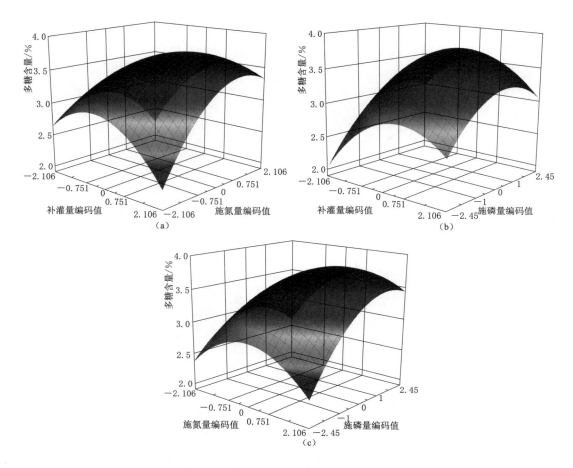

图 4.16　各交互因素对多糖含量的影响

量、施氮量、施磷量施入量分别为 $168.63\mathrm{m^3}$/亩、$37.42\mathrm{kg}$/亩、$27.50\mathrm{kg}$/亩。

4.4.3　水肥耦合对枸杞甜菜碱含量的影响

4.4.3.1　水肥耦合与枸杞甜菜碱含量的模型建立

通过二次多项式逐步回归方法，以补灌量编码值（X_1）、施氮量编码值（X_2）和施磷量编码值（X_3）为试验因素，建立枸杞甜菜碱回归模型 $Y_{甜菜碱}$。

$$Y_{甜菜碱}=0.7833+0.0119X_1+0.0199X_2+0.0215X_3-0.0319X_1^2-0.0317X_2^2-0.0230X_3^2$$
$$+0.0161X_1X_2-0.0130X_1X_3+0.0122X_2X_3 \tag{4.21}$$

该回归模型 F 检验，$F=1474.16$，$p=0.020$（$P<0.05$），回归模型关系显著，能够很好地反映各个因素与枸杞品质甜菜碱指标之间的关系。对模型回归系数进行 t 检验见表 4.8 所示。由表可知，氮肥、磷肥和补灌量对枸杞甜菜碱均有显著与极显著影响。

4.4.3.2　枸杞甜菜碱模型主因子效应分析

对 $Y_{甜菜碱}$ 主模型各单因素及交互因素进行标准回归系数分析，结果见表 4.9。

表 4.8 甜菜碱模型回归系数检验

因　素	t	p	因　素	t	p
X_1	24.6063	0.0259	X_3^2	52.2975	0.0122
X_2	41.1950	0.0155	X_1X_2	33.2887	0.0191
X_3	44.5281	0.0143	X_1X_3	26.9826	0.0236
X_1^2	72.3826	0.0088	X_2X_3	25.1727	0.0250
X_2^2	71.8992	0.0080			

表 4.9 枸杞甜菜碱模型各因素标准回归系数

因　素	标准回归系数	因　素	标准回归系数
X_1	0.2136	X_1X_2	0.2890
X_2	0.3576	X_1X_3	-0.2342
X_3	0.3860	X_2X_3	0.2180

从表 4.9 可看出，各单因素对枸杞果实甜菜碱含量的影响顺序为：施磷量＞施氮量＞补灌量。说明磷肥对枸杞甜菜碱含量影响最大，其次为氮肥，补灌量最小。二因素对枸杞果实甜菜碱含量的影响次序为：$X_1X_2＞X_1X_3＞X_2X_3$。水氮交互作用对枸杞甜菜碱含量正效应影响最大，水磷交互作用对枸杞果实甜菜碱含量是负效应。

4.4.3.3　枸杞甜菜碱模型单因子效应分析

通过降维得出各单因素与甜菜碱之间关系子模型。

补灌量（X_1）：　　　$Y_{甜菜碱11}=0.7833+0.0119X_1-0.0319X_1^2$ 　　　　　（4.22）

氮肥量（X_2）：　　　$Y_{甜菜碱11}=0.7833+0.0199X_2-0.0317X_2^2$ 　　　　　（4.23）

磷肥量（X_3）：　　　$Y_{甜菜碱11}=0.7833+0.0215X_3-0.0230X_3^2$ 　　　　　（4.24）

根据子模型，绘制各单因素对甜菜碱的影响效应变化图，如图 4.17 所示。

从图 4.17 可以看出，各单因素子模型二次项的系数均为负，各因素的枸杞果实甜菜碱含量单因素效应均呈开口向下的抛物线变化趋势，甜菜碱含量随着水肥各因素编码值的增加呈先增大减小的趋势，到达最适施用量时，最适量编码值分别为 0.19、0.31、0.47，甜菜碱含量存在最大值，最大值分别为 0.784%、0.786%、0.788%。

4.4.3.4　枸杞甜菜碱模型单因素边际效应

对模型（4.22）～模型（4.24）求一阶偏导，分别得到补灌量、施氮量和施磷量边际效应方程（4.25）～方程（4.27），将水、氮、磷的编码值代入，令 $dy/dx=0$，绘制甜菜碱含量边际效应与施入量的变化图（图 4.18）。

补灌量（X_1）：　　　　　$dy/dx=0.0119-0.0319X_1$ 　　　　　（4.25）

氮肥量（X_2）：　　　　　$dy/dx=0.0199-0.0317X_2$ 　　　　　（4.26）

磷肥量（X_3）：　　　　　$dy/dx=0.0215-0.0230X_3$ 　　　　　（4.27）

图 4.18 表明，随着补灌量、施氮量、施磷量增加，甜菜碱含量边际效应均呈递减趋势，递减率的大小顺序为：补灌量＞施氮量＞施磷量。图 4.18 纵坐标大于 0 表示各因素促进甜菜碱含量，小于 0 则表示抑制作用。令 $dy/dx=0$，补灌量、施氮量、施磷量的最高边际的投入量为 $X_{1max}=0.37$，$X_{2max}=0.63$，$X_{3max}=0.93$，换算为补灌量、施氮量、施

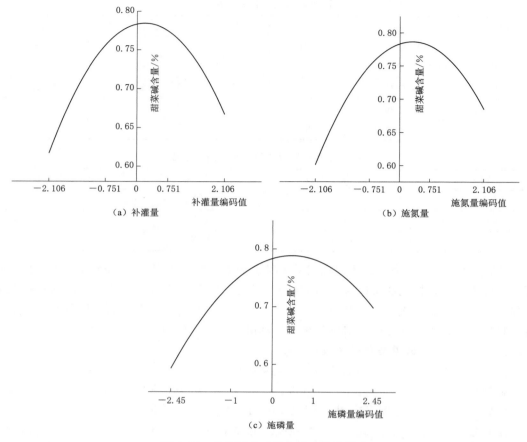

图 4.17 各单因素对甜菜碱含量的影响

磷量施入量分别为 165.80m³/亩、36.44kg/亩、26.90kg/亩时甜菜碱含量达到最高值，继续增加各个因素的投入量，甜菜碱含量将受到抑制，出现负效益。

4.4.3.5 枸杞甜菜碱模型交互效应分析

对枸杞甜菜碱回归模型进行降维分析，得到二因素耦合对枸杞甜菜碱影响的子模型，见以下各式并绘制三维图（图 4.19）。

$$Y_{甜菜碱12}=0.7833+0.0119X_1+0.0199X_2-0.0319X_1^2-0.0317X_2^2+0.0861X_1X_2$$

$$(4.28)$$

$$Y_{甜菜碱13}=0.7833+0.0119X_1+0.0215X_3-0.0319X_1^2-0.0230X_3^2-0.0130X_1X_3$$

$$(4.29)$$

$$Y_{甜菜碱23}=0.7833+0.0199X_2+0.0215X_3-0.0317X_2^2-0.0230X_3^2+0.0122X_2X_3$$

$$(4.30)$$

由图 4.19（a）知，在水氮交互中，当补灌量编码值一定时，甜菜碱含量随着施氮量编码值的增加呈增长的趋势，当施氮量编码值一定时，甜菜碱含量随着补灌量编码值的增加呈下降的趋势。由图 4.19（b）知，在水磷交互中，当补灌量编码值一定时，甜菜碱含量随着施磷量

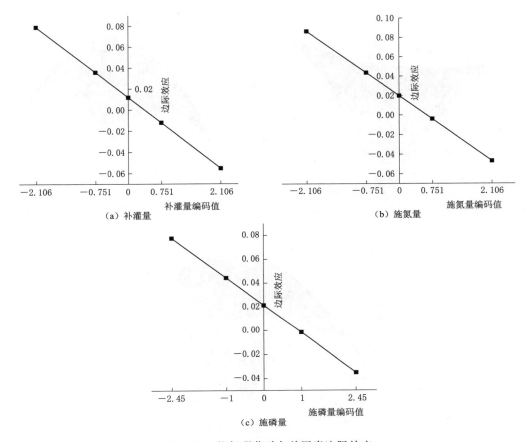

图 4.18 枸杞甜菜碱各单因素边际效应

编码值的增加呈先增长后下降的趋势，当施磷量编码值一定时，甜菜碱含量随着补灌量编码值的增加呈先增长后下降的趋势。由图 4.19（c）知，在氮磷交互中，当施氮量编码值一定时，甜菜碱含量随着施磷量编码值的增加呈先增长后下降的趋势，当施磷量编码值一定时，甜菜碱含量随着施氮量编码值的增加呈先增长后下降的趋势。枸杞果实甜菜碱最优量出现在高氮高水、中水中磷、中氮中磷区域，最优含量分别为 0.95%、0.78%、0.79%。

以甜菜碱为目标，甜菜碱含量为 0.79% 时，较优的水肥组合编码值是：补灌量、施氮量、施磷量的最高边际甜菜碱量的投入量为 $X_{1max} = 0.19$、$X_{2max} = 0.47$、$X_{3max} = 0.53$。换算为补灌量、施氮量、施磷量施入量分别为 158.30m³/亩、34.24kg/亩、23.75kg/亩。

4.4.4 水肥耦合对枸杞 β 类胡萝卜素含量的影响

4.4.4.1 水肥耦合与枸杞甜 β 类胡萝卜素含量的模型建立

通过二次多项式逐步回归方法，以补灌量编码值（X_1）、施氮量编码值（X_2）和施磷量编码值（X_3）为试验因素，建立枸杞 β 类胡萝卜素含量回归模型 $Y_{β类胡萝卜素}$。

$$Y_{β类胡萝卜素} = 0.2153 + 0.0056X_1 + 0.0065X_2 + 0.0074X_3 - 0.0087X_1^2 - 0.0095X_2^2$$
$$- 0.0053X_3^2 + 0.0060X_1X_2 - 0.0044X_1X_3 + 0.0057X_2X_3 \tag{4.31}$$

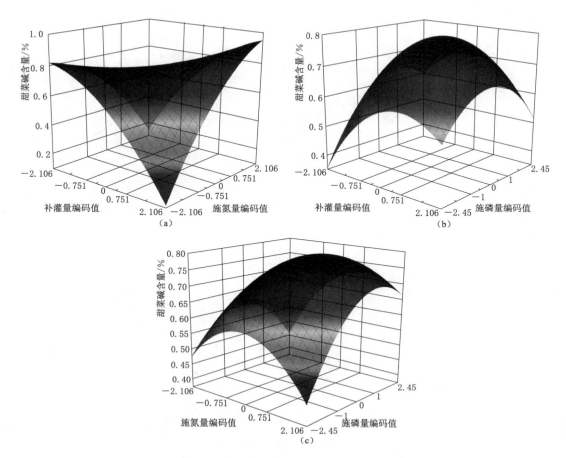

图 4.19　各交互因素对甜菜碱含量的影响

该回归模型 F 检验，$F=1060$，$p=0.023$（$P<0.05$），回归模型关系显著，能够很好地反映各个因素与枸杞品质 β 类胡萝卜素指标之间的关系。对模型回归系数进行 t 检验见表 4.10。由表可知，氮肥、磷肥和补灌量对枸杞 β 类胡萝卜素均有显著与极显著影响。

表 4.10　　　　　　　　　　　　β 类胡萝卜素模型回归系数检验

因　素	t	p	因　素	t	p
X_1	29.2318	0.0218	X_3^2	30.7885	0.0207
X_2	34.0133	0.0187	$X_1 X_2$	31.5229	0.0202
X_3	38.8575	0.0164	$X_1 X_3$	23.3536	0.0272
X_1^2	49.8521	0.0128	$X_2 X_3$	29.9422	0.0210
X_2^2	54.7937	0.0110			

4.4.4.2　枸杞 β 类胡萝卜素模型主因子效应分析

对 $Y_{β类胡萝卜素}$ 主模型各单因素及交互因素进行标准回归系数分析，结果见表 4.11。

表 4.11 **β 类胡萝卜素模型各因素标准回归系数**

因　素	标准回归系数	因　素	标准回归系数
X_1	0.2993	X_1X_2	0.3227
X_2	0.3482	X_1X_3	-0.2391
X_3	0.3970	X_2X_3	0.3060

从表 4.11 可看出，各单因素对枸杞果实 β 类胡萝卜素含量的影响顺序为：施磷量＞施氮量＞补灌量。说明磷肥对枸杞 β 类胡萝卜素量影响最大，其次为氮肥，补灌量最小。二因素对枸杞果实 β 类胡萝卜素含量的影响次序为：$X_1X_2＞X_1X_3＞X_2X_3$。水氮交互作用对枸杞 β类胡萝卜素量正效应影响最大，水磷交互作用对枸杞果实 β 类胡萝卜素是负效应。

4.4.4.3　枸杞 β 类胡萝卜素模型单因子效应分析

通过降维得出各单因素与 β 类胡萝卜素之间关系子模型。

补灌量（X_1）：　　$Y_{\beta类胡萝卜素11}=0.2153+0.0056X_1-0.0087X_1^2$ 　　　　　　(4.32)

氮肥量（X_2）：　　$Y_{\beta类胡萝卜素22}=0.2153+0.0065X_2-0.0095X_2^2$ 　　　　　　(4.33)

磷肥量（X_3）：　　$Y_{\beta类胡萝卜素33}=0.2153+0.0074X_3-0.0053X_3^2$ 　　　　　　(4.34)

根据子模型，绘制各单因素对 β 类胡萝卜素的影响效应变化图，如图 4.20 所示。

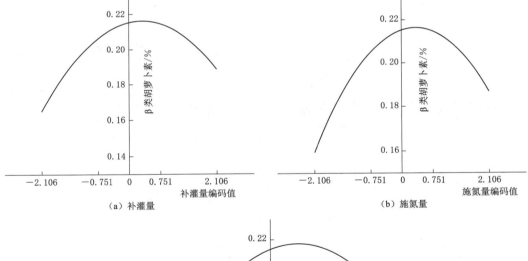

（a）补灌量　　　　　　　　　　（b）施氮量

（c）施磷量

图 4.20　各单因素对甜菜碱含量的影响

从图 4.20 可以看出，各单因素子模型二次项的系数均为负，各因素的枸杞果实 β 类胡萝卜素含量单因素效应均呈开口向下的抛物线变化趋势，β 类胡萝卜素含量随着水肥各因素编码值的增加呈先增大减小的趋势，到达最适施用量时，最适量编码值分别为 0.32、0.34、0.70，β 类胡萝卜素含量存在最大值，最大值分别为 0.2162%、0.2164%、0.2179%。

4.4.4.4　枸杞 β 类胡萝卜素模型单因素边际效应

对模型（4.32）～模型（4.34）求一阶偏导，分别得到补灌量、施氮量和施磷量边际效应方程（4.35）～方程（4.37），将水、氮、磷的编码值代入，令 $dy/dx=0$，绘制 β 类胡萝卜素含量边际效应与施入量的变化图（图 4.21）。

补灌量（X_1）：
$$dy/dx=0.0056-0.0087X_1 \tag{4.35}$$

氮肥量（X_2）：
$$dy/dx=0.0065-0.0095X_2 \tag{4.36}$$

磷肥量（X_3）：
$$dy/dx=0.0074-0.0053X_3 \tag{4.37}$$

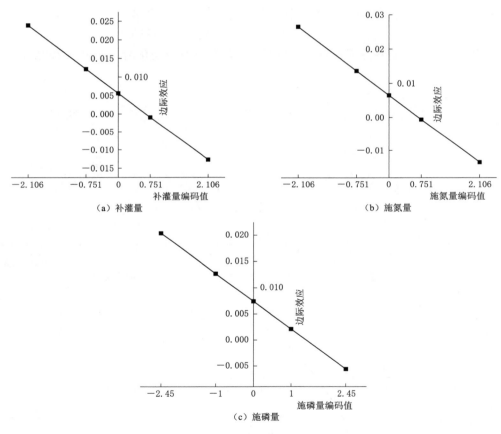

图 4.21　枸杞 β 类胡萝卜素各单因素边际效应

图 4.21 表明，随着补灌量、施氮量、施磷量增加，β 类胡萝卜素含量边际效应均呈递减趋势，递减率的大小顺序为：施氮量＞补灌量＞施磷量。图 4.21 纵坐标大于 0 表示各因素促进 β 类胡萝卜素含量，小于 0 则表示抑制作用。令 $dy/dx=0$，补灌量、施氮量、

施磷量的最高边际 β 类胡萝卜素含量的投入量为 $X_{1max}=0.64$，$X_{2max}=0.68$，$X_{3max}=1.40$，换算为补灌量、施氮量、施磷量施入量分别为 177.33m³/亩、37.11kg/亩、30.64kg/亩，时 β 类胡萝卜素含量达到最高值，继续增加各个因素的投入量，β 类胡萝卜素含量将受到抑制，出现负效益。

4.4.4.5 枸杞 β 类胡萝卜素模型交互效应分析

对枸杞 β 类胡萝卜素回归模型进行降维分析，得到二因素耦合对枸杞 β 类胡萝卜素影响的子模型，见以下各式，并绘制三维图（图 4.22）。

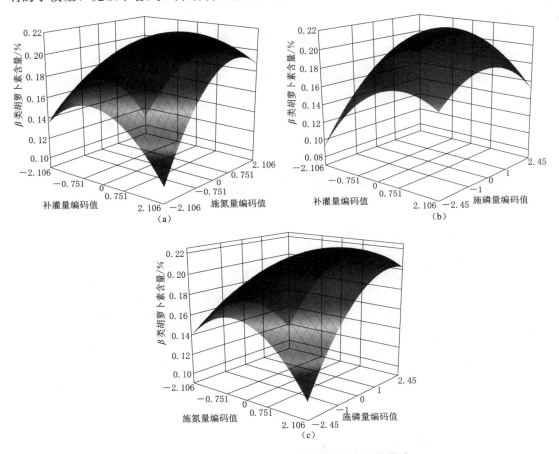

图 4.22 各交互因素对 β 类胡萝卜素含量的影响

$$Y_{\beta 类胡萝卜素12}=0.2153+0.0056X_1+0.0065X_2-0.0087X_1^2-0.0095X_2^2+0.0060X_1X_2$$

$$(4.38)$$

$$Y_{\beta 类胡萝卜素13}=0.2153+0.0056X_1+0.0074X_3-0.0087X_1^2-0.0053X_3^2-0.0044X_1X_3$$

$$(4.39)$$

$$Y_{\beta 类胡萝卜素23}=0.2153+0.0065X_2+0.0074X_3-0.0095X_2^2-0.0053X_3^2+0.0057X_2X_3$$

$$(4.40)$$

由图 4.22（a）知，在水氮交互中，当补灌量编码值一定时，β 类胡萝卜素含量随着施氮量编码值的增加呈先增长后下降的趋势，当施氮量编码值一定时，β 类胡萝卜素含量随着补灌量编码值的增加呈先增长后下降的趋势。由图 4.22（b）知，在水磷交互中，当补灌量编码值一定时，β 类胡萝卜素含量随着施磷量编码值的增加呈先增长后下降的趋势，当施磷量编码值一定时，β 类胡萝卜素含量随着补灌量编码值的增加呈先增长后下降的趋势。由图 4.22（c）知，在氮磷交互中，当施氮量编码值一定时，β 类胡萝卜素含量随着施磷量编码值的增加呈先增长后下降的趋势，当施磷量编码值一定时，β 类胡萝卜素含量随着施氮量编码值的增加呈先增长后下降的趋势。枸杞果实 β 类胡萝卜素含量最优量出现在中氮中水、中水中磷、中氮中磷区域，最优含量分别为 0.2170%、0.2180%、0.2210%。

以 β 类胡萝卜素为目标，β 类胡萝卜素含量为 0.22% 时，较优的水肥组合编码值是：补灌量、施氮量、施磷量的最高边际产量的投入量为 $X_{1max}=0.33$、$X_{2max}=0.73$、$X_{3max}=0.94$。换算为补灌量、施氮量、施磷量施入量分别为 164.13m³/亩、37.24kg/亩、26.99kg/亩。

4.5　水肥耦合对枸杞产量和水分利用效率的影响

4.5.1　枸杞生育期产量变化规律

从图 4.23（a）可以看出，在枸杞生长果熟期 5 次测产呈"开口向下的抛物线"，枸杞每次测产的质量呈先增加后减小的趋势。6 月中旬第一次测产，6 月下旬第二次测产，产量相对第一次测产有所增长，7 月上旬第三次测产最多，7 月中旬第四次测产和 7 月下旬第五次测产呈下降的趋势。图 4.23（b）产量干重具有相似的变化规律。各处理全生育期产量鲜重分别为 T1：17.21kg；T2：15.37kg；T3：19.20kg；T4：16.57kg；T5：17.4kg；T6：14.40kg；T7：14.61kg；T8：14.60kg；T9：20.86kg；T10：16.78kg；T11：16.67kg。整体表现规律为：T11＞T1＞T4＞T3＞T7＞T6＞T8＞T2＞

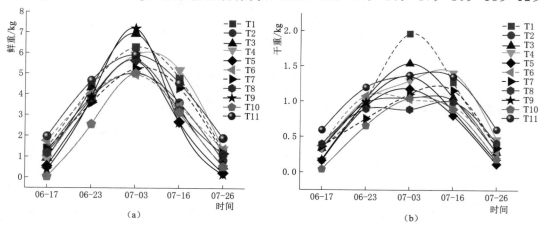

图 4.23　枸杞全生育期产量变化规律

T9＞T5＞T10。各处理全生育期产量干重分别为 T1：4.97kg；T2：3.64kg；T3：4.26kg；T4：4.54kg；T5：3.20kg；T6：3.71kg；T7：3.73kg；T8：3.58kg；T9：3.55kg；T10：2.82kg；T11：5.12kg；整体表现规律为：T11＞T1＞T4＞T3＞T7＞T6＞T8＞T2＞T9＞T5＞T10。

4.5.2 水肥耦合对枸杞产量干重的影响

4.5.2.1 水肥耦合与枸杞产量干重的模型建立

通过二次多项式逐步回归方法，以补灌量编码值（X_1）、施氮量编码值（X_2）和施磷量编码值（X_3）为试验因素，建立枸杞产量干重回归模型 $Y_{产量干重}$。

$$Y_{产量干重}=5.1230+0.1342X_1+0.1337X_2+0.2636X_3-0.2659X_1^2-0.2598X_2^2-0.1359X_3^2$$
$$+0.1317X_1X_2-0.0397X_1X_3+0.1536X_2X_3 \tag{4.41}$$

该回归模型 F 检验，$F=353.57$，$P=0.0413$（$P<0.05$），回归模型关系显著，能够很好地反映各个因素与枸杞产量干重之间的关系。

4.5.2.2 枸杞产量干重模型主因子效应分析

对 $Y_{产量干重}$ 主模型各单因素及交互因素进行标准回归系数分析，结果见表 4.12。

表 4.12　　　　　　　　　产量干重模型各因素标准回归系数

因　素	标准回归系数	因　素	标准回归系数
X_1	0.2632	X_1X_2	0.2584
X_2	0.2623	X_1X_3	−0.0779
X_3	0.5172	X_2X_3	0.3014

从表 4.12 可看出，各单因素对枸杞果实产量干重的影响顺序为：施氮量＞补灌量＞施磷量。说明氮肥对枸杞产量干重影响最大，其次为补灌量，氮肥最小。二因素对枸杞产量干重的影响次序为：$X_1X_2＞X_2X_3＞X_1X_3$。水氮交互作用对枸杞产量干重正效应影响最大，水磷交互作用对枸杞产量干重是负效应。

4.5.2.3 枸杞产量干重模型单因子效应分析

通过降维得出各单因素与产量干重之间关系子模型。

补灌量（X_1）：　　　$Y_{产量干重11}=5.1230+0.1342X_1-0.2659X_1^2$ 　　　(4.42)

氮肥量（X_2）：　　　$Y_{产量干重22}=5.1230+0.1337X_2-0.2598X_2^2$ 　　　(4.43)

磷肥量（X_3）：　　　$Y_{产量干重33}=5.1230+0.2636X_3-0.1359X_3^2$ 　　　(4.44)

根据子模型，绘制各单因素对产量干重的影响效应变化图，如图 4.24 所示。

从图 4.24 可以看出，各单因素子模型二次项的系数均为负，各因素的枸杞果实产量干重单因素效应均呈开口向下的抛物线变化趋势，产量干重随着水肥各因素编码值的增加呈先增大减小的趋势，到达最适施用量时，最适施用量编码值分别为 0.2520、0.2570、0.9700，产量干重存在最大值，最大值分别为 152.14kg/亩、152.15kg/亩、155.42kg/亩。

4.5.2.4 枸杞产量干重模型单因素边际效应

对模型（4.42）~模型（4.44）求一阶偏导，分别得到补灌量、施氮量和施磷量边际效应方程（4.45）~方程（4.47），将水、氮、磷的编码值代入，令 $\mathrm{d}y/\mathrm{d}x=0$，绘制产量

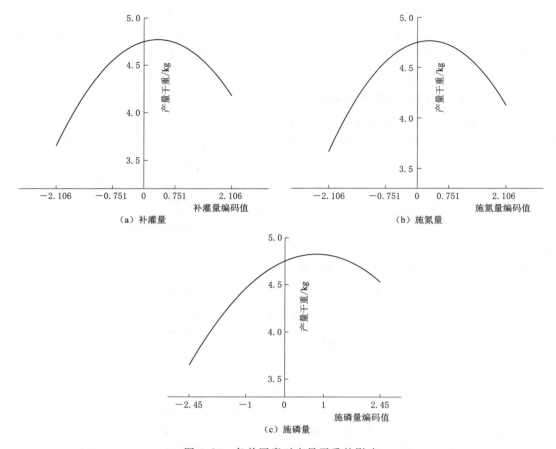

图 4.24　各单因素对产量干重的影响

干重边际效应与施入量的变化图（图 4.25）。

补灌量（X_1）：$\qquad$ $\mathrm{d}y/\mathrm{d}x = 0.1342 - 0.2659X_1$ $\qquad$ (4.45)

氮肥量（X_2）：$\qquad$ $\mathrm{d}y/\mathrm{d}x = 0.1337 - 0.2598X_2$ $\qquad$ (4.46)

磷肥量（X_3）：$\qquad$ $\mathrm{d}y/\mathrm{d}x = 0.2636 - 0.1359X_3$ $\qquad$ (4.47)

图 4.25 表明，随着补灌量、施氮量、施磷量增加，产量干重边际效应均呈递减趋势，递减率的大小顺序为：补灌量＞施氮量＞施磷量。图 4.25 纵坐标大于 0 表示各因素促进产量干重，小于 0 则表示抑制作用。令 $\mathrm{d}y/\mathrm{d}x = 0$，补灌量、施氮量、施磷量的最高边际产量干重的投入量为 $X_{1\max} = 0.50$、$X_{2\max} = 0.51$、$X_{3\max} = 1.94$，换算为补灌量、施氮量、施磷量施入量分别为 $171.35\mathrm{m^3}$/亩、$34.83\mathrm{kg}$/亩、$34.94\mathrm{kg}$/亩时产量干重达到最高值，继续增加各个因素的投入量，产量干重将受到抑制，出现负效益。

4.5.2.5　枸杞产量干重模型交互效应分析

对枸杞产量干重回归模型进行降维分析，得到二因素耦合对枸杞产量干重影响的子模型，见以下各式，并绘制三维图（图 4.26）。

$$Y_{产量干重12} = 5.1230 + 0.1342X_1 + 0.1337X_2 - 0.2659X_1^2 - 0.2598X_2^2 + 0.1317X_1X_2$$

(4.48)

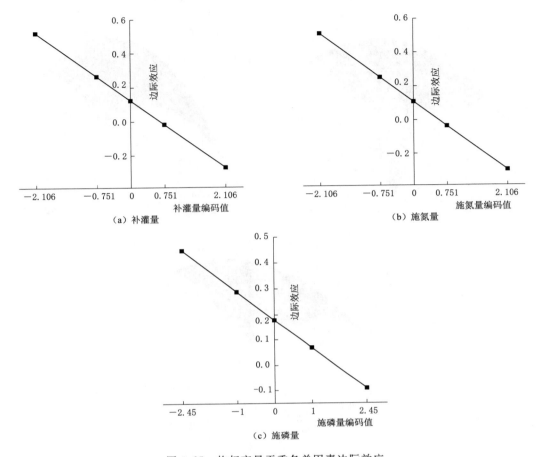

图 4.25 枸杞产量干重各单因素边际效应

$$Y_{产量干重13} = 5.1230 + 0.1342X_1 + 0.2636X_3 - 0.1884X_1^2 - 0.1359X_3^2 - 0.0397X_1X_3$$

$$(4.49)$$

$$Y_{产量干重23} = 4.7500 + 0.1337X_2 + 0.2636X_3 - 0.2659X_1^2 - 0.1359X_3^2 + 0.1536X_2X_3$$

$$(4.50)$$

由图 4.26（a）知，在水氮交互中，当补灌量编码值一定时，产量干重随着施氮量编码值的增加呈增长的趋势，当施氮量编码值一定时，产量干重随着补灌量编码值的增加呈下降的趋势。由图 4.26（b）知，在水磷交互中，当补灌量编码值一定时，产量干重随着施磷量编码值的增加呈先增长后下降的趋势，当施磷量编码值一定时，产量干重随着补灌量编码值的增加呈先增长后下降的趋势。由图 4.26（c）知，在氮磷交互中，当施氮量编码值一定时，产量干重随着施磷量编码值的增加呈先增长后下降的趋势，当施磷量编码值一定时，产量干重随着施氮量编码值的增加呈先增长后下降的趋势。枸杞果实干重产量最优量出现在高氮高水、中水中磷、中氮中磷区域，最优含量分别为 4.79kg、4.81kg、4.87kg。

以产量干重为目标，产量干重为 157.34kg/亩时，较优的水肥组合编码值是，补灌量、施氮量、施磷量的最高边际产量的投入量为 $X_{1max} = 0.34$、$X_{2max} = 0.74$、$X_{3max} =$

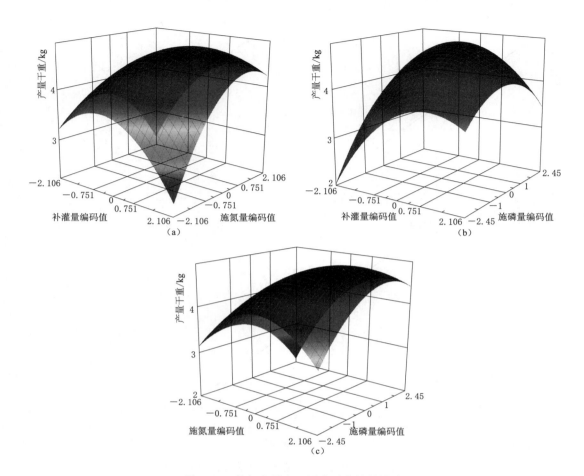

图 4.26　枸杞各单交互因素对含量的影响

1.34。换算为补灌量、施氮量、施磷量施入量分别为 164.31m³/亩、37.89kg/亩、30.15kg/亩。

4.5.3　水肥耦合对枸杞产量鲜重的影响

4.5.3.1　水肥耦合对枸杞产量鲜重的模型建立

通过二次多项式逐步回归方法，以补灌量编码值（X_1）、施氮量编码值（X_2）和施磷量编码值（X_3）为试验因素，建立枸杞产量鲜重回归模型 $Y_{产量鲜重}$。

$$Y_{产量鲜重}=19.0000+0.4985X_1+0.4348X_2+0.7155X_3-0.7535X_1^2-0.7712X_2^2$$
$$-0.4412X_3^2+0.5834X_1X_2-0.4039X_1X_3+0.4112X_2X_3 \tag{4.51}$$

该回归模型 F 检验，$F=1753.3100$，$p=0.0190$（$P<0.05$），回归模型关系显著，能够很好地反映各个因素与枸杞产量鲜重之间的关系。对模型回归系数进行 t 检验，见表 4.13。由表可知，氮肥、磷肥和补灌量均对枸杞产量鲜重有显著与极显著影响。

表 4.13 产量鲜重模型回归系数检验

因　素	t	p	因　素	t	p
X_1	39.3570	0.0162	X_3^2	38.1772	0.0167
X_2	34.3283	0.0185	X_1X_2	46.0751	0.0138
X_3	56.5020	0.0113	X_1X_3	31.8856	0.0200
X_1^2	65.1533	0.0098	X_2X_3	32.4667	0.0196
X_2^2	66.6871	0.0095			

4.5.3.2　枸杞产量鲜重模型主因子效应分析

对 $Y_{产量鲜重}$ 主模型各单因素及交互因素进行标准回归系数分析，结果见表 4.14。

表 4.14 产量鲜重模型各因素标准回归系数

因　素	标准回归系数	因　素	标准回归系数
X_1	0.3133	X_1X_2	0.3668
X_2	0.2733	X_1X_3	−0.2538
X_3	0.4498	X_2X_3	0.2584

从表 4.14 可看出，各单因素对枸杞果实产量鲜重的影响顺序为：施氮量＞补灌量＞施磷量。说明氮肥对枸杞产量鲜重影响最大，其次为补灌量，氮肥最小。二因素对枸杞产量鲜重的影响次序为：$X_1X_2＞X_2X_3＞X_1X_3$。水氮交互作用对枸杞产量鲜重正效应影响最大，水磷交互作用对枸杞产量鲜重是负效应。

4.5.3.3　枸杞产量鲜重模型单因子效应分析

将 $Y_{产量鲜重}$ 模型其他因素水平固定在零水平，通过降维得出各单因素与产量鲜重之间关系子模型。

补灌量（X_1）：　　$Y_{产量鲜重11}＝19.0000＋0.4985X_1－0.7535X_1^2$ 　　　　　　(4.52)

氮肥量（X_2）：　　$Y_{产量鲜重22}＝19.0000＋0.4348X_2－0.7712X_2^2$ 　　　　　　(4.53)

磷肥量（X_3）：　　$Y_{产量鲜重33}＝19.0000＋0.7155X_3－0.4412X_3^2$ 　　　　　　(4.54)

从图 4.27 可以看出，各单因素子模型二次项的系数均为负，各因素的枸杞果实产量鲜重单因素效应均呈开口向下的抛物线变化趋势，产量鲜重随着水肥各因素编码值的增加呈先增大减小的趋势，到达最适施用量时，编码值分别为 0.33、0.28、0.81，产量鲜重存在最大值，分别为 564.84kg/亩、564.21kg/亩、570.99kg/亩。

4.5.3.4　枸杞产量鲜重模型单因素边际效应

对模型（4.52）～模型（4.54）求一阶偏导，分别得到补灌量、施氮量和施磷量边际效应方程（4.55）～方程（4.57），将水、氮、磷的编码值代入，令 $dy/dx＝0$，绘制产量鲜重边际效应与施入量的变化图（图 4.28）。

补灌量（X_1）：　　　　$dy/dx＝0.4985－0.7535X_1$ 　　　　　　(4.55)

氮肥量（X_2）：　　　　$dy/dx＝0.4348－0.7712X_2$ 　　　　　　(4.56)

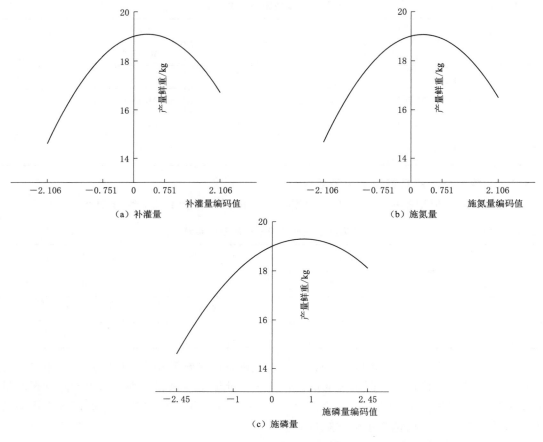

图 4.27　各单因素对产量鲜重的影响

磷肥量 (X_3)：$\qquad\qquad \mathrm{d}y/\mathrm{d}x = 0.7155 - 0.4412X_3$ \hfill (4.57)

图 4.28 表明，随着补灌量、施氮量、施磷量增加，产量鲜重边际效应均呈递减趋势，递减率的大小顺序为施氮量＞补灌量＞施磷量。图 4.28 纵坐标大于 0 表示各因素促进产量鲜重，小于 0 则表示抑制作用。令 $\mathrm{d}y/\mathrm{d}x = 0$，补灌量、施氮量、施磷量的最高边际的投入量为 $X_{1\max} = 0.66$、$X_{2\max} = 0.56$、$X_{3\max} = 1.62$，换算为补灌量、施氮量、施磷量分别为 $178.12\mathrm{m}^3/$ 亩、$35.50\mathrm{kg}/$ 亩、$32.39\mathrm{kg}/$ 亩时产量鲜重达到最高值，继续增加各个因素的投入量，产量鲜重将受到抑制，出现负效益。

4.5.3.5　枸杞产量鲜重模型交互效应分析

对枸杞产量鲜重回归模型进行降维分析，得到二因素耦合对枸杞产量鲜重影响的子模型，见以下各式，并绘制三维图（图 4.29）。

$$Y_{产量鲜重12} = 19.0000 + 0.4985X_1 + 0.4348X_2 - 0.7535X_1^2 - 0.7712X_2^2 + 0.5834X_1X_2$$

\hfill (4.58)

$$Y_{产量鲜重13} = 19.0000 + 0.4985X_1 + 0.7155X_3 - 0.7535X_1^2 - 0.4412X_3^2 - 0.4039X_1X_3$$

\hfill (4.59)

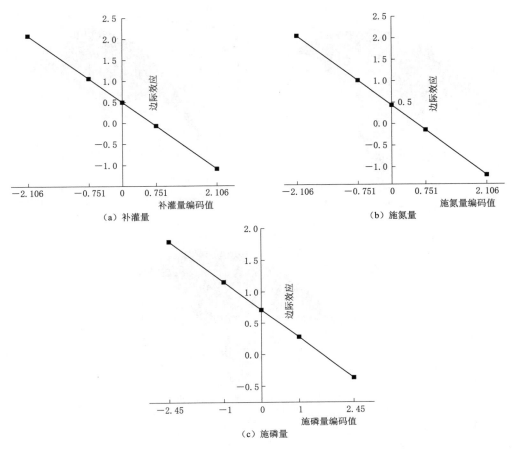

图 4.28 枸杞产量鲜重各单因素边际效应

$$Y_{产量鲜重23} = 19.0000 + 0.4348X_2 + 0.7155X_3 - 0.7712X_2^2 - 0.4412X_3^2 + 0.4112X_2X_3 \tag{4.60}$$

由图 4.29 （a） 知，在水氮交互中，当补灌量编码值一定时，产量鲜重随着施氮量编码值的增加呈先增长后下降的趋势，当施氮量编码值一定时，产量鲜重随着补灌量编码值的增加呈先增长后下降的趋势。由图 4.29 （b） 知，在水磷交互中，当补灌量编码值一定时，产量鲜重随着施磷量编码值的增加呈先增长后下降的趋势，当施磷量编码值一定时，产量鲜重随着补灌量编码值的增加呈先增长后下降的趋势。由图 4.29 （c） 知，在氮磷交互中，当施氮量编码值一定时，产量鲜重随着施磷量编码值的增加呈先增长后下降的趋势，当施磷量编码值一定时，产量鲜重随着施氮量编码值的增加呈先增长后下降的趋势。相对水而言，氮的交互效应高于磷的交互效应；对于氮而言，水的交互效应大于磷的交互效应；对于磷而言，水的交互效应大于氮的交互效应。枸杞果实鲜重最优量出现在高氮高水、中水中磷、中氮中磷区域，最优含量分别为 19.17kg、19.27kg、19.47kg。

以产量鲜重为目标，产量鲜重为 579.27kg/亩时，较优的水肥组合编码值是：补灌量、施氮量、施磷量的最高边际产量的投入量为 $X_{1max} = 0.33$、$X_{2max} = 0.66$、$X_{3max} =$

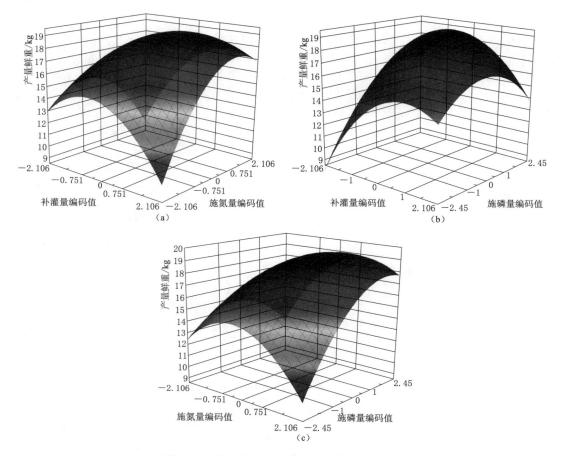

图 4.29 枸杞各交互因素对产量鲜重的影响

0.97。换算为补灌量、施氮量、施磷量施入量分别为 164.01m³/亩、36.91kg/亩、27.22kg/亩。

4.5.4 水肥耦合对枸杞产量鲜重水分利用效率变化规律的影响

4.5.4.1 水肥耦合对枸杞产量鲜重水分利用效率的模型建立

通过二次多项式逐步回归方法，以补灌量编码值（X_1）、施氮量编码值（X_2）和施磷量编码值（X_3）为试验因素，建立枸杞产量鲜重水分利用效率回归模型 $Y_{鲜水}$。

$$Y_{鲜水} = 2.2099 - 0.1069X_1 + 0.0675X_3 - 0.0925X_1^2 - 0.0766X_2^2 - 0.0526X_3^2 + 0.0848X_1X_2$$
$$- 0.0676X_1X_3 + 0.0323X_2X_3 \tag{4.61}$$

该回归模型 F 检验，$F = 37.8076$，$p = 0.0260$（$P < 0.05$），回归模型关系显著，能够很好地反映各个因素与枸杞产量鲜重水分利用效率之间的关系。对模型回归系数进行 t 检验见表 4.15。由表可知，氮肥、磷肥和补灌量均对枸杞产量鲜重水分利用效率有影响，除过氮磷交互因素不显著外，其余各因素及交互作用均达到显著与极显著水平。需要去掉不显著因素，重新拟合方程并进行检验。

表 4.15　产量鲜重水分利用效率模型回归系数检验

因　素	t	p	因　素	t	p
X_1	9.2780	0.0114	X_3^2	5.0078	0.0376
X_3	5.8608	0.0279	$X_1 X_2$	7.3627	0.0180
X_1^2	8.7928	0.0127	$X_1 X_3$	5.8678	0.0278
X_2^2	7.2863	0.0183	$X_2 X_3$	2.8021	0.1073

消除不显著的交互项后，得到的回归方程为

$$Y_{鲜水} = 2.2099 - 0.1069X_1 + 0.0675X_3 - 0.0925X_1^2 - 0.0766X_2^2 - 0.0526X_3^2$$
$$+ 0.0848X_1 X_2 - 0.0676X_1 X_3 \tag{4.62}$$

该回归模型 F 检验，$F = 12.8158$，$p = 0.0301$（$P < 0.05$），回归模型关系显著，能够很好地反映各个因素与枸杞产量鲜重水分利用效率之间的关系。对模型回归系数进行 t 检验，见表 4.16。由表可知，各单因素及交互作用均达到显著与极显著水平。

表 4.16　消除不显著因素后产量鲜重水分利用效率模型回归系数检验

因　素	t	p	因　素	t	p
X_1	5.1198	0.0144	X_3^2	2.7634	0.0700
X_3	3.2341	0.0481	$X_1 X_2$	4.0629	0.0269
X_1^2	4.8521	0.0167	$X_1 X_3$	3.2380	0.0479
X_2^2	4.0207	0.0276			

4.5.4.2　枸杞产量鲜重水分利用效率模型主因子效应分析

对 $Y_{鲜水}$ 主模型各单因素及交互因素进行标准回归系数分析，结果见表 4.17。

表 4.17　鲜重产量水分利用效率模型各因素标准回归系数

因　素	标准回归系数	因　素	标准回归系数
X_1	-0.5317	$X_1 X_2$	0.4220
X_3	0.3359	$X_1 X_3$	-0.3363

从表 4.17 可看出，各单因素对枸杞果实鲜重产量水分利用效率的影响顺序为：补灌量＞施磷量。二因素对枸杞产量鲜重的影响次序为：$X_1 X_2 ＞ X_2 X_3$。水氮交互作用对枸杞产量鲜重水分利用效率负效应影响最大。

4.5.4.3　枸杞产量鲜重水分利用效率模型单因子效应分析

通过降维得出各单因素与产量鲜重水分利用效率之间关系子模型。

补灌量（X_1）：
$$Y_{鲜水11} = 2.2099 - 0.1069X_1 - 0.0925X_1^2 \tag{4.63}$$

氮肥量（X_2）：
$$Y_{鲜水22} = 2.2099 - 0.0766X_2^2 \tag{4.64}$$

磷肥量（X_3）：
$$Y_{鲜水33} = 2.2099 + 0.0675X_3 - 0.0526X_3^2 \tag{4.65}$$

从图 4.30 可以看出，各单因素子模型二次项的系数均为负，各因素的枸杞果实产量鲜重水分利用效率单因素效应均呈开口向下的抛物线变化趋势，产量鲜重水分利用效率随着水肥各因素编码值的增加呈先增大减小的趋势，到达最适施用量时，编码值分别为

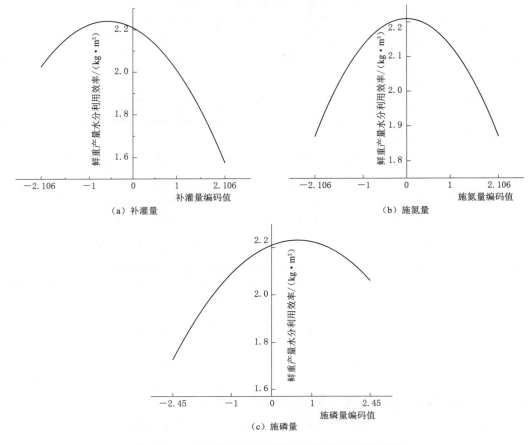

图 4.30　各单因素对鲜重产量水分利用效率的影响

−0.58、0、0.64，产量鲜重水分利用效率存在最大值，分别为 2.24kg/m³、2.20kg/m³、2.23kg/m³。

4.5.4.4　枸杞产量鲜重水分利用效率模型单因素边际效应

对模型（4.63）～模型（4.65）求一阶偏导，分别得到补灌量、施氮量和施磷量边际效应方程（4.66）～方程（4.68），将水、氮、磷的编码值代入，令 $\mathrm{d}y/\mathrm{d}x=0$，绘制鲜重水分利用效率效应与施入量的变化图（图 4.31）。

补灌量（X_1）：　　　　　　　　$\mathrm{d}y/\mathrm{d}x=-0.1069-0.0925X_1$ 　　　　　（4.66）

氮肥量（X_2）：　　　　　　　　$\mathrm{d}y/\mathrm{d}x=-0.0766X_2$ 　　　　　（4.67）

磷肥量（X_3）：　　　　　　　　$\mathrm{d}y/\mathrm{d}x=0.0675-0.0526X_3$ 　　　　　（4.68）

图 4.31 表明，随着补灌量、施氮量、施磷量增加，鲜重水分利用效率边际效应均呈递减趋势，递减率的大小顺序为：施氮量＞补灌量＞施磷量。图 4.31 纵坐标大于 0 表示各因素促进鲜重水分利用效率，小于 0 则表示抑制作用。令 $\mathrm{d}y/\mathrm{d}x=0$，补灌量、施氮量、施磷量的最高边际投入量为 $X_{1\max}=1.16$、$X_{2\max}=0$、$X_{3\max}=0.13$，换算为补灌量、施氮量、施磷量施入量分别为 199.53m³/亩、28kg/亩、20.53kg/亩时鲜重水分利用效率达到

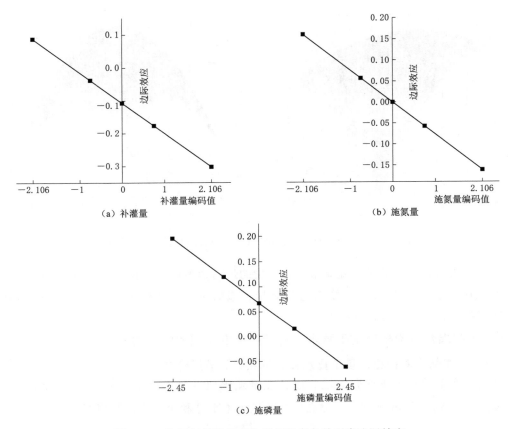

图 4.31 枸杞产量鲜重水分利用效率各单因素边际效应

最高值，继续增加各个因素的投入量，鲜重水分利用效率将受到抑制，出现负效益。

4.5.4.5 枸杞产量鲜重水分利用效率模型交互效应分析

对枸杞产量鲜重水分利用效率回归模型进行降维分析，得到二因素耦合对枸杞产量鲜重水分利用效率影响的子模型，见以下各式，并绘制三维图（图 4.32）。

$$Y_{鲜水12} = 2.2099 - 0.1069X_1 - 0.0925X_1^2 - 0.0766X_2^2 + 0.0848X_1X_2 \tag{4.69}$$

$$Y_{鲜水13} = 2.2099 - 0.1069X_1 + 0.0675X_3 - 0.0925X_1^2 - 0.0526X_3^2 - 0.0676X_1X_3 \tag{4.70}$$

由图 4.32（a）知，在水氮交互中，当补灌量编码值一定时，产量鲜重水分利用效率随着施氮量编码值的增加呈先增长后下降的趋势，当施氮量编码值一定时，产量鲜重水分利用效率随着补灌量编码值的增加呈先增长后下降的趋势。由图 4.32（b）知，在水磷交互中，当补灌量编码值一定时，产量鲜重水分利用效率随着施磷量编码值的增加呈先增长后下降的趋势，当施磷量编码值一定时，产量鲜重水分利用效率随着补灌量编码值的增加呈先增长后下降的趋势。枸杞鲜重水分利用效率最优量出现在中氮中水、中水中磷，最优含量分别为 $2.26kg/m^3$、$2.23kg/m^3$。

以产量鲜重水分利用效率为目标，产量鲜重水分利用效率为 $2.35kg/m^3$ 时，较优的

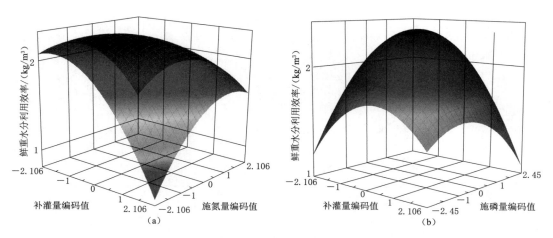

图 4.32　枸杞各交互因素对枸杞鲜重水分利用效率的影响

水肥组合编码值是，补灌量、施氮量、施磷量的最高边际产量的投入量为 $X_{1max}=-1.59$、$X_{2max}=-0.88$、$X_{3max}=1.66$。换算为补灌量、施氮量、施磷量施入量分别为 $82.24\text{m}^3/$亩、$16.24\text{kg}/$亩、$32.71\text{kg}/$亩。

4.5.5　水肥耦合对枸杞产量干重水分利用效率变化规律的影响

4.5.5.1　水肥耦合对枸杞产量干重水分利用效率的模型建立

通过二次多项式逐步回归方法，以补灌量编码值（X_1）、施氮量编码值（X_2）和施磷量编码值（X_3）为试验因素，建立枸杞产量干重水分利用效率回归模型 $Y_{干水}$。

$$Y_{干水}=0.5959+0.0328X_1+0.0162X_2+0.0295X_3-0.0314X_1^2-0.0315X_2^2-0.0158X_3^2$$
$$+0.0139X_1X_2-0.0168X_1X_3+0.0071X_2X_3 \tag{4.71}$$

该回归模型 F 检验，$F=24679.5526$，$p=0.0005$（$P<0.05$），回归模型关系显著，能够很好地反映各个因素与枸杞产量干重水分利用效率之间的关系。对模型回归系数进行 t 检验，见表 4.18。由表可知，氮肥、磷肥和补灌量均对枸杞产量鲜重有显著与极显著影响。

表 4.18　　　　　　　　产量干重水分利用效率模型回归系数检验

因　素	t	p	因　素	t	p
X_1	2340.8500	0.0003	X_3^2	1241.3739	0.0005
X_2	1157.2505	0.0006	X_1X_2	995.4811	0.0006
X_3	2111.2372	0.0003	X_1X_3	1200.8806	0.0005
X_1^2	2460.6456	0.0003	X_2X_3	506.7683	0.0013
X_2^2	2463.7809	0.0003			

4.5.5.2　枸杞产量干重水分利用效率模型主因子效应分析

对 $Y_{干水}$ 主模型各单因素及交互因素进行标准回归系数分析，结果见表 4.19。

表 4.19 产量干重模型各因素标准回归系数

因　素	标准回归系数	因　素	标准回归系数
X_1	0.2632	X_1X_2	0.2584
X_2	0.2623	X_1X_3	-0.0779
X_3	0.5172	X_2X_3	0.3014

从表 4.19 可看出，各单因素对枸杞果实产量干重水分利用效率的影响顺序为：补灌量＞施磷量＞施氮量。二因素对枸杞产量鲜重的影响次序为：$X_1X_3＞X_1X_2＞X_2X_3$。水氮交互作用对枸杞产量干重水分利用效率正效应影响最大，水磷交互作用对枸杞产量干重水分利用效率是负效应。

4.5.5.3　枸杞产量干重水分利用效率模型单因子效应分析

通过降维得出各单因素与产量干重水分利用效率之间关系子模型。

补灌量（X_1）：　　$Y_{干水11}=0.5959+0.0328X_1-0.0314X_1^2$ 　　　　　　（4.72）

氮肥量（X_2）：　　$Y_{干水22}=0.5959+0.0162X_2-0.0315X_2^2$ 　　　　　　（4.73）

磷肥量（X_3）：　　$Y_{干水33}=0.5959+0.0295X_3-0.0158X_3^2$ 　　　　　　（4.74）

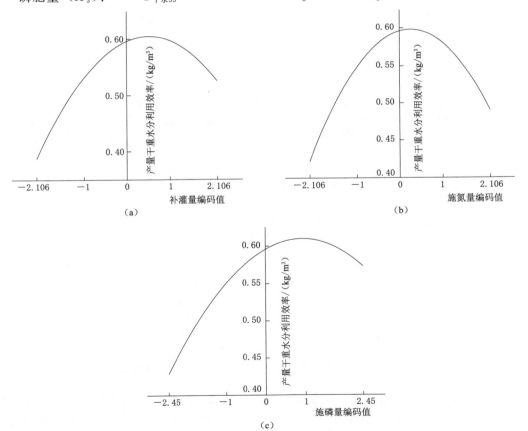

图 4.33　枸杞各单因素对产量干重水分利用效率的影响

从图 4.33 可以看出，各单因素子模型二次项的系数均为负，各因素的枸杞果实产量干重水分利用效率单因素效应均呈开口向下的抛物线变化趋势，产量干重水分利用效率随着水肥各因素编码值的增加呈先增大减小的趋势，到达最适施用量时，编码值分别为 0.52、0.26、0.93，产量干重水分利用效率存在最大值，最大值分别为 0.60、0.59、0.61。

4.5.5.4　枸杞产量干重水分利用效率模型单因素边际效应

对模型（4.72）～模型（4.74）求一阶偏导，分别得到补灌量、施氮量和施磷量边际效应方程（4.75）～方程（4.77），将水、氮、磷的编码值代入，令 $dy/dx = 0$，绘制产量干重水分利用效率效应与施入量的变化图（图 4.34）。

补灌量（X_1）：　　　　　　　$dy/dx = 0.0328 - 0.0314X_1$　　　　　　　　　（4.75）

氮肥量（X_2）：　　　　　　　$dy/dx = 0.0162 - 0.0315X_2$　　　　　　　　　（4.76）

磷肥量（X_3）：　　　　　　　$dy/dx = 0.0295 - 0.0158X_3$　　　　　　　　　（4.77）

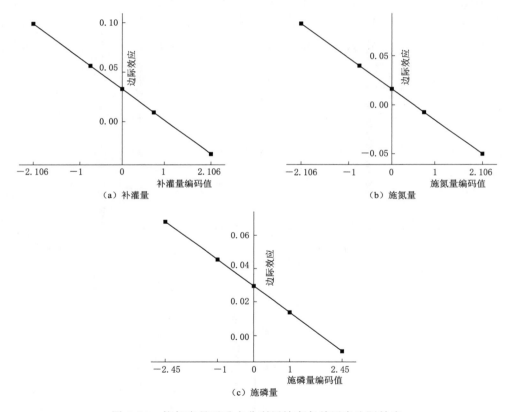

图 4.34　枸杞产量干重水分利用效率各单因素边际效应

图 4.34 表明，随着补灌量、施氮量、施磷量增加，产量干重水分利用效率边际效应均呈递减趋势，递减率的大小顺序为：补灌量＞施氮量＞施磷量。图 4.34 纵坐标大于 0 表示各因素促进产量干重水分利用效率，小于 0 则表示抑制作用。令 $dy/dx = 0$，补灌量、施氮量、施磷量的最高边际的投入量为 $X_{1max} = 1.04$、$X_{2max} = 0.51$、$X_{3max} = 1.87$，换算为

补灌量、施氮量、施磷量分别为 $194.41\mathrm{m}^3/$亩、$34.83\mathrm{kg}/$亩、$34.39\mathrm{kg}/$亩，时产量干重水分利用效率达到最高值，继续增加各个因素的投入量，产量干重水分利用效率将受到抑制，出现负效益。

4.5.5.5 枸杞产量干重水分利用效率模型交互效应分析

对枸杞产量干重回归模型进行降维分析，得到二因素耦合对枸杞产量干重水分利用效率影响的子模型，见以下各式，并绘制三维图（图 4.35）。

$$Y_{干水12}=0.5959+0.0328X_1+0.0162X_2-0.0314X_1^2-0.0315X_2^2+0.0139X_1X_2$$

$$(4.78)$$

$$Y_{干水13}=0.5959+0.0328X_1+0.0295X_3-0.0314X_1^2-0.0158X_3^2-0.0168X_1X_3$$

$$(4.79)$$

$$Y_{干水23}=0.5959+0.0162X_2+0.0295X_3-0.0315X_2^2-0.0158X_3^2+0.0071X_2X_3$$

$$(4.80)$$

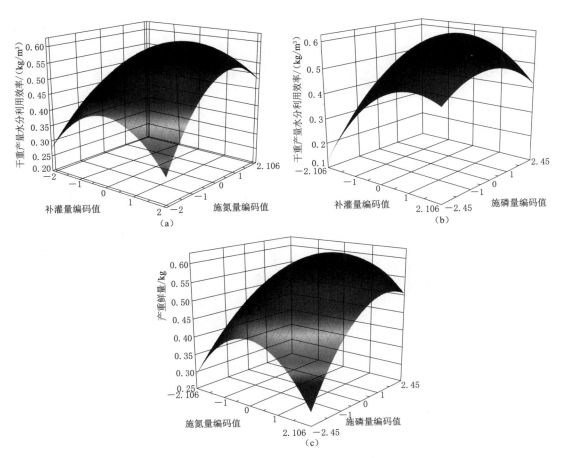

图 4.35　各交互因素对产量干重水分利用效率的影响

由图 4.35（a）知，在水氮交互中，当补灌量编码值一定时，产量干重水分利用效率随着施氮量编码值的增加呈先增长后下降的趋势，当施氮量编码值一定时，产量干重水分利用效率随着补灌量编码值的增加呈先增长后下降的趋势。由图 4.35（b）知，在水磷交互中，当补灌量编码值一定时，产量干重水分利用效率随着施磷量编码值的增加呈先增长后下降的趋势，当施磷量编码值一定时，产量干重水分利用效率随着补灌量编码值的增加呈先增长后下降的趋势。由图 4.35（c）知，在氮磷交互中，当施氮量编码值一定时，产量干重水分利用效率随着施磷量编码值的增加呈先增长后下降的趋势，当施磷量编码值一定时，产量干重水分利用效率随着施氮量编码值的增加呈先增长后下降的趋势。枸杞果实产量干重水分利用效率最优量出现在高氮高水、中水中磷、中氮中磷区域，最优含量分别为 0.60kg/m^3、0.612kg/m^3、0.613kg/m^3。

以产量干重水分利用效率为目标，产量干重水分利用效率为 0.61kg/m^3 时，较优的水肥组合编码值是，补灌量、施氮量、施磷量的最高边际产量的投入量为 $X_{1\max} = 0.40$、$X_{2\max} = 0.44$、$X_{3\max} = 0.82$。换算为补灌量、施氮量、施磷量分别为 $167.05 \text{m}^3/$亩、33.87kg/亩、26.01kg/亩。

第5章　宁夏中部干旱区枸杞滴灌水肥配施试验研究

5.1　试验设计

试验采用完全随机试验设计方法，选取灌水和施肥量 2 个因素，分别设置 3 个滴灌量水平 W1、W2、W3（$65\% ET_0$、$85\% ET_0$、$105\% ET_0$）和 3 个施肥水平 F1、F2、F3（$N-P_2O_5-K_2O$，kg/hm^2：$135-45-90$、$180-60-120$、$225-75-150$）；设置 1 个灌水不施肥梯度作为对照（CK）；10 个处理，各处理 3 个重复，总共 30 个小区。因素和水平设计见表 5.1，各生育期施肥方案设计见表 5.2，灌水处理见表 5.3。ET_0 计算按照 FAO-56 推荐使用的 Penman-Monteith 公式（5.1），图 5.1 是枸杞生育期 ET_0 变化。

表 5.1　试验因素和水平设计

灌水施肥	F1/(kg/hm^2)			F2/(kg/hm^2)			F3/(kg/hm^2)			CK		
	N	P_2O_5	K_2O	N	P_2O_5	K_2O	N	P_2O_5	K_2O	N	P_2O_5	K_2O
	135	45	90	180	60	120	225	75	150	0	0	0
$65\% ET_0$(W1)	W1F1			W1F2			W1F3			W1		
$85\% ET_0$(W2)	W2F1			W2F2			W2F3			W2		
$105\% ET_0$(W3)	W3F1			W3F2			W3F3			W3		

表 5.2　大田试验施肥方案表

灌水量	总施纯肥量 $N-P_2O_5-K_2O$ /(kg/hm^2)	生育期施肥所占比例/%			
		春梢生长期（4月下旬至5月上旬）占总施肥比例	开花初期（5月上旬至5月下旬）占总施肥比例	果熟期（5月下旬至7月下旬）占总施肥比例	落叶期（7月下旬至9月上旬）占总施肥比例
W1($65\% ET_0$)	$135-45-90$	20	20	50	10
	$180-60-120$	20	20	50	10
	$225-75-150$	20	20	50	10
W2($85\% ET_0$)	$135-45-90$	20	20	50	10
	$180-60-120$	20	20	50	10
	$225-75-150$	20	20	50	10

续表

灌水量	总施纯肥量 $N-P_2O_5-K_2O$ /(kg/hm^2)	生育期施肥所占比例/%			
		春梢生长期（4月下旬至5月上旬）占总施肥比例	开花初期（5月上旬至5月下旬）占总施肥比例	果熟期（5月下旬至7月下旬）占总施肥比例	落叶期（7月下旬至9月上旬）占总施肥比例
W3(105%ET_0)	135－45－90	20	20	50	10
	180－60－120	20	20	50	10
	225－75－150	20	20	50	10

表 5.3　　　　　　　　　　　　　　枸 杞 灌 水 处 理

灌水次数	灌水日期（月-日）	灌 水 量/mm		
		65%ET_0	85%ET_0	105%ET_0
1	05－20	40.76	53.30	65.84
2	05－31	42.34	55.37	68.40
3	07－05	44.21	57.81	71.41
4	07－13	29.38	38.42	47.46
5	08－02	43.47	56.84	70.21

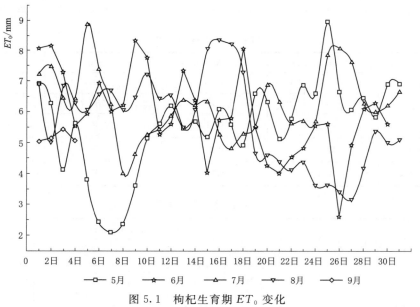

图 5.1　枸杞生育期 ET_0 变化

$$ET_0 = \frac{0.408\Delta(R_n-G)+\gamma\dfrac{900u_2(e_s-e_a)}{T+273}}{\Delta+\gamma(1+0.34u_2)} \qquad (5.1)$$

式中：ET_0 为作物需水量，mm/d；R_n 为净辐射，MJ/(m^2·d)；G 为土壤热通量，MJ/(m^2·d)；Δ 为饱和水汽压与温度关系曲线的斜率，kPa/℃；T 为日平均温度，℃；u_2 为在地面以上 2m 高处的风速，m/s；e_s 为空气饱和水汽压，kPa；e_a 为空气实际水汽压，kPa。

5.2 不同水肥配施对枸杞生理生长的影响

5.2.1 不同水肥配施对枸杞株高的影响

不同水肥配施对枸杞株高的影响见图 5.2，不同水肥配施处理下，枸杞株高的生长从春梢生长期开始经历开花初期、果熟期到落叶期，呈现逐渐增高到趋于稳定的变化趋势。春梢生长期株高最高为 W2F3＝113.56cm，最低为 CK＝100.67cm，明显小于其他水肥处

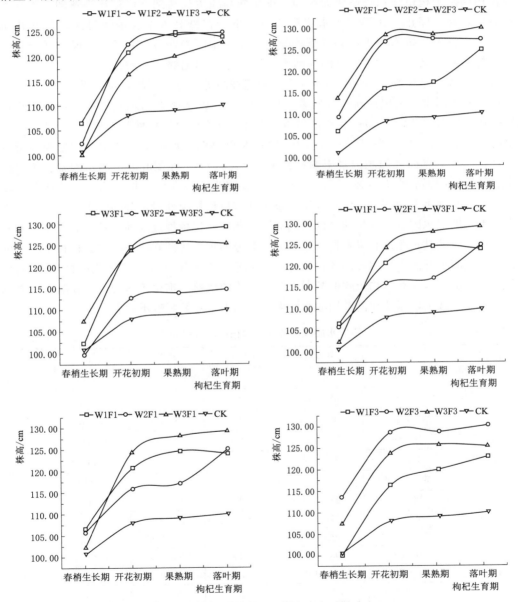

图 5.2 不同生育期枸杞株高的生长变化

理下的枸杞株高；开花初期株高最高为 W2F3＝128.67cm，株高最低为 CK＝108cm；果熟期株高最高为 W2F3＝128.78cm，最小为 CK＝109cm；落叶期株高最高为 W2F3＝130.25cm，最低为 CK＝110cm。在各水肥配施条件下，枸杞各生育阶段间的生长量存在不同，从春梢生长期到落叶期枸杞株高最大生长量为 27.11cm（W3F1），生长量最小为 9.33cm（CK）。春梢生长期至开花初期最大生长量为 22.22cm（W3F1），生长量最小为 7.33cm（CK）；开花初期至果熟期最大生长量为 3.67cm（W3F1），生长量最小为 0.11cm（W2F3）；果熟期至落叶期枸杞株高的生长量趋于零。说明，从枸杞春梢生长期至开花初期是枸杞植株长势最快的区间，枸杞株高地生长达到高峰；从果熟期至落叶期枸杞株高生长趋于停止；在 W3F1 水肥配施条件下枸杞株高地生长最为迅速；从开花初期至果熟期，在 W2F3 水肥配施条件下枸杞株高生长最缓慢，各生育阶段 CK 均低于各水肥配施条件下的株高长势。主要是因为灌水施肥促进了枸杞株高的增长。

对不同水肥配施条件下的不同生育阶段枸杞株高进行方差分析，结果见表 5.4。在春梢生长期，灌水因素对枸杞株高影响显著（$P<0.05$），施肥因素和水肥交互作用对枸杞株高的影响均不显著（$P>0.05$）；在开花初期，水肥交互作用对枸杞株高影响显著（$P<0.05$），灌水因素和施肥因素影响不显著（$P>0.05$）；在果熟期，水肥交互作用对枸杞株高影响显著（$P<0.05$），灌水和施肥因素影响不显著（$P>0.05$）；在落叶期，灌水因素、施肥因素和水肥交互作用影响均不显著（$P>0.05$）。主要因为，在春梢生长期枸杞生长所需的水分和养分相对其他生育期较少，但在经历过整个冬季后枸杞植株对水分的需求大于养分，因此在春梢生长期灌水因素对枸杞株高的影响显著；随着枸杞植株逐渐地生长，对于水分和养分的需求加大，尤其在花期和果熟期对于水分和养分的需求达到峰值，同时肥料在土壤中的分解以及吸收离不开灌水作用，因此在开花初期和果熟期水肥交互作用对枸杞株高影响显著；在落叶期，随着蒸发和植物蒸腾的减弱以及枸杞子的成熟，枸杞植株的生长逐渐稳定对水分和养分的需求减少，因此在落叶期灌水因素、施肥因素对其影响不显著。

表 5.4　　　　　　　　　　不同水肥配施条件下枸杞株高方差分析

生育期	变异来源	平方和	自由度	均方	F 值	P 值
春梢生长期	W 因素	245.0477	2	122.5239	4.4230	0.0274
	F 因素	52.6418	2	26.3209	0.9500	0.4052
	W×F 互作	197.5273	4	49.3818	1.7830	0.1763
开花初期	W 因素	85.7709	2	42.8855	1.1630	0.3351
	F 因素	34.3519	2	17.1759	0.4660	0.6351
	W×F 互作	572.6054	4	143.1514	3.8810	0.0192
果熟期	W 因素	18.5607	2	9.2804	0.2430	0.7864
	F 因素	37.6832	2	18.8416	0.4940	0.6180
	W×F 互作	601.0007	4	150.2502	3.9420	0.0181
落叶期	W 因素	100.3818	2	50.1909	1.2860	0.3005
	F 因素	89.6106	2	44.8053	1.1480	0.3393
	W×F 互作	301.6033	4	75.4008	1.9320	0.1486

注　$P<0.05$ 表示因素对株高影响显著。

表 5.5 是各水肥配施条件下枸杞株高按照 Duncan 新复极差法多重比较的结果。在春梢生长期、开花初期、果熟期和落叶期，W2F3 水肥配施条件下的枸杞株高显著高于其他水肥条件下的枸杞株高。主要因为，W2F3 水肥配施条件下的水肥效果优于其他水肥处理条件，促进了枸杞株高的生长。

表 5.5 株 高 多 重 比 较 结 果

处 理	枸 杞 株 高/cm			
	春梢生长期	开花初期	果熟期	落叶期
W1F1	106.56[ab]	120.78[abc]	124.67[ab]	124.00[ab]
W1F2	102.33[b]	122.44[abc]	124.33[ab]	124.80[ab]
W1F3	100.11[b]	116.33[bc]	120.00[ab]	123.00[ab]
W2F1	105.78[ab]	115.89[bc]	117.11[ab]	125.00[ab]
W2F2	109.00[ab]	127.00[ab]	127.67[a]	127.40[a]
W2F3	113.56[a]	128.67[a]	128.78[a]	130.25[a]
W3F1	102.22[b]	124.44[abc]	128.11[a]	129.33[a]
W3F2	99.67[b]	112.78[c]	113.89[b]	114.67[b]
W3F3	107.44[ab]	123.78[abc]	125.78[ab]	125.33[ab]

注 表中同列数字肩标小写字母不同表示差异显著（$P < 0.05$），字母相同表示差异不显著（$P > 0.05$），下同。

5.2.2 不同水肥配施对枸杞冠幅的影响

图 5.3、图 5.4 分别为不同水肥配施条件下枸杞冠幅（东西、南北）的生长变化。从图中看出，不同水肥配施条件下随着枸杞的生长，冠幅（东西、南北）呈先增长后稳定的趋势。水肥配施处理条件下的冠幅生长明显优于 CK。从春梢生长期至果熟期，不同施肥配施条件下，W3F2 的冠幅（东西）生长量最大，增量值为 46.89cm；W3F3 的增长值最低，为 30.22cm。W2F3 的冠幅（南北）生长量最大，其增长值为 39.11cm，W3F3 的生长量最小，为 18.56cm。从枸杞冠幅东西和南北向的生长差异可以明显看出，东西向的冠幅长势优于南北向。除水肥作用可以促进枸杞冠幅生长的因素外，主要是由于地球自西向东的自转和太阳的公转造成太阳东升西落和昼夜交替现象，使得枸杞冠幅在生长过程中东西向的冠幅接受阳光照射的面积更加充分。因此，枸杞冠幅东西向比南北向更优。

从枸杞冠幅东西向的生长过程看，在 W1 条件下，W1F1 的冠幅长势优于 W1F2 和 W1F3；在 W2 条件下，各水肥配施条件下的枸杞冠幅生长比较均匀；在 W3 条件下，W3F3 的枸杞长势明显低于其他水肥配施处理。在 F1 条件下，W2F1 的枸杞冠幅长势优于 W1F1 和 W3F1；在 F2 条件下，W3F2 的枸杞长势优于其他水肥配施处理；在 F3 条件下，W2F3 的枸杞长势优于 W1F3 和 W3F3。从枸杞冠幅南北向的生长来看，在 W1 条件下，W1F1 的长势优于其他水肥配施条件；在 W2 和 W3 条件下，除 W3F3 冠幅长势最差外，其余各水肥配施下的冠幅长势较均匀。在 F1 条件下，W3F1 的枸杞冠幅长势优于其他处理；在 F2 条件下，W3F2 的冠幅长势最优；在 F3 条件下，配合 W2 灌水量下的枸杞冠幅长势最优。说明，在 W1 灌水量条件下，无论施肥量高低都不能有效改善枸杞冠幅的长势，反而施肥量越大更不利于枸杞冠幅的生长；在 F3 施肥量条件下，高灌水量明显抑

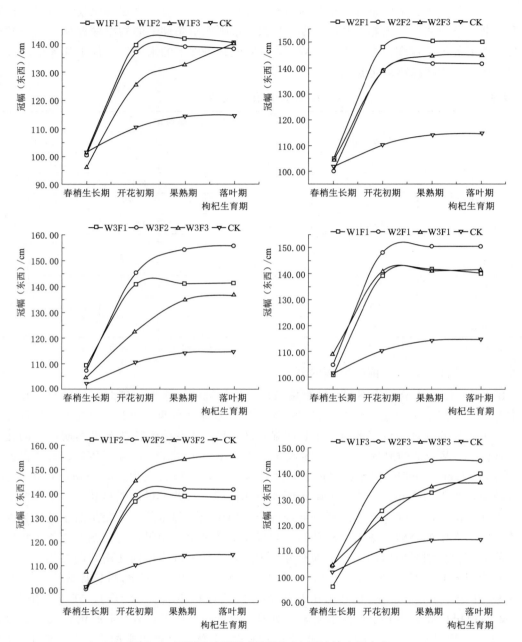

图 5.3 不同生育期枸杞冠幅（东西）的生长变化

制了枸杞冠幅的生长，在 F3 条件下配合 W2 灌水的枸杞冠幅长势较优。因为要满足枸杞冠幅有效地生长，其所需的水分和养分是必不可少的，但是合理地灌水和施肥才能有效地促进枸杞冠幅的生长。

表 5.6、表 5.7 分别为不同生育期枸杞冠幅（东西、南北）的方差分析。通过表 5.6 可以看出，在春梢生长期，灌水量因素对冠幅（东西）影响显著（$P < 0.05$），施肥量和

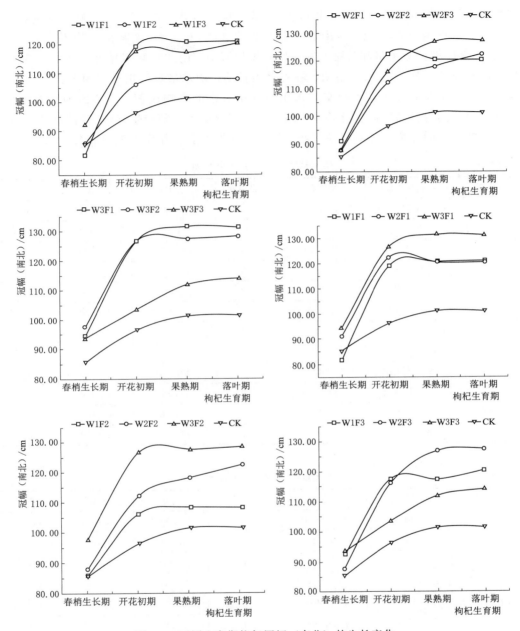

图5.4 不同生育期枸杞冠幅（南北）的生长变化

水肥交互作用影响不显著（$P>0.05$）；在开花初期，施肥量因素对冠幅（东西）影响显著（$P<0.05$），灌水量和水肥交互作用影响不显著（$P>0.05$）；在果熟期，灌水、施肥和水肥交互作用对冠幅（东西）的影响均不显著（$P>0.05$）；在落叶期，水肥交互作用对冠幅（东西）影响显著（$P<0.05$），灌水量和施肥量因素影响不显著（$P>0.05$）。通过表5.7看出，在春梢生长期，灌水量因素对枸杞冠幅（南北）影响显著（$P<0.05$），施肥因素和水肥交互影响不显著（$P>0.05$）；在开花初期，施肥量和水肥交互作用对枸杞冠幅（南北）影响显著（$P<0.05$），灌水量影响不显著（$P>0.05$）；在果熟期，灌水量和水肥交互作用对枸杞冠幅（南北）影响显著（$P<0.05$），施肥量影响不显著（$P>0.05$）；在落叶期，灌水量和水肥交互作用对枸杞冠幅（南北）影响显著（$P<0.05$），施肥量影响不显著（$P>0.05$）。说明，在春梢生长期，灌水量对枸杞冠幅的生长影响显著，随着连续生育阶段的发生，水肥交互作用对枸杞冠幅的影响显著。主要因为在春梢生长期，枸杞冠幅的生长除所需养分外对土壤水分的需求更大，随着生育阶段的连续发生对养分和水分的需求同等增大，所以在开花初期到果熟期水肥交互作用影响最大。

表 5.6 　　　　　　　　　　枸杞冠幅（东西）方差分析

生育期	变异来源	平方和	自由度	均方	F 值	P 值
春梢生长期	W 因素	272.0970	2	136.0485	5.1140	0.0174
	F 因素	48.0134	2	24.0067	0.9020	0.4232
	W×F 互作	60.6048	4	15.1512	0.5700	0.6881
开花初期	W 因素	304.0031	2	152.0016	3.2120	0.0641
	F 因素	975.1390	2	487.5695	10.3040	0.0010
	W×F 互作	375.2276	4	93.8069	1.9820	0.1405
果熟期	W 因素	303.8007	2	151.9004	2.9990	0.0751
	F 因素	311.7512	2	155.8756	3.0780	0.0709
	W×F 互作	511.4351	4	127.8588	2.5240	0.0769
落叶期	W 因素	199.0473	2	99.5236	1.9380	0.1728
	F 因素	101.2765	2	50.6383	0.9860	0.3922
	W×F 互作	607.3713	4	151.8428	2.9570	0.0485

注　$P<0.05$ 表示因素对冠幅影响显著。

表 5.7 　　　　　　　　　　枸杞冠幅（南北）方差分析

生育期	变异来源	平方和	自由度	均方	F 值	P 值
春梢生长期	W 因素	343.9901	2	171.9951	8.4490	0.0026
	F 因素	19.4746	2	9.7373	0.4780	0.6275
	W×F 互作	195.0638	4	48.7660	2.3960	0.0886
开花初期	W 因素	95.6247	2	47.8123	1.3990	0.2724
	F 因素	528.1918	2	264.0959	7.7270	0.0038
	W×F 互作	1006.3498	4	251.5874	7.3610	0.0011
果熟期	W 因素	339.0107	2	169.5054	4.6710	0.0232
	F 因素	221.8295	2	110.9148	3.0570	0.0720
	W×F 互作	805.6367	4	201.4092	5.5510	0.0043
落叶期	W 因素	348.9568	2	174.4784	4.7150	0.0226
	F 因素	109.8599	2	54.9299	1.4840	0.2531
	W×F 互作	805.2261	4	201.3065	5.4400	0.0047

注　$P<0.05$ 表示因素对冠幅影响显著。

表 5.8、表 5.9 是通过 Duncan 新复极差法对枸杞冠幅进行多重比较的结果。从表中看出，W3F2 水肥配施条件下的枸杞冠幅长势最优。说明，在 W3F2 水肥配施条件下，更有利于枸杞冠幅的生长。

表 5.8   冠幅（东西）多重比较结果

处　理	枸杞冠幅（东西）/cm			
	春梢生长期	开花初期	果熟期	落叶期
W1F1	100.78ab	139.33a	141.56abc	140.00b
W1F2	100.78ab	136.89ab	138.78bc	138.20b
W1F3	96.11b	125.67bc	132.56c	140.00b
W2F1	104.78ab	148.00a	150.22ab	150.25ab
W2F2	100.22ab	139.11a	141.78abc	141.60b
W2F3	104.11ab	138.67a	144.78abc	145.00ab
W3F1	109.00a	140.78a	141.00abc	141.33b
W3F2	107.33ab	145.22a	154.22a	155.67a
W3F3	104.67ab	122.56c	134.89c	136.67b

注　同列不同小写字母表示不同处理间差异显著。

表 5.9   冠幅（南北）多重比较结果

处　理	枸杞冠幅（南北）/cm			
	春梢生长期	开花初期	果熟期	落叶期
W1F1	81.78c	119.22ab	120.78abc	121.00ab
W1F2	85.67bc	106.11cd	108.11d	108.00c
W1F3	92.22ab	117.44ab	117.22bcd	120.33ab
W2F1	91.00ab	122.44ab	120.56abc	120.50ab
W2F2	87.67bc	112.11bcd	118.00bcd	122.40ab
W2F3	87.78bc	116.11abc	126.89ab	127.50a
W3F1	94.33ab	126.56a	131.56a	131.33a
W3F2	97.33a	126.56a	127.44ab	128.33a
W3F3	93.33ab	103.44d	111.89cd	114.00bc

注　同列不同小写字母表示不同处理间差异显著。

5.2.3　不同水肥配施对枸杞枝条长的影响

图 5.5 是不同水肥配施条件下枸杞枝条随生育期改变的生长变化。从图中看出，在不同水肥配施条件下，随着枸杞生育期的改变枸杞枝条长呈先增长后趋于稳定的状态，在落叶期达到稳定。各水肥配施条件下从春梢生长期到落叶期枸杞枝条的生长比较稳定。

表 5.10 是不同水肥配施条件下不同生育阶段枸杞枝条长的方差分析。从表中看出，在春梢生长期，水肥交互作用对枸杞枝条存在显著影响（$P < 0.05$），灌水量和施肥量因

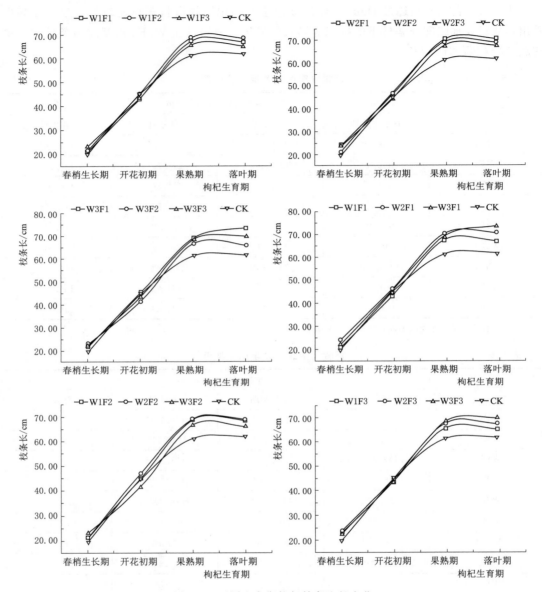

图 5.5　不同生育期枸杞枝条生长变化

素对枸杞枝条生长影响不显著（$P>0.05$）；在开花初期、果熟期和落叶期各因素影响均不显著（$P>0.05$）。

表 5.10　　　　　　　　　　　　　　枸杞枝条长方差分析

生育期	变异来源	平方和	自由度	均方	F 值	P 值
春梢生长期	W 因素	7.1643	2	3.5821	2.8580	0.0836
	F 因素	5.4415	2	2.7208	2.1710	0.1430
	W×F 互作	17.2289	4	4.3072	3.4360	0.0297

生育期	变异来源	平方和	自由度	均方	F 值	P 值
开花初期	W 因素	32.0123	2	16.0062	3.2530	0.0622
	F 因素	6.0412	2	3.0206	0.6140	0.5522
	W×F 互作	32.6195	4	8.1549	1.6580	0.2035
果熟期	W 因素	13.1341	2	6.5671	0.5650	0.5784
	F 因素	12.6707	2	6.3354	0.5450	0.5893
	W×F 互作	21.2541	4	5.3135	0.4570	0.7663
落叶期	W 因素	40.6830	2	20.3415	1.7240	0.2065
	F 因素	45.1036	2	22.5518	1.9110	0.1767
	W×F 互作	74.9708	4	18.7427	1.5890	0.2203

注　$P < 0.05$ 表示因素对枝条长影响显著。

　　表 5.11 是按照 Duncan 新复极差法对枸杞枝条长进行多重比较的结果。从表中看出，在春梢生长期，W2F1、W2F3 的枝条生长优于其他处理；在开花初期，W2F1、W2F2 的枝条生长优于其他处理；在果熟期，各水肥配施处理下的枸杞枝条生长没有显著差异；在落叶期，W3F1 水肥配施条件下的枸杞枝条生长优于其他处理。主要因为，在春梢生长期和开花初期 W2 条件下的灌水更有利于枸杞枝条的生长；在果熟期，除满足基本枝条生长外，更多的水分和养分被果实吸收，所以表现出在果熟期各水肥配施条件下的枝条长差异不明显。在落叶期，枸杞植株已经落果，并开始落叶，所以对水分和养分的需求减少，而高灌水量和低施肥量更有利于落叶期枸杞枝条的生长。

表 5.11　　　　　　　　　　　　　　　　枝条长多重比较结果

处　　理	枸杞枝条长/cm			
	春梢生长期	开花初期	果熟期	落叶期
W1F1	20.78^c	43.00^{ab}	67.44^a	67.00^b
W1F2	21.44^{bc}	44.89^{ab}	68.89^a	68.60^{Ee}
W1F3	22.89^{abc}	43.22^{ab}	65.78^a	65.33^b
W2F1	24.00^a	46.22^a	70.33^a	70.75^{ab}
W2F2	21.22^{bc}	46.89^a	69.22^a	69.00^{ab}
W2F3	23.67^a	44.44^{ab}	67.67^a	67.50^{ab}
W3F1	21.89^{abc}	45.33^{ab}	69.11^a	73.67^a
W3F2	23.00^{ab}	41.44^b	66.78^a	66.00^b
W3F3	22.33^{abc}	43.44^{ab}	68.44^a	70.00^{ab}

注　同列不同小写字母表示不同处理间差异显著（$P < 0.05$）。

5.2.4　不同水肥配施对枸杞叶面积的影响

　　图 5.6 为不同水肥配施条件下枸杞叶面积生长变化。从图中看出，随着枸杞生育阶段的持续改变叶面积呈逐渐增长的状态；各水肥配施处理下的叶面积生长状态优于 CK 处理；在相同灌水条件下，随着施肥量的增加枸杞各生育期叶面积长势无明显差异；在相同施肥量条件下，W2 灌水条件下的叶面积生长状态最优，W3F3 条件下的叶面积生长状态

较差。说明，W2 灌水量适于枸杞叶面积的生长。因此，合理地灌水可以有效促进枸杞叶面积的生长。

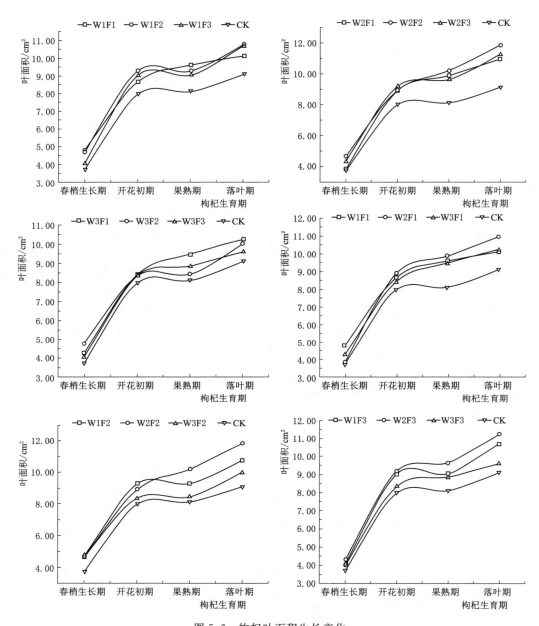

图 5.6　枸杞叶面积生长变化

表 5.12 为不同水肥配施条件下各生育期枸杞叶面积的方差分析。从表中看出，在春梢生长期，施肥因素和水肥交互作用对枸杞叶面积生长影响显著（$P<0.05$），灌水因素影响不显著（$P>0.05$）；在开花初期，灌水因素对枸杞叶面积生长影响显著（$P<0.05$），施肥因素和水肥交互作用影响不显著（$P>0.05$）；在果熟期，灌水因素对枸杞叶

面积生长影响显著（$P<0.05$），施肥因素和水肥交互作用影响不显著（$P>0.05$）；在落叶期，灌水因素对枸杞叶面积生长影响显著（$P<0.05$），施肥因素和水肥交互作用影响不显著（$P>0.05$）。因为在春梢生长期，枸杞叶面积的生长对土壤养分的需求较大，使得施肥发挥作用离不开灌水的影响，所以水肥交互作用对叶面积的生长影响较大；随着生育期的改变，枸杞叶片逐渐形成，既要保证叶面积的生长，又要保持枸杞叶片的正常形态，因此对水分的需求较大，表现出灌水因素对枸杞叶面积的生长影响显著。

表 5.12　　　　　　　　　　　　　　枸杞叶面积方差分析

生育期	变异来源	平方和	自由度	均方	F 值	P 值
春梢生长期	W 因素	0.2390	2	0.1195	2.5040	0.1098
	F 因素	1.4582	2	0.7291	15.2770	0.0001
	W×F 互作	1.2862	4	0.3216	6.7380	0.0017
开花初期	W 因素	2.3191	2	1.1595	5.9960	0.0101
	F 因素	0.2166	2	0.1083	0.5600	0.5809
	W×F 互作	0.5048	4	0.1262	0.6530	0.6325
果熟期	W 因素	4.3854	2	2.1927	9.9650	0.0012
	F 因素	1.0883	2	0.5442	2.4730	0.1125
	W×F 互作	1.5204	4	0.3801	1.7270	0.1878
落叶期	W 因素	8.8620	2	4.4310	15.6520	0.0001
	F 因素	0.9443	2	0.4722	1.6680	0.2165
	W×F 互作	1.6267	4	0.4067	1.4360	0.2626

注　$P<0.05$ 表示因素对叶面积影响显著。

表 5.13 是枸杞各生育期按照 Duncan 新复极差法进行多重比较的结果。从表中可以看出，到枸杞落叶期，枸杞叶面积最大为 11.84cm²（W2F2），其次是 11.23cm²（W2F3），最小是 9.60cm²（W3F3）。说明，W2 灌水量有利于促进枸杞叶面积的生长，高水高肥则抑制叶面积的生长。

表 5.13　　　　　　　　　　　　　　叶面积多重比较结果

处理	枸杞叶面积/cm²			
	春梢生长期	开花初期	果熟期	落叶期
W1F1	4.79ᵃ	8.66ᵃᵇ	9.60ᵃᵇᶜ	10.12ᶜᵈ
W1F2	4.66ᵃᵇ	9.27ᵃ	9.27ᵇᶜᵈ	10.74ᵇᶜ
W1F3	4.04ᶜᵈ	9.02ᵃᵇ	9.03ᵇᶜᵈ	10.70ᵇᶜ
W2F1	3.84ᵈ	8.89ᵃᵇ	9.87ᵃᵇ	10.96ᵃᵇᶜ
W2F2	4.65ᵃᵇ	8.91ᵃᵇ	10.19ᵃ	11.84ᵃ
W2F3	4.32ᵇᶜ	9.17ᵃᵇ	9.64ᵃᵇᶜ	11.23ᵃᵇ
W3F1	4.27ᵇᶜ	8.41ᵇ	9.48ᵃᵇᶜ	10.24ᵇᶜᵈ
W3F2	4.76ᵃ	8.35ᵇ	8.43ᶜᵈ	10.01ᶜᵈ
W3F3	4.05ᶜᵈ	8.34ᵇ	8.86ᵈ	9.60ᵈ

注　同列不同小写字母表示不同处理间差异显著（$P<0.05$）。

5.2.5　不同水肥配施对枸杞叶片叶绿素含量（SPAD）的影响

图 5.7 是不同水肥配施条件下随着生育期改变枸杞叶片叶绿素含量（SPAD）的变化。从图中看出，枸杞叶片叶绿素含量（SPAD）呈先增长后减小的变化状态，在开花初期叶片叶绿素含量（SPAD）达到峰值；各水肥配施条件下的枸杞叶片含量（SPAD）大于 CK 处理。在 W1、W2 灌水条件下，随着施肥量的改变枸杞叶片含量（SPAD）变化基本一致；在 W3 灌水条件下，W3F3 水肥处理下的叶绿素含量（SPAD）大于其他处理。在 F1、F3 条件下，随着灌水量的增大枸杞叶片 SPAD 值变化不明显；在 F2 条件下，春

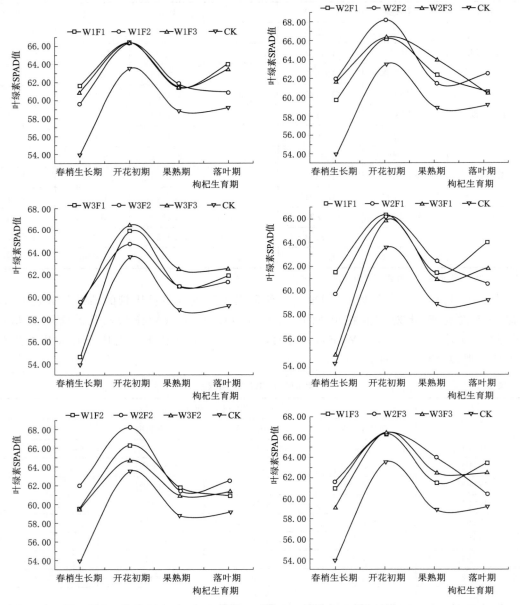

图 5.7　不同生育期枸杞叶片叶绿素含量（SPAD）变化

梢生长期至果熟期枸杞叶片叶绿素含量（SPAD）呈 W2F2＞W1F2＞W3F2。说明，在开花初期枸杞叶片叶绿素值达到最大，高水高肥条件有利于叶片叶绿素的合成。因为 SPAD 值是衡量植物叶绿素相对含量的一个指标，从枸杞开花初期开始正是枸杞果实形成的关键时期，开花初期叶片叶绿素达到最大为枸杞叶片光合作用的发挥提供了有利的先决条件。

表 5.14 是不同水肥配施条件下各生育期枸杞叶片叶绿素含量（SPAD）的方差分析。从表看出，灌水因素、施肥因素和水肥交互作用对各生育期枸杞叶片叶绿素含量（SPAD）影响不显著（$P＞0.05$）。说明灌水和施肥因素对枸杞叶片叶绿素含量（SPAD）的直接影响不大。因为枸杞叶片叶绿素含量（SPAD）是枸杞生长的一个重要生理指标之一，直接与枸杞叶片的光合作用相关，它的合成和积累过程比较复杂，因此施肥和灌水因素的直接作用很小。

表 5.14　　　　　　　枸杞叶片叶绿素含量（SPAD）方差分析

生育期	变异来源	平方和	自由度	均方	F 值	P 值
春梢生长期	W 因素	2.2510	2	1.1255	0.1250	0.8834
	F 因素	34.1764	2	17.0882	1.8950	0.1791
	W×F 互作	31.6119	4	7.9030	0.8770	0.4973
开花初期	W 因素	5.1215	2	2.5608	0.2330	0.7946
	F 因素	0.2708	2	0.1354	0.0120	0.9878
	W×F 互作	13.5942	4	3.3986	0.3090	0.8682
果熟期	W 因素	1.1663	2	0.5832	0.0610	0.9411
	F 因素	5.4656	2	2.7328	0.2860	0.7549
	W×F 互作	15.1638	4	3.7910	0.3960	0.8088
落叶期	W 因素	7.3095	2	3.6548	0.3810	0.6886
	F 因素	3.3287	2	1.6643	0.1730	0.8421
	W×F 互作	27.7089	4	6.9272	0.7220	0.5881

注　$P＜0.05$ 表示因素对叶片叶绿素影响显著。

表 5.15 是通过 Duncan 新复极差法对枸杞叶片叶绿素含量（SPAD）进行多重比较的结果。从表看出，各水肥配施条件下各生育期枸杞叶片叶绿素含量（SPAD）差异不显著。

表 5.15　　　　　　　　叶绿素含量（SPAD）多重比较结果

处　理	叶绿素含量（SPAD）			
	春梢生长期	开花初期	果熟期	落叶期
W1F1	61.54[a]	66.37[a]	61.42[a]	63.98[a]
W1F2	59.56[a]	66.30[a]	61.79[a]	60.89[a]
W1F3	60.86[a]	66.33[a]	61.49[a]	63.41[a]
W2F1	59.67[a]	66.20[a]	62.37[a]	60.56[a]
W2F2	61.93[a]	68.19[a]	61.44[a]	62.51[a]
W2F3	61.62[a]	66.40[a]	63.96[a]	60.37[a]

处 理	叶绿素含量（SPAD）			
	春梢生长期	开花初期	果熟期	落叶期
W3F1	54.56[a]	65.87[a]	60.92[a]	61.84[a]
W3F2	59.47[a]	64.71[a]	60.94[a]	61.33[a]
W3F3	59.11[a]	66.47[a]	62.48[a]	62.46[a]

注 同列不同小写字母表示不同处理差异显著（$P<0.05$）。

5.2.6 枸杞生长函数构建

根据枸杞不同生育期各生长指标的生长状态，对枸杞各生长指标建立函数关系。其生育阶段主要分为 4 个阶段：春梢生长期、开花初期、果熟期和落叶期。对不同水肥处理下的株高、冠幅、枝条长、叶面积和叶绿素含量（SPAD）分别求出在不同生育阶段的平均值，见表 5.16。

表 5.16 各 生 育 期 生 长 指 标

生 长 指 标	春梢生长期	开花初期	果熟期	落叶期
株高/cm	105.19	121.35	123.04	124.86
冠幅（东西）/cm	103.09	137.36	142.20	143.19
冠幅（南北）/cm	90.12	116.67	120.27	121.49
枝条长/cm	22.36	44.32	68.19	68.65
叶面积/cm^2	4.38	8.78	9.38	10.61
叶绿素含量（SPAD）	59.81	66.31	61.87	61.93

按照各生育期对应指标值分别进行生长曲线的拟合，如图 5.8 所示，图中实线表示各生长指标实测值，虚线表示各生长指标拟合值。表 5.17 是枸杞生长阶段各生育期各生长指标函数，按照生育阶段的划分给春梢生长期、开花初期、果熟期和落叶期分别对应赋值 1、2、3、4，即 x 分别为 1、2、3、4；枸杞株高、枝条长、冠幅（东西）、冠幅（南北）、叶面积和枸杞叶片叶绿素 SPAD 值分别对应 $Y1$、$Y2$、$Y3$、$Y4$、$Y5$、$Y6$。即 x 为自变量（枸杞各生育阶段），Y 为因变量（枸杞生长指标）。对枸杞各生长指标的拟合过程中，$Y1$、$Y2$、$Y3$、$Y4$、$Y5$、$Y6$ 所对应的决定系数均大于 0.95（$R^2>0.95$）；对各生长指标对应的生长函数进行显著性检验，显著性水平为 0.05，检验结果概率值均小于 0.05。说明，株高、枝条长、冠幅（东西）、冠幅（南北）、叶面积和各生育时段所建立的生长函数关系拟合效果较好。因此，各生长指标对应的函数曲线可以直观反映枸杞在各生育阶段的生长变化。

表 5.17 各生长指标生长函数

生长指标	生 长 函 数	决定系数 R^2	P
株高/cm	$Y1=-3.58x^2+23.99x+85.51$	0.96	<0.05
枝条长/cm	$Y2=-5.38x^2+43.15x-16.68$	0.98	<0.05
冠幅（东西）/cm	$Y3=-8.32x^2+54.11x+58.57$	0.97	<0.05

续表

生长指标	生　长　函　数	决定系数 R^2	P
冠幅（南北）/cm	$Y4=-6.33x^2+41.43x+56.06$	0.97	<0.05
叶面积/cm^2	$Y5=-0.79x^2+5.90x-0.51$	0.96	<0.05
叶绿素含量（SPAD）	$Y6=2.58x^3-20.93x^2+51.26x+26.91$	0.99	<0.05

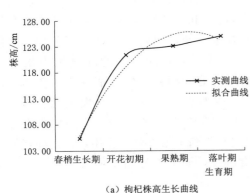

（a）枸杞株高生长曲线

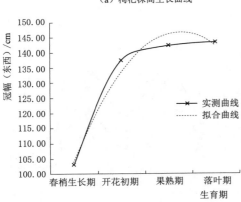

（c）枸杞冠幅（东西）生长曲线

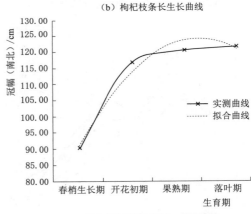

（d）枸杞冠幅（南北）生长曲线

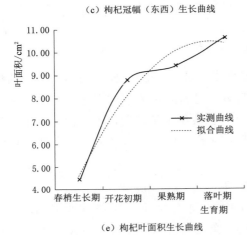

（e）枸杞叶面积生长曲线

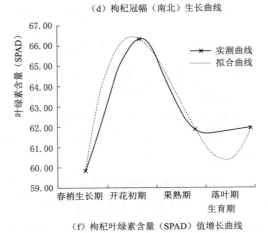

（f）枸杞叶绿素含量（SPAD）值增长曲线

图 5.8　各生长指标曲线

5.3　不同水肥配施对枸杞光合作用的影响

5.3.1　不同水肥配施对枸杞叶片净光合速率的影响

图 5.9 是不同水肥配施下枸杞叶片净光合速率日动态变化图,测定日期分别是春梢生长末期和果熟期末。净光合速率用 $A[\mu mol/(m^2 \cdot s)]$ 表示,下同。从图中看出,A 的变化整体呈先增大后减小又小幅度增大又减小的"双峰"和"单峰"形式。不同生育阶段和时间段内枸杞叶片 A 的大小是不同的。春梢生长期末(开花初期初)的 A 明显大于果熟期末(落叶期初);8:00—12:00 的 A 高于 12:00—18:00。A 的峰值集中出现在 10:00 和 14:00 附近,只有在 W1F3 下果熟期末(落叶期初)的峰值在 12:00 附近。说明,枸杞光合作用主要发生在 8:00—12:00,在 12:00—18:00 会发生光合作用但较弱。因为,枸杞叶片的光合作用主要是通过叶片气孔吸收大气 CO_2 在光照作用下合成葡萄糖并释放氧气的过程,光合作用的发生叶片气孔起到了很重要的作用,但是随着温度的升高叶片气孔会逐渐闭合,这样光合速率就会减慢,而上午的温度相对较低,大气中 CO_2 浓度较高,为光合作用的发生提供了有利条件。

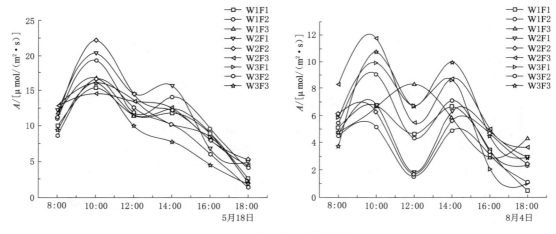

图 5.9　净光合速率日动态

枸杞光合作用主要以 8:00—12:00 时间段为主,对 8:00—12:00 时间段 A 的峰值进行相关分析。分别计算 A 与灌水因子、施肥因子之间的相关系数。通过灌水和施肥因子分析对 A 的相关性,结果见表 5.18、表 5.19,在春梢生长末期,A 与灌水因子、施肥因子不相关($P>0.05$);在落叶期初,A 与灌水因子相关($P<0.05$),A 与施肥因子不相关($P>0.05$)。

5.3.2　不同水肥配施对枸杞叶片蒸腾速率的影响

图 5.10 是不同生育期下枸杞叶片蒸腾速率日变化规律。蒸腾速率用 E 表示 $[mol/(m^2 \cdot s)]$,下同。可以看出,枸杞叶片 E 的变化主要以"双峰"状态为主,但是生育阶段的变化时段不同。从 5 月 18 日(春梢生长末期)E 的变化看出,E 的峰值上午

表 5.18　　　　　　　净光合速率 A 相关性分析（5 月 18 日）

	灌 水 因 子	施 肥 因 子
相关系数	−0.155	−0.248
概率	0.691	0.521
样本数	9	9

注　$P < 0.05$ 表示显著相关。

表 5.19　　　　　　　净光合速率 A 相关性分析（8 月 4 日）

	灌 水 因 子	施 肥 因 子
相关系数	0.702	0.352
概率	0.035	0.353
样本数	9	9

注　$P < 0.05$ 表示显著相关。

主要在 10：00 附近，下午主要集中在 14：00—16：00 附近，且上午的 E 明显高于下午。从 8 月 4 日（落叶期初期）日动态看出，E 的变化呈"双峰"和"单峰"状态，E 峰值主要集中在 10：00—12：00 附近，但靠近 12：00；W1F1、W1F2、W2F1、W2F2、W3F1、W3F2 处理下峰值主要集中在 14：00 附近。说明，随着枸杞生育期的改变，枸杞叶片 E 的峰值出现后延。因为，影响蒸腾速率的因素包括内因和外因，内因涉及叶片气孔数和气孔大小等，外因主要包括光照和温度，而在落叶期初相比春梢生长期末大气温度低，另外试验地昼夜温差大，到落叶期初昼夜温差更大，同时果实已经采摘完毕，所以最适枸杞叶片的蒸腾时间推迟。

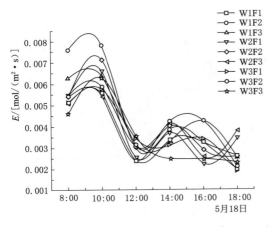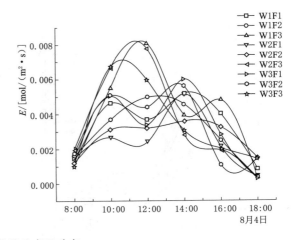

图 5.10　蒸腾速率日动态

从测定枸杞叶片光合作用的时间来看，对应春梢生长期末和落叶期初分别计算 E 与灌水因子、施肥因子之间的相关系数。通过分析春梢生长期末和落叶期初的灌水、施肥因子和 A 的相关系数，结果见表 5.20、表 5.21，在春梢生长期末，灌水、施肥因子与 E 不相关（$P > 0.05$）；在落叶期初，灌水、施肥因子与 E 不相关（$P > 0.05$）。

表 5.20 蒸腾速率 E 相关性分析（5 月 18 日）

	灌 水 因 子	施 肥 因 子
相关系数	−0.335	0.033
概率	0.378	0.933
样本数	9	9

注 $P < 0.05$ 表示显著相关。

表 5.21 蒸腾速率 E 相关性分析（8 月 4 日）

	灌 水 因 子	施 肥 因 子
相关系数	0.306	0.658
概率	0.424	0.054
样本数	9	9

注 $P < 0.05$ 表示显著相关。

5.3.3 不同水肥配施对枸杞叶片气孔导度的影响

图 5.11 是不同生育阶段不同水肥配施下枸杞叶片气孔导度变化规律。叶片气孔导度用 g_{sw} [mol/(m² · s)] 表示，下同。从图中可以看出，g_{sw} 变化整体呈 "双峰" 或 "单峰" 变化趋势，g_{sw} 峰值主要集中在 10：00 附近。对不同生育阶段 g_{sw} 值进行比较，5 月 18 日 10：00 的 g_{sw} 最大值和最小值分别为：0.3075mol/(m² · s)、0.1634mol/(m² · s)；8 月 4 日 10：00 的 g_{sw} 最大值和最小值分别为：0.2343mol/(m² · s)、0.1606mol/(m² · s)。说明，5 月 18 日（春梢生长期末）的 g_{sw} 较 8 月 4 日（落叶期初）大。主要因为到落叶期初其叶片颜色开始转变，叶绿素含量下降，叶片的气孔数减少，所以 g_{sw} 值减小。

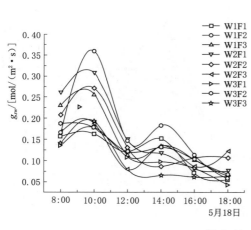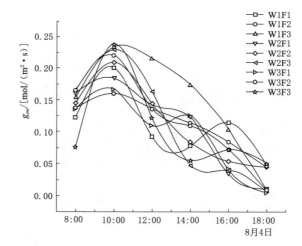

图 5.11 气孔导度日动态

分别对不同时段不同水肥配施下 10：00 附近 g_{sw} 与灌水、施肥因子进行相关分析，分析结果见表 5.22、表 5.23。在春梢生长期末，灌水、施肥因子与 g_{sw} 不相关（$P > 0.05$）。在落叶期初，灌水因子与 g_{sw} 不相关（$P > 0.05$），施肥因子与 g_{sw} 显著相关（$P < 0.05$）。

表 5.22 气孔导度 g_{sw} 相关性分析（5 月 18 日）

	灌水因子	施肥因子
相关系数	−0.481	−0.026
概率	0.190	0.947
样本数	9	9

注 $P<0.05$ 表示显著相关。

表 5.23 气孔导度 g_{sw} 相关性分析（8 月 4 日）

	灌水因子	施肥因子
相关系数	−0.445	0.752
概率	0.230	0.020
样本数	9	9

注 $P<0.05$ 表示显著相关。

5.3.4 不同水肥配施对枸杞叶片胞间 CO_2 浓度的影响

图 5.12 是不同生育时期不同水肥配施下枸杞叶片胞间 CO_2 浓度变化状态。胞间 CO_2 浓度用 C_i（$\mu mol/mol$）表示，下同。可以看出，C_i 呈先减小后增大的变化趋势，在 8：00—18：00 的 C_i 变化过程中，8：00 和 18：00 附近的 C_i 值达到最大，最大值达 355.529$\mu mol/mol$；在 14：00 附近 C_i 值达到最小值，最小值达 194.742$\mu mol/mol$。在不同水肥配施下对枸杞 C_i 最小值出现的时段，分别计算灌水、施肥因子和 C_i 的相关系数，结果见表 5.24、表 5.25。灌水、施肥因子与 C_i 不相关（$P>0.05$）。

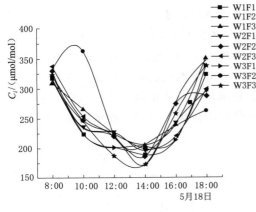
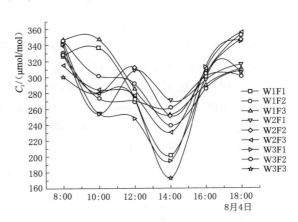

图 5.12 胞间 CO_2 浓度日动态

表 5.24 胞间 CO_2 浓度 C_i 相关性分析（5 月 18 日）

	灌水因子	施肥因子
相关系数	−0.576	−0.098
概率	0.105	0.802
样本数	9	9

注 $P<0.05$ 表示显著相关。

表 5.25　　　　　　　胞间 CO_2 浓度 C_i 相关性分析（8 月 4 日）

	灌 水 因 子	施 肥 因 子
相关系数	-0.275	-0.043
概率	0.474	0.912
样本数	9	9

注　$P < 0.05$ 表示显著相关。

5.4　不同水肥配施对枸杞产量和品质的影响

5.4.1　不同水肥配施对枸杞产量的影响

按照产量从高到低的排序应为：W2F3＞W3F1＞W2F1＞W2F2＞W3F2＞W1F1＞W1F3＞W1F2＞W3F3＞W3＞W2＞W1。灌水施肥条件下最高产量为 7717.90kg/hm²，最低产量为 5064.22kg/hm²，只灌水不施肥条件下产量最高为 5043.47kg/hm²。通过研究得出，在灌水施肥条件下，最高产量与最低产量差值为 2653.68kg/hm²。在 W1 条件下，W1F1＞W1F3＞W1F2，最高产量与最低产量相差 434.37kg/hm²；W2 条件下，W2F3＞W2F1＞W2F2；W3 条件下，W3F1＞W3F2＞W3F3。说明，在 W1 条件下，各施肥对产量影响不大，且产量较低；在 W2 条件下，高水平施肥有助于产量增加；在 W3 条件下，施肥水平与产量呈负相关。相同施肥条件下，对应产量存在如下关系：在 F1 条件下，W3F1＞W2F1＞W1F1；在 F2 条件下，W2F2＞W3F2＞W1F2；在 F3 条件下，W2F3＞W1F3＞W3F3。说明，在 F1、F2 条件下，灌水与产量呈正相关；在 F3 条件下，高水高肥配施抑制了产量的增加，中水高肥配施明显促进产量增加。

表 5.26 是对不同水肥配施条件下枸杞产量方差分析结果。从表中可以看出，灌水因素、施肥因素和水肥交互对枸杞产量影响显著（$P < 0.05$）。因为在枸杞生长阶段产量是水肥因素作用最重要的响应。土壤本身所含的水分和养分不能满足枸杞的正常生长，必须通过外界的灌水和施肥提供土壤一定的水分和养分来满足枸杞的正常生长；另外，水、肥之间具有协同效应，单一地灌水或者施肥不能发挥最好的效果，所以，灌水因素、施肥因素和水肥交互对枸杞产量影响显著。

表 5.26　　　　　　　　　　枸 杞 产 量 方 差 分 析

变异来源	平方和	自由度	均方	F 值	P 值
W 因素间	5569560.2215	2	2784780.1108	29.3040	0.0001
F 因素间	1615161.4490	2	807580.7245	8.4980	0.0025
W×F 互作	8711257.2126	4	2177814.3032	22.9170	0.0001
误差	1710526.7503	18	95029.2639		
总变异	17606505.6335	26			

注　$P < 0.05$ 表示因素对枸杞产量影响显著。

表 5.27 是枸杞产量利用 Duncan 新复极差法多重比较的结果。从表看出，W2F3 水肥配施条件下枸杞产量优于其他水肥配施处理。说明，W2F3 水肥配施处理下灌水因素、施

肥因素和水肥交互作用发挥的影响优于其他水肥配施条件。

表 5.27　　　　　　　　　产 量 多 重 比 较 结 果

水肥配施处理	枸杞产量/(kg/hm²)	水肥配施处理	枸杞产量/(kg/hm²)
W1F1	5854.39^{de}±263.06	W2F3	7717.90^a±1600.44
W1F2	5420.02^{fg}±697.43	W3F1	6984.06^b±866.60
W1F3	5667.60^{ef}±449.86	W3F2	5872.18^{de}±245.27
W2F1	6359.93^c±242.47	W3F3	5064.22^g±1053.23
W2F2	6116.80^{cd}±0.66		

注　表中同列数字肩标小写字母不同表示差异显著（$P<0.05$），字母相同表示差异不显著（$P>0.05$）。

5.4.2　不同水肥配施对枸杞品质的影响

5.4.2.1　不同水肥配施对枸杞百粒重的影响

表 5.28 是不同水肥配施下枸杞的百粒重和鲜干比。不同水肥配施条件下枸杞百粒重和鲜干比是不同的。对各水肥配施下百粒鲜重的高低进行依次排序：W2F3＞W2F1＞W2F2＞W3F1＞W3F2＞W1F2＞W1F1＞W1F3＞W3F3＞CK。在灌水施肥条件下，百粒鲜重最大值为 78.60g，最小值为 69.42g，CK 为 64.41g。灌水施肥条件下的百粒鲜重比CK 最高差和最低差分别为 14.19g 和 5.01g。说明，灌水和施肥条件对枸杞百粒鲜重存在影响，在 W1 条件下，水肥对百粒鲜重的影响不显著；在 W2 条件下，随着施肥的增加百粒鲜重增加；在 W3 条件下，高肥水平下的百粒鲜重最小。鲜干比是一定量枸杞鲜重与干重之比。从数据看，鲜干比最大值为 4.63，最小值为 4.40。鲜干比的数据比较集中，最大值与最小值之间差 0.23。

表 5.28　　　　　　　不同水肥配施下的百粒重和鲜干比

水肥处理	百粒重/g	鲜干比	百粒干重/g	水肥处理	百粒重/g	鲜干比	百粒干重/g
W1F1	71.40	4.43	16.10	W2F3	78.60	4.40	17.88
W1F2	73.01	4.48	16.28	W3F1	73.65	4.49	16.39
W1F3	70.93	4.47	15.88	W3F2	73.50	4.40	16.71
W2F1	78.38	4.53	17.32	W3F3	69.42	4.50	15.41
W2F2	78.30	4.45	17.60	CK	64.41	4.49	14.35

根据 GB/T 18672—2014《枸杞》，将枸杞按照等级划分为特优、特级、甲级、乙级 4 个等级，百粒重（干重）等级划分分别对应为：不小于 17.8g、不小于 13.5g、不小于 8.6g、不小于 5.6g。按照百粒干重，W2F3 条件下枸杞为特优，其余水肥配施条件下均为特级。

5.4.2.2　不同水肥配施对枸杞品质指标的影响

枸杞品质指标主要包括感官指标、理化指标和卫生指标。本试验主要针对理化指标进行了测定。表 5.29 是枸杞品质指标（理化指标），表中所包括的指标有总糖、枸杞多糖、蛋白质、甜菜碱和粗脂肪。参照 GB/T 18672—2014 对枸杞各项指标进行对比。在国家标准中规定，将枸杞按照等级划分为特优、特级、甲级、乙级 4 个等级，4 个等级对应的枸杞指标分级分别为：总糖（不小于 45.0%、不小于 39.8%、不小于 24.8%、不小于 24.8%）；枸杞多糖（不小于 3.0%、不小于 3.0%、不小于 3.0%、不小于 3.0%）；蛋白质（不小于 10.0%、不小于 10.0%、不小于 10.0%、不小于 10.0%）；脂肪（不大于 5.0%、不大于 5.0%、不大于 5.0%、不大于 5.0%），按照等级划分均在特优，综合百粒干重、总糖、枸杞多糖、蛋白质和脂肪枸杞等级在特级及以上。在标准中对甜菜碱的规定并未给出，结合各品质指标对其进行主成分分析。

表 5.29　　　　　　　　　　　　　枸杞品质指标（理化指标）

水肥处理	总糖/%	枸杞多糖/%	蛋白质/%	甜菜碱/%	粗脂肪/%
W1F1	48.00	5.11	10.35	0.98	0.72
W1F2	48.25	7.20	11.20	1.11	0.65
W1F3	48.80	6.43	12.25	0.98	0.53
W2F1	45.70	5.27	11.85	0.89	0.90
W2F2	46.80	6.62	11.20	0.95	0.37
W2F3	46.60	7.27	11.85	0.94	0.60
W3F1	47.70	8.02	11.35	1.02	0.90
W3F2	45.85	6.81	11.85	0.95	1.22
W3F3	48.80	7.58	10.80	0.92	0.65
CK	45.35	5.17	10.50	0.90	0.52
最小值	45.35	5.11	10.35	0.89	0.37
最大值	48.8	8.02	12.25	1.11	1.22
平均值	47.185	6.548	11.32	0.964	0.706
标准差	1.29637	1.047	0.6343	0.0645	0.24396

首先利用 SPSS 软件将对应表 5.29 的品质指标进行数据标准化，将各水肥配比对应的总糖、枸杞多糖、蛋白质、甜菜碱、脂肪转化成无量纲数，如表 5.30 所示。通过主成分分析，得到各主成分方差贡献率，见表 5.31。按照累计方差贡献率大于 70%，对应第一主成分、第二主成分和第三主成分的方差贡献率为 39.611%、28.435% 和 15.112%，累计方差贡献率为 83.158%。说明，这 3 个主成分反映了枸杞原始性状的绝大部分信息。所以可以提取前 3 个主成分来代替原来的 5 个枸杞理化评价指标。图 5.13 是碎石图，可以直观地将不同的主成分按照特征值描述出来。

表 5.30　　　　　　　　　　　　标　准　化　值

水肥配比	总糖	枸杞多糖	蛋白质	甜菜碱	脂肪
W1F1	0.63	−1.37	−1.53	0.25	0.06
W1F2	0.82	0.62	−0.19	2.26	−0.23
W1F3	1.25	−0.11	1.47	0.25	−0.72
W2F1	−1.15	−1.22	0.84	−1.15	0.80
W2F2	−0.30	0.07	−0.19	−0.22	−1.38

续表

水肥配比	总糖	枸杞多糖	蛋白质	甜菜碱	脂肪
W2F3	−0.45	0.69	0.84	−0.37	−0.43
W3F1	0.40	1.41	0.05	0.87	0.80
W3F2	−1.03	0.25	0.84	−0.22	2.11
W3F3	1.25	0.99	−0.82	−0.68	−0.23
CK	−1.42	−1.32	−1.29	−0.99	−0.76

表 5.31　主 成 分 方 差 贡 献 率

成　　分	初　始　特　征　值		
	特征值	方差的贡献率/%	累计方差贡献率/%
1	1.981	39.611	39.611
2	1.422	28.435	68.046
3	0.756	15.112	83.158
4	0.476	9.526	92.684
5	0.366	7.316	100.000

注　提取方法为主成分分析法。

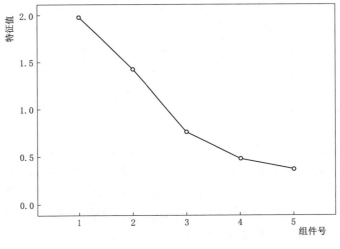

图 5.13　碎石图

通过表 5.32 主成分因子载荷矩阵建立，构建 2 个主成分函数表达式：

$$Z_1 = 0.831X_1 + 0.769X_2 + 0.134X_3 + 0.817X_4 - 0.111X_5 \tag{5.2}$$

$$Z_2 = -0.304X_1 + 0.346X_2 + 0.778X_3 - 0.037X_4 + 0.777X_5 \tag{5.3}$$

$$Z_2 = -0.057X_1 - 0.107X_2 - 0.542X_3 + 0.327X_4 + 0.583X_5 \tag{5.4}$$

上述 2 个主成分函数表达式中 X_1、X_2、X_3、X_4、X_5 分别对应总糖、枸杞多糖、蛋白质、甜菜碱、脂肪。由主成分函数表达式和方差贡献率求综合评价函数可得：

$$F = (39.611Z_1 + 28.435Z_2 + 15.112Z_3)/83.158 \tag{5.5}$$

表 5.32　　　　　　　　　　　　　　　　主 成 分 矩 阵

成　　分	主　成　分		
	1	2	3
总糖	0.831	−0.304	−0.057
多糖	0.769	0.346	−0.107
蛋白质	0.134	0.778	−0.542
甜菜碱	0.817	−0.037	0.327
粗脂肪	−0.111	0.777	0.583

注　1. 提取方法为主成分分析法。旋转方法为凯撒正态化最大方差法。

　　2. 旋转在 3 次迭代后已收敛。

计算综合得分见表 5.33。按照综合得分排序，则水肥配施 W3F1 条件下的枸杞综合得分最高，为 20.51；CK 最小，为 18.16；得分最大值与最小值之差为 2.35。

表 5.33　　　　　　　　　　　枸杞 5 种品质指标的主成分综合得分

处理	Z1	Z2	Z3	综合得分	排序
W1F1	45.93	−4.25	−8.16	18.94	8
W1F2	47.96	−3.00	−8.85	20.21	3
W1F3	47.88	−2.71	−9.48	20.16	4
W2F1	44.24	−2.19	−8.78	18.73	9
W2F2	46.21	−2.97	−8.92	19.38	7
W2F3	46.60	−2.00	−9.20	19.84	5
W3F1	48.05	−2.24	−8.87	20.51	1
W3F2	45.57	−1.45	−8.74	19.62	6
W3F3	48.50	−3.34	−8.77	20.37	2
CK	43.75	−3.46	−8.23	18.16	10

图 5.14 是对不同水肥配施条件下枸杞 5 种品质指标聚类分析谱系图。从图中分析可以得到，当欧氏距离<15 时，分为 5 类；当欧氏距离>15 时，分为 4 类。和主成分综合得分结果进行比较，欧氏距离选择 15 较为合适。将 10 种施肥灌水条件下的枸杞 5 种品质指标分为 4 类的结果如表 5.34 所示。在第Ⅰ类中主成分综合得分最大值为 18.73；在第Ⅱ类中综合得分均大于 19 小于 20；第Ⅲ类中只有 W1F1，其综合得分为 18.94；第Ⅳ类中，主成分综合得分大于 20 小于 21。

表 5.34　　　　　　　　　　　　　　聚 类 分 析 结 果

类别	水 肥 处 理	枸杞品质主成分综合得分
第Ⅰ类	W2F1、CK	18.73、18.16
第Ⅱ类	W2F2、W2F3、W3F2	19.83、19.84、19.62
第Ⅲ类	W1F1	18.94
第Ⅳ类	W1F2、W1F3、W3F1、W3F3	20.21、20.16、20.51、20.37

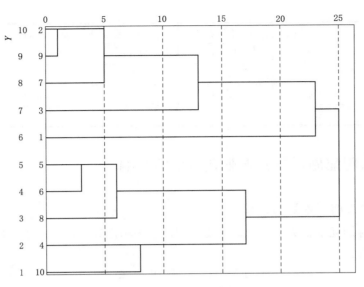

图 5.14　聚类分析谱系图

5.4.3　枸杞产量和品质的综合分析

在不同水肥配施条件下，枸杞产量最大值的水肥组合为 W2F3，但是在对品质进行主成分分析后，5 种品质指标综合得分 W3F1 最高，这就说明在 W3F1 条件下的枸杞品质最优。针对产量与品质分析后出现水肥配比的差异性，对枸杞 5 种指标综合得分进行加权平均，见表 5.35。对枸杞各水肥组合下的产量进行加权平均，见表 5.36。通过计算，产量指标下 W2F3 占的权重为 12.91%，W3F1 所占权重为 11.68%；品质指标下，W2F3 所占的权重为 10.13%，W3F1 所占权重为 10.47%。其所对应权重差值分别为 2.78% 和 1.21%。权重差值可以认为是在同等条件下所带来的经济价值大小。所以，在 W2F3 条件下的枸杞所产生的综合价值最高。

表 5.35　　　　　　　　　　　枸杞 5 种品质指标综合得分的加权平均数

处理	综合得分	加权平均数/%	处理	综合得分	加权平均数/%
W1F1	18.94	9.67	W3F1	20.51	10.47
W1F2	20.21	10.32	W3F2	19.62	10.01
W1F3	20.16	10.29	W3F3	20.37	10.40
W2F1	18.73	9.56	CK	18.16	9.27
W2F2	19.38	9.89	合计	195.92	100.00
W2F3	19.84	10.13			

表 5.36　　　　　　　　　　　枸杞各水肥配施条件下产量的加权平均数

处理	产量/(kg/hm²)	加权平均数/%	处理	产量/(kg/hm²)	加权平均数/%
W1F1	5854.39	9.79	W1F3	5667.60	9.48
W1F2	5420.02	9.06	W2F1	6359.93	10.64

处理	产量/(kg/hm²)	加权平均数/%	处理	产量/(kg/hm²)	加权平均数/%
W2F2	6116.80	10.23	W3F3	5064.22	8.47
W2F3	7717.90	12.91	CK	4741.05	7.93
W3F1	6984.06	11.68	合计	59798.14	100.00
W3F2	5872.18	9.82			

5.5　不同水肥配施对枸杞水肥利用率的影响

5.5.1　枸杞生育期耗水量的计算

枸杞各生育期耗水量 ET 的计算主要采用水量平衡法计算，整个生育期的耗水进行累加。计算公式为：

$$ET = P + I + \Delta W_s - Q \tag{5.6}$$

式中：ET 为作物全生育期内总耗水量，mm；P 为有效降雨量，mm；I 为有效灌溉量，mm；ΔW_s 为土壤贮水量的变化量，mm；Q 为地下水的补给量和渗漏量，mm。由于灌溉方式采用膜下滴灌技术，且该区域地下水位较深（一般在 20~25m），故忽略地下水补给和渗漏量。根据枸杞各生育期耗水量 ET，再结合春灌和冬灌计算全生育期 ET。春灌和冬灌分别为 360m³/hm²、450m³/hm²。各生育期耗水量见表 5.37。

表 5.37　　　　　　　　　各生育期耗水量　　　　　　　　　单位：mm

处理	春灌	春梢生长期	开花初期	果熟期	落叶期	冬灌	总耗水量
W1F1	35.98	48.76	46.76	212.42	102.79	44.98	491.69
W1F2	35.98	49.69	52.36	211.81	102.18	44.98	496.99
W1F3	35.98	49.13	49.05	208.89	105.97	44.98	494.01
W2F1	35.98	48.79	61.77	247.09	116.33	44.98	554.94
W2F2	35.98	52.58	59.56	247.86	118.35	44.98	559.31
W2F3	35.98	49.92	59.36	250.58	118.02	44.98	558.85
W3F1	35.98	52.74	72.60	284.85	132.38	44.98	623.53
W3F2	35.98	52.25	73.22	285.03	131.82	44.98	623.28
W3F3	35.98	52.32	72.91	289.61	139.93	44.98	635.73
平均值	35.98	50.69	60.84	248.68	118.64	44.98	559.82

根据耗水模数公式计算各生育阶段所对应的耗水模数。

耗水模数：

$$M_i = \frac{ET_i}{ET} \times 100\% \tag{5.7}$$

式中：ET_i 为各生育期对应的耗水量；ET 为整个生育期总耗水量；春灌、春梢生长期、开花初期、果熟期、落叶期和冬灌对应的耗水模数分别用 M1、M2、M3、M4、M5、M6 表示。耗水模数见表 5.38。

表 5.38　　　　　　　　　各生育期耗水模数　　　　　　　　%

处理	M1	M2	M3	M4	M5	M6	M
W1F1	7.32	9.92	9.51	43.20	20.90	9.15	100.00
W1F2	7.24	10.00	10.54	42.62	20.56	9.05	100.00
W1F3	7.28	9.95	9.93	42.28	21.45	9.11	100.00
W2F1	6.48	8.79	11.13	44.52	20.96	8.11	100.00
W2F2	6.43	9.40	10.65	44.32	21.16	8.04	100.00
W2F3	6.44	8.93	10.62	44.84	21.12	8.05	100.00
W3F1	5.77	8.46	11.64	45.68	21.23	7.21	100.00
W3F2	5.77	8.38	11.75	45.73	21.15	7.22	100.00
W3F3	5.66	8.23	11.47	45.56	22.01	7.08	100.00
平均值	6.49	9.12	10.80	44.31	21.17	8.11	100.00

表 5.39 是对不同水肥配施条件下枸杞生长总耗水量进行方差分析的结果。从表中看出，W 因素对枸杞生长总耗水量影响显著（$P<0.05$），F 因素和 W×F 交互作用对枸杞总耗水量影响不显著（$P>0.05$）。说明，灌水量的大小是影响枸杞生长总耗水量的重要因素。主要因为，设置灌水量水平是按照枸杞需水量进行设置，最高灌水量水平为 105% ET_0，所以，随着灌水量的增加耗水量逐渐增大。

表 5.39　　　　　　　　　总耗水量方差分析

变异来源	平方和	自由度	均方	F 值	P 值
W 因素间	80002.9740	2	40001.4870	50.5750	0.0001
F 因素间	169.7257	2	84.8629	0.1070	0.8988
W×F 互作	211.2045	4	52.8011	0.0670	0.9911

注　$P<0.05$ 表示因素对枸杞总耗水量影响显著。

表 5.40 是枸杞生长总耗水量进行多重比较的结果。各处理条件下总耗水量的差异性表现为：W3F1（W3F2、W3F3）、W2F1（W2F2、W2F3）、W1F1（W1F2、W1F3）之间存在显著差异性；且全年耗水量最大为 635.73mm，最小为 491.69mm。综合产量和品质最优的水肥配施组合，其对应的耗水量为 558.85mm（W2F3）。

表 5.40　　　　　　　　　总耗水量多重比较结果

各水肥配施处理	总耗水量/mm	各水肥配施处理	总耗水量/mm
W1F1	491.69[c]	W2F3	558.85[b]
W1F2	496.99[c]	W3F1	623.53[a]
W1F3	494.01[c]	W3F2	623.28[a]
W2F1	554.94[b]	W3F3	635.73[a]
W2F2	559.31[b]		

注　表中同列数字肩标小写字母不同表示差异显著（$P<0.05$），字母相同表示差异不显著（$P>0.05$），下同。

5.5.2　叶片水分利用效率的计算

叶片水分利用效率是描述水分生产率的指标之一。其计算公式为：

$$\eta_{\mathrm{WUE}}=\frac{A}{E}\times100\%\tag{5.8}$$

式中：η_{WUE} 为叶片水分利用效率；A 为净光合速率，$\mu\mathrm{mol}/(\mathrm{m^2\cdot s})$；$E$ 为蒸腾速率，$\mathrm{mol}/(\mathrm{m^2\cdot s})$。

通过计算，η_{WUE} 的结果变化如图 5.15 所示。图中 5 月 18 日、8 月 4 日分别对应的是春梢生长期末和果熟期末的枸杞叶片水分利用率变化。从图中看出，在春梢生长期末，η_{WUE} 的较大值主要集中在中午 12：00 附近；最大值为 0.57%，最小值为 0.10%。在果熟期末，η_{WUE} 较大值主要集中在 8：00 附近，12：00 达到最低，到 14：00—16：00 有一个较缓的增长；最大值为 0.54%，最小值为 0.08%。说明，春梢生长末期（5 月 18 日）相对于果熟期末（8 月 4 日），前者条件下的环境温度和光照都较后者偏低，对于 12：00 一天温度较高光照充足的时刻，在春梢生长末期，枸杞叶片气孔并未关闭，能进行正常的光合作用和蒸腾作用；在果熟期末，由于环境温度较高，一年中最热的"三伏天"就在 8 月附近，在 12：00，枸杞叶片气孔几乎完全关闭，蒸腾速率变得很大，因此在 12：00 枸杞叶片水分利用效率达到最低，随着环境温度的降低，叶片水分利用效率逐渐升高，这也是在果熟期末 8：00 叶片水分利用效率较高的原因。

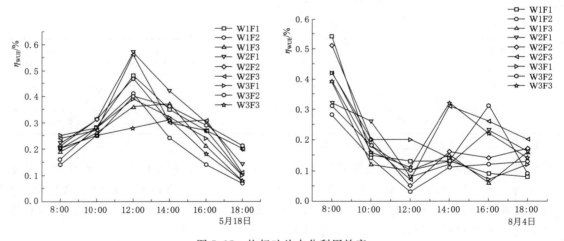

图 5.15　枸杞叶片水分利用效率

5.5.3　灌溉水利用效率的计算

灌溉水利用效率是结合产量和灌水量来描述灌溉水利用程度的指标。其公式为

$$\eta=\frac{M}{W}\times100\%\tag{5.9}$$

式中：η 为灌溉水利用系数，$\mathrm{kg/m^3}$；M 为产量，$\mathrm{kg/hm^2}$；W 为灌溉定额，$\mathrm{m^3/hm^2}$。按照计算公式，计算各水肥配施条件下的灌溉水利用系数。灌水量中包括春灌和冬灌，分别为 $360\mathrm{m^3/hm^2}$ 和 $450\mathrm{m^3/hm^2}$。见表 5.41。从表中可以看出，灌溉水利用系数最大值

为（W2F3）2.25kg/m³，最小为（W3F3）1.25kg/m³。

表 5.41   灌 溉 水 利 用 效 率

处理	产量/(kg/hm²)	灌水量/(m³/hm²)	灌溉水利用效率/(kg/m³)
W1F1	5854.39	2812.65	2.08
W1F2	5420.02	2812.65	1.93
W1F3	5667.60	2812.65	2.02
W2F1	6359.93	3428.70	1.85
W2F2	6116.80	3428.70	1.78
W2F3	7717.90	3428.70	2.25
W3F1	6984.06	4044.90	1.73
W3F2	5872.18	4044.90	1.45
W3F3	5064.22	4044.90	1.25
平均值	6117.45	3428.75	1.82

表 5.42 是不同水肥配施条件下灌溉水利用系数方差分析结果。从表看出，W 因素、F 因素和水肥交互作用对灌溉水利用效率影响显著（$P<0.05$）。说明，灌水因素、施肥因素和水肥交互作用对灌溉水利用效率产生重要影响。主要因为，在灌溉水利用效率的计算中引入了产量指标，对枸杞产量的影响各因素均显著，所以灌水因素、施肥因素和水肥交互作用对灌溉水利用效率影响也均显著。

表 5.42   灌溉水利用效率方差分析

变异来源	平方和	自由度	均方	F 值	P 值
W 因素间	1.5675	2	0.7837	92.7320	0.0001
F 因素间	0.1359	2	0.0680	8.0430	0.0032
W×F 互作	0.6285	4	0.1571	18.5920	0.0001

注　$P<0.05$ 表示因素对灌溉水利用效率影响显著。

表 5.43 是灌溉水利用效率多重比较的结果。从表看出，各水肥配施处理下灌溉水利用效率差异显著，W2F3 条件下灌溉水利用效率优于其他水肥配施条件。

表 5.43   灌溉水利用效率多重比较结果

处理	灌溉水利用效率/(kg/m³)	处理	灌溉水利用效率/(kg/m³)
W1F1	2.08[b]	W2F3	2.25[a]
W1F2	1.93[bcd]	W3F1	1.73[e]
W1F3	2.02[bc]	W3F2	1.45[f]
W2F1	1.85[cde]	W3F3	1.25[g]
W2F2	1.78[de]		

5.5.4　大田群体 WUE 的计算

大田群体 WUE＝经济产量/耗水量，按照表 5.37 枸杞各生育期耗水量表可以计算大田群体 WUE。计算结果见表 5.44。

表 5.44 大 田 群 体 WUE

处 理	产量/(kg/hm²)	耗水量/(m³/hm²)	大田群体 WUE/(kg/m³)
W1F1	5854.39	4919.36	1.19
W1F2	5420.02	4972.38	1.09
W1F3	5667.60	4942.57	1.15
W2F1	6359.93	5552.17	1.15
W2F2	6116.80	5595.90	1.09
W2F3	7717.90	5591.29	1.38
W3F1	6984.06	6238.42	1.12
W3F2	5872.18	6235.92	0.94
W3F3	5064.22	6360.48	0.80
平均值	6117.45	5600.94	1.10

表 5.45 是不同水肥配施条件下大田群体 WUE 方差分析结果。从表看出，W 因素、F 因素和 W×F 互作对大田群体 WUE 影响显著（$P<0.05$）。

表 5.45 大田群体 WUE 方差分析

变异来源	平方和	自由度	均方	F 值	P 值
W 因素间	0.3120	2	0.1560	50.5100	0.0001
F 因素间	0.0565	2	0.0282	9.1380	0.0018
W×F 互作	0.2525	4	0.0631	20.4370	0.0001

注 $P<0.05$ 表示因素对枸杞大田群体 WUE 影响显著。

表 5.46 是大田群体 WUE 进行 Duncan 多重比较的结果。从表看出，W2F3 水肥配施条件下的大田群体 WUE 优于其他水肥条件。

表 5.46 大田群体 WUE 多重比较结果

处 理	大田群体 WUE/(kg/m³)	处 理	大田群体 WUE/(kg/m³)
W1F1	1.19[b]	W2F3	1.38[a]
W1F2	1.09[b]	W3F1	1.12[b]
W1F3	1.15[b]	W3F2	0.94[c]
W2F1	1.15[b]	W3F3	0.80[d]
W2F2	1.09[b]		

5.5.5 肥料偏生产力 (PFP) 的计算

各生育期施肥量见表 5.47，按照施肥方案，在春梢生长期、开花初期、果熟期和落叶期施肥分别占总施肥量的 20%、20%、50% 和 10%。按照枸杞田本底值的测定结果：全氮为 0.47g/kg，有效磷为 5.63mg/kg，速效钾为 160mg/kg。参照第二次土壤普查有关标准下的土壤养分含量分级表（表 5.48），按照枸杞本底值，将全氮化为百分数只有

0.047%。枸杞田本底值氮的养分等级为第 6 级，磷的养分等级为第 5 级，钾的养分等级为第 2 级。综合可得，枸杞田初施土壤肥力为低氮低磷中钾水平。因此，在试验过程中，氮、磷、钾的施肥比例为 3∶1∶2。尿素、过磷酸钙和硫酸钾的施肥量按照低氮低磷中钾水平为起点设置高（F3）、中（F2）、低（F1）的施肥量。

表 5.47　　　　　　　　　　　　各 生 育 期 施 肥 量

生育期	处　理	尿素/(kg/hm²)	过磷酸钙/(kg/hm²)	硫酸钾/(kg/hm²)
春梢生长期	F1	58.65	74.70	36.45
	F2	78.30	100.50	48.00
	F3	97.80	125.40	60.45
开花初期	F1	58.65	74.70	36.45
	F2	78.30	100.50	48.00
	F3	97.80	125.40	60.45
果熟期	F1	145.80	188.55	88.95
	F2	195.60	249.00	120.90
	F3	245.40	313.05	149.40
落叶期	F1	29.40	37.35	17.85
	F2	39.15	49.80	24.00
	F3	48.90	62.25	30.30
合计	F1	292.50	375.30	179.55
	F2	391.20	499.80	240.90
	F3	489.90	625.95	300.60

表 5.48　　　　　　　　　　　　土 壤 养 分 分 级 标 准

分级　　指标	有机质/%	全氮/%	速效氮/(mg/kg)	速效磷（P_2O_5）/(mg/kg)	速效钾（K_2O）/(mg/kg)
1	>4	>0.2	>150	>40	>200
2	3～4	0.15～0.2	120～150	20～40	150～200
3	2～3	0.1～0.15	90～120	10～20	100～150
4	1～2	0.07～0.1	60～90	5～10	50～100
5	0.6～1	0.05～0.07	30～60	3～5	30～50
6	<0.6	<0.05	<30	<3	<30

　　肥料偏生产力是通过产量和施肥量来描述肥料生产力的指标之一。其计算公式为：肥料偏生产力（PFP）（kg/kg）＝产量/施肥量。按照公式计算肥料偏生产力见表 5.49。从表中看出，PFP 最大值出现在 W3F1 处理下，为 8.24kg/kg；最小值出现在 W3F3 处理下，为 3.58kg/kg。说明，在低施肥量的条件下，随着灌水量的增大，肥料偏生产力变大。高灌水量和高施肥条件下的肥料偏生产力最低，反映出在高灌水和高施肥条件抑制了枸杞的生长。

表 5.49　　　　　　　　各处理肥料偏生产力（PFP）

处理	产量 /(kg/hm²)	尿素（46%N） /(kg/hm²)	过磷酸钙 (12%P₂O₅) /(kg/hm²)	硫酸钾 (50K₂O) /(kg/hm²)	总施肥量 /(kg/hm²)	PFP /(kg/kg)
W1F1	5854.39	292.50	375.30	179.55	847.41	6.91
W1F2	5420.02	391.20	499.80	240.90	1131.95	4.79
W1F3	5667.60	489.90	625.95	300.60	1416.50	4.00
W2F1	6359.93	292.50	375.30	179.55	847.41	7.51
W2F2	6116.80	391.20	499.80	240.90	1131.95	5.40
W2F3	7717.90	489.90	625.95	300.60	1416.50	5.45
W3F1	6984.06	292.50	375.30	179.55	847.41	8.24
W3F2	5872.18	391.20	499.80	240.90	1131.95	5.19
W3F3	5064.22	489.90	625.95	300.60	1416.50	3.58
平均值	6117.45	391.20	500.20	240.45	1131.95	5.40

表 5.50 是不同水肥配施条件下肥料偏生产力（PFP）方差分析结果。从表看出，W 因素、F 因素和 W×F 互作对肥料偏生产力大小影响显著（$P < 0.05$）。说明，肥料偏生产力的大小具有水肥协同效应响应。因为单纯的灌水或者施肥均不能有效影响肥料偏生产力的大小。

表 5.50　　　　　　　　肥料偏生产力（PFP）方差分析

变异来源	平方和	自由度	均方	F 值	P 值
W 因素间	3.5381	2	1.7690	20.6930	0.0001
F 因素间	50.3708	2	25.1854	294.6030	0.0001
W×F 互作	5.5048	4	1.3762	16.0980	0.0001

注　$P < 0.05$ 表示因素对肥料偏生产力影响显著。

表 5.51 是对各水肥配施条件下肥料偏生产力进行多重比较的结果。从表看出，W3F1 水肥配施条件下肥料偏生产力优于其他水肥配施处理。

表 5.51　　　　　　　　肥料偏生产力（PFP）多重比较结果

各水肥配施处理	PFP/(kg/kg)	各水肥配施处理	PFP/(kg/kg)
W1F1	6.91[c]	W2F3	5.45[d]
W1F2	4.79[e]	W3F1	8.24[a]
W1F3	4.00[f]	W3F2	5.19[de]
W2F1	7.51[b]	W3F3	3.58[f]
W2F2	5.40[d]		

5.6　不同水肥配施对根区土壤水分和养分的影响

5.6.1　不同水肥配施对根区土壤体积含水率的影响

图 5.16 是相同施肥不同灌水条件下土壤体积含水率变化。体积含水率用 θ_v 表示，下

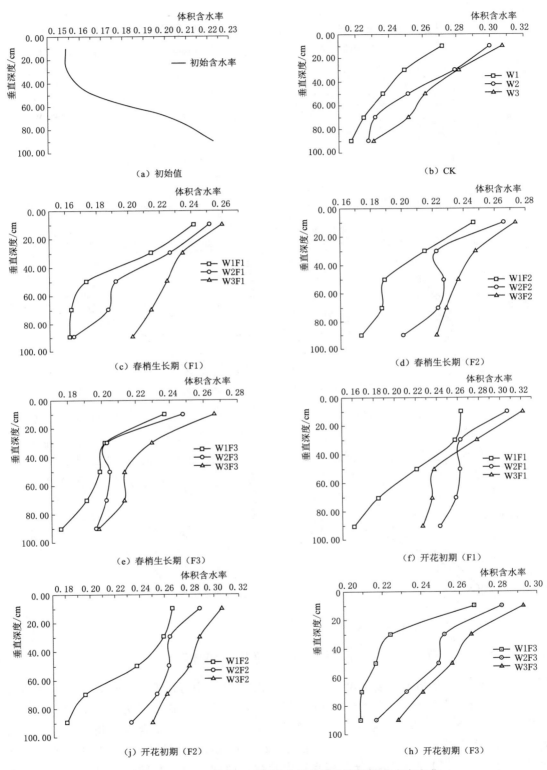

图 5.16（一） 相同施肥不同灌水条件下土壤体积含水率变化

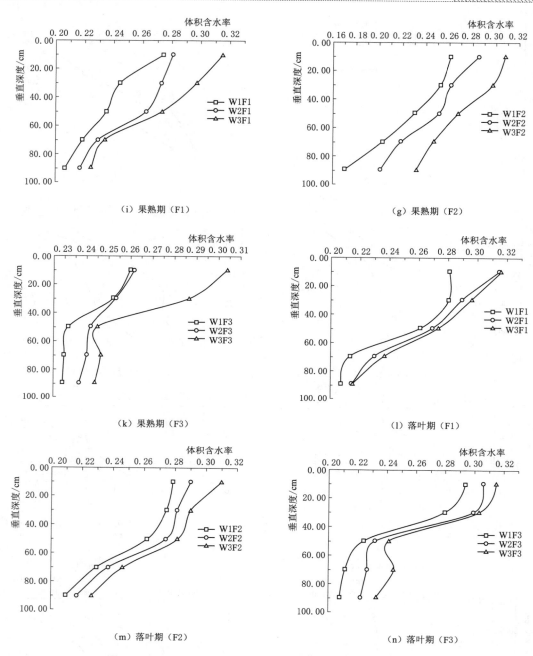

图 5.16（二） 相同施肥不同灌水条件下土壤体积含水率变化

同。图 5.16（a）是初始土壤体积含水率的变化图。从图中可以看出，随着土层深度的增加土壤体积含水率逐渐增大，0～20cm 土层土壤体积含水率最小，为 0.15；80～100cm 土层土壤体积含水率最大，为 0.22。主要是因为：一方面，初始含水率是在外界灌水没有补充的情况下进行测定；另一方面，土壤表面与大气接触蒸发较大，枸杞生长所需水分主要从土壤水分（毛管水和部分薄膜水）中获取，而枸杞根系长度有限对于 80～100cm

土层的水分很难利用，所以呈现出随着土层深度的增大土壤体积含水率减小。图
5.16（b）是对照组，仅灌水而不施肥处理；图 5.16（c）～图 5.16（n）是相同施肥不同
灌水条件下不同土层深度处土壤体积含水率的变化。图 5.16（b）～图 5.16（n）所涉及数
据均为在灌水结束后的立测值。从图中可以看出，不同生育期相同施肥不同灌水条件下随
着土层深度的增大土壤体积含水率逐渐减小。主要是因为在枸杞各生育期进行灌水处理，
有灌水进行补充时灌溉水会进行土壤入渗，水分的垂向入渗主要依靠土壤重力势，在土壤
势能的作用下，当土壤表层水分达到一定限值，所谓的饱和区，土壤水就开始逐渐向下层
入渗，土壤体积含水率逐渐减小。不同生育期相同施肥条件下相同土层深度处土壤体积含
水率呈现：θ_v（W3F）>θ_v（W2F）>θ_v（W1F）。说明，滴灌量越大土壤体积含水率越大。
主要是因为，大田灌水技术采用膜下滴灌，控制的滴头流量小于土壤入渗速率，灌溉水量
除过损失外其余全部入渗，其滴灌量越大土壤中所入渗的水分越多土壤体积含水率越大。

　　图 5.17 是不同生育期相同灌水不同施肥条件下土壤体积含水率变化。从图中可以看
出，以春梢生长期为例来说。在春梢生长期 W1 条件下，0～40cm 土层：θ_v（F2）>θ_v
（F1）>θ_v（F3）；40～100cm 土层：θ_v（F3）>θ_v（F2）>θ_v（F1）。春梢生长期 W2 条件下，
0～40cm 土层，θ_v（F2）>θ_v（F1）>θ_v（F3）；40～100cm 土层，θ_v（F2）>θ_v（F3）>θ_v（F1）。
春梢生长期 W3 条件下，0～20cm 土层，θ_v（F2）>θ_v（F1）>θ_v（F3）；20～100cm 土层，
θ_v（F2）>θ_v（F1）>θ_v（F3）。说明，在相同灌水条件下随着施肥量的变化土壤体积含水率
无明显规律性变化。面对施肥量对土壤体积含水率的影响需进一步论证说明。

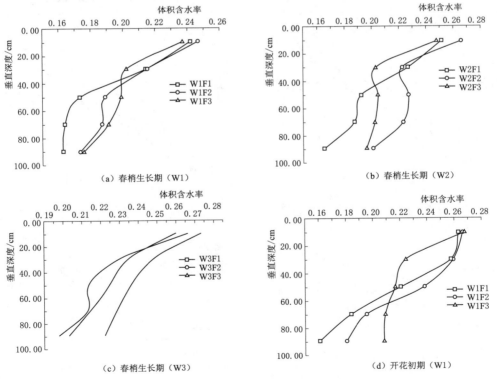

（a）春梢生长期（W1）　　　　　　　　（b）春梢生长期（W2）

（c）春梢生长期（W3）　　　　　　　　（d）开花初期（W1）

图 5.17（一）　相同灌水不同施肥条件下土壤体积含水率变化

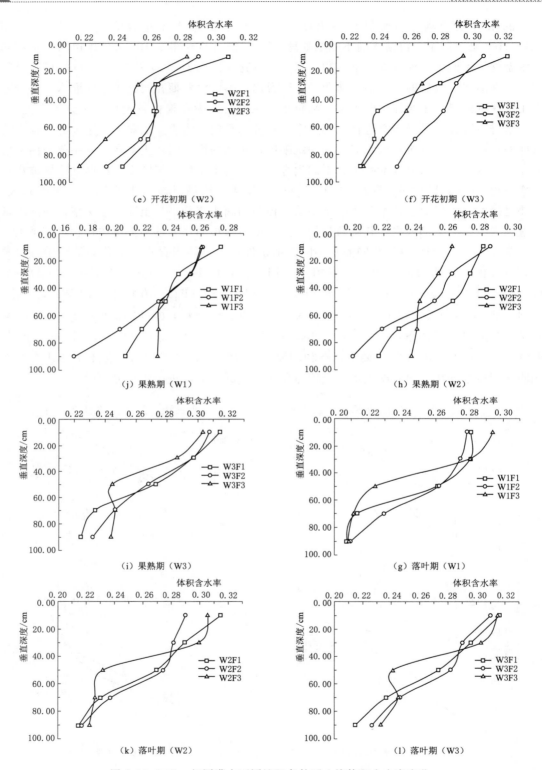

图 5.17（二）　相同灌水不同施肥条件下土壤体积含水率变化

对不同生育期不同水肥配施处理下的土壤体积含水率进行相关分析。结果见表 5.52～表 5.55。从表中可以看出，不同生育期不同土层深度处的体积含水率和灌水因子呈显著相关（$P<0.05$）；只有在果熟期 80～100cm 土层灌水因子和土壤体积含水率 P 值为 0.087，考虑测量误差的影响其值接近 0.05。不同生育期不同土层深度处的体积含水率和施肥因子不相关（$P<0.05$）。

表 5.52　　　　春梢生长期土壤体积含水率和灌水、施肥因子相关分析

垂直深度 /cm	灌 水 因 子		施 肥 因 子	
	相关系数	P 值	相关系数	P 值
0～20	0.862	0.003	−0.019	0.962
20～40	0.778	0.013	−0.397	0.290
40～60	0.799	0.010	0.188	0.629
60～80	0.796	0.010	0.282	0.463
80～100	0.795	0.010	0.279	0.467

注　$P<0.05$ 表示显著相关。

表 5.53　　　　开花初期土壤体积含水率和灌水、施肥因子相关分析

垂直深度 /cm	灌 水 因 子		施 肥 因 子	
	相关系数	P 值	相关系数	P 值
0～20	0.868	0.002	−0.349	0.358
20～40	0.745	0.021	−0.451	0.223
40～60	0.681	0.043	0.011	0.978
60～80	0.770	0.015	0.024	0.951
80～100	0.768	0.016	0.116	0.767

注　$P<0.05$ 表示显著相关。

表 5.54　　　　果熟期土壤体积含水率和灌水、施肥因子相关分析

垂直深度 /cm	灌 水 因 子		施 肥 因 子	
	相关系数	P 值	相关系数	P 值
0～20	0.894	0.001	−0.297	0.438
20～40	0.928	0.000	−0.152	0.697
40～60	0.808	0.008	−0.465	0.207
60～80	0.756	0.019	0.356	0.347
80～100	0.601	0.087	0.401	0.285

注　$P<0.05$ 表示显著相关。

表 5. 55　　　　　　　落叶期土壤体积含水率和灌水、施肥因子相关分析

垂直深度 /cm	灌 水 因 子		施 肥 因 子	
	相关系数	P 值	相关系数	P 值
0～20	0.845	0.004	0.031	0.937
20～40	0.797	0.010	0.244	0.527
40～60	0.908	0.012	0.325	0.529
60～80	0.863	0.003	0.033	0.932
80～100	0.819	0.007	0.429	0.249

注　$P < 0.05$ 表示显著相关。

5.6.2　不同水肥配施对根区土壤硝态氮含量的影响

图 5.18 是相同灌水不同施肥条件下土壤硝态氮含量的分布变化。硝态氮含量用 N 表示，下同。硝态氮含量为灌水施肥结束后立测值。图 5.18（a）是初始土壤硝态氮含量的变化，从图中可以看出随着土层深度的增大土壤硝态氮含量逐渐减小。测定初始值的时间是在没有进行灌水施肥处理之前，枸杞生长还处于休眠期向春梢生长期过渡阶段，枸杞对于土壤氮素的利用较低，但根系对养分的吸收依旧在发挥作用，因此土壤中硝态氮的残留主要集中在 0～40cm 范围。图 5.18（b）是只灌水不施肥处理下的土壤硝态氮变化规律，从图中可以看出，随着土层深度的增加土壤硝态氮含量呈先增大后减小的状态。主要是因为，CK 没有进行外界施肥，在灌水作用下一方面促进了枸杞对氮素的利用，另一方面表层土壤硝态氮随着水分开始向下运移。图 5.18（c）～图 5.18（e）是春梢生长期相同灌水量不同施肥量条件下土壤硝态氮含量变化状态。从图中可以看出，随着土层深度的增大土壤硝态氮含量逐渐减小；且相同灌水条件下，施肥量越大土壤硝态氮含量越高。图 5.18（f）～图 5.18（h）是开花初期相同灌水量不同施肥量条件下土壤硝态氮含量的变化规律，从图中可以看出，随着土层深度的增大土壤硝态氮含量呈增大趋势。在 W1 条件下，0～40cm 硝态氮含量变化呈 N(F2)＞N(F1)＞N(F3)，40～100cm 硝态氮含量变化呈 N(F3)＞N(F1、F2)；在 W2 条件下，0～100cm 硝态氮含量变化呈 N(F3)＞N(F2)＞N(F1)；在 W3 条件下，0～60cm 硝态氮含量变化呈 N(F2)＞N(F3)＞N(F1)，60～100cm 硝态氮含量变化呈 N(F3)＞N(F2)＞N(F1)。图 5.18（i）～图 5.18（k）是果熟期相同灌水量不同施肥量条件下土壤硝态氮含量的变化状态。从图中可以看出，随着土层深度的增大土壤硝态氮含量逐渐减小；且相同灌水条件下，施肥量越大土壤硝态氮含量越高。图 5.18（l）～图 5.18（n）是落叶期相同灌水量不同施肥量条件下土壤硝态氮含量的变化状态。从图中可以看出，随着土层深度的增大土壤硝态氮含量逐渐增大；且相同灌水条件下，施肥量越大土壤硝态氮含量越高。

主要是因为，枸杞在前两个生育阶段（春梢生长期和开花初期）还处于生长初始阶段，对于水分和养分的需求较果熟期少，因此对于灌水量和施肥量较果熟期少。其次，测定硝态氮的时间为灌水施肥结束后测定，对土壤硝态氮的转化时间较少，因此在春梢生长期土壤硝态氮的残留主要分布在土壤上层，随着时间的推移，供土壤硝态氮转化的时间加长，加上枸杞生长的延续和根系分布，因此对于土壤硝态氮的吸收利用加大，所以土壤中

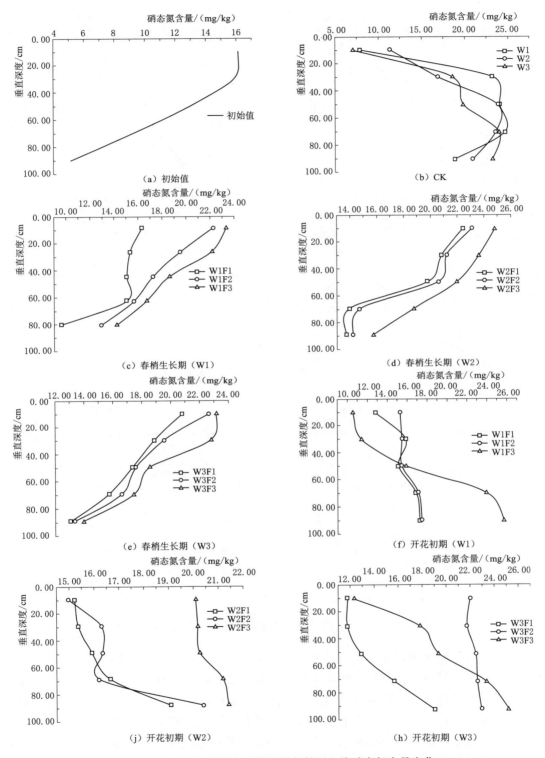

图 5.18（一） 相同灌水不同施肥条件下土壤硝态氮含量变化

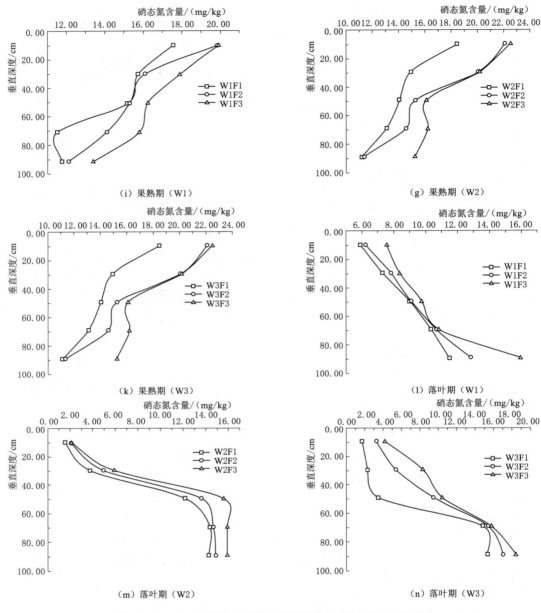

图 5.18（二） 相同灌水不同施肥条件下土壤硝态氮含量变化

残留的硝态氮主要集中在深层土壤。果熟期是枸杞生长关键期，因此施肥和灌水的量都达到最大。在果熟期由于施肥量和施肥次数的增大，加上灌水的增大，给土壤中氮素的转化提供了有利的条件，由于灌水后土壤中水分在土壤表层较大，因此其硝态氮含量也相对较高，随着水分的运动土壤中的氮素也开始向下运移，其所展现的变化如图 5.18 所示。落叶期施肥量最小，但是由于在灌水之后，有效降雨的补充，加剧了土壤中 N 素的转化和运移，在枸杞根系吸收和土壤水分（主要是毛管水）的共同作用下，土壤表层硝态氮含量较低，土壤深层硝态氮含量较高。在相同灌水条件下，施肥量的增大给土壤中硝态氮的转化提供了充分条件。在枸杞正常生长情况下，随着施肥量的增大，相同灌水相同土层处的土壤硝态氮含量越大。

图5.19是不同生育阶段相同施肥不同灌水条件下土壤硝态氮含量变化。图5.19（a）～图5.19（l）依次是春梢生长期、开花初期、果熟期和落叶期分别在F1、F2、F3条件下随着灌水量的变化土壤硝态氮含量的分布规律。从图中可以看出，在春梢生长期（F1、F2、F3）、开花初期（F1、F2、F3）和果熟期（F1、F2、F3）0～20cm土层范围内W2条件下的土壤硝态氮含量最大；在落叶期（F1、F2、F3）0～20cm土层范围内W2条件下的土壤硝态氮含量最小。主要是因为，与W1、W3相比灌水量W2有利于土壤氮素的转化，因此在土壤表层的硝态氮含量较高。而在落叶期施肥最少，但是到落叶期存在果熟期末向落叶期的过渡阶段，因此在施肥量最少的条件下枸杞生长对土壤养分的需求较大，因此土壤中残留的硝态氮含量较其他各生育期少。

对灌水、施肥因子分别和不同土层硝态氮含量进行相关分析。结果见表5.56～表5.59，在春梢生长期，灌水因子和土壤硝态氮含量不相关（$P>0.05$）；施肥因子和土壤硝态氮含量只在40～60cm处不相关（$P=0.195>0.05$），考虑取土样时的随机性和紫外分光光度计进行测定土壤硝态氮时的误差，得出在春梢生长期施肥因子和土壤硝态氮含量

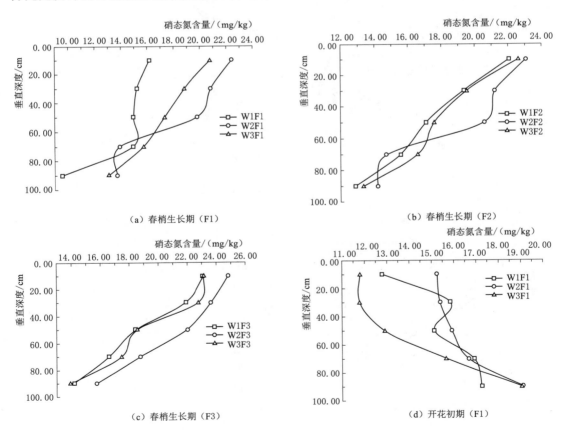

图5.19（一）　相同施肥不同灌水条件下土壤硝态氮含量变化

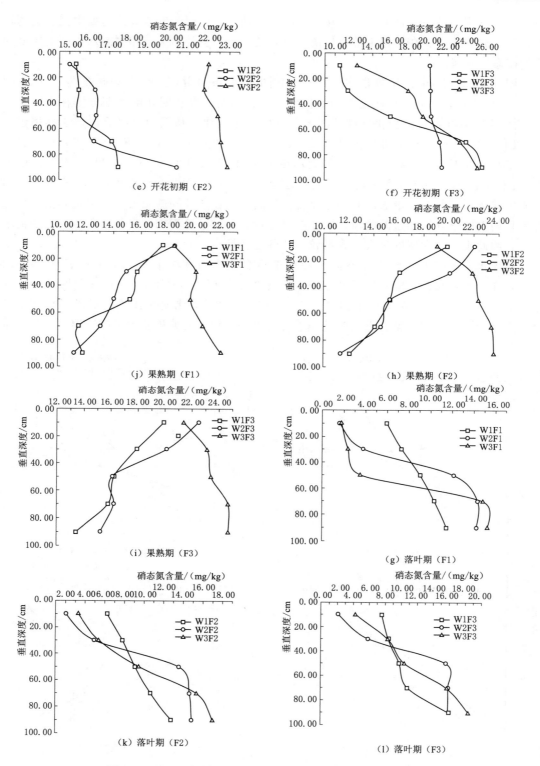

图 5.19（二）　相同施肥不同灌水条件下土壤硝态氮含量变化

显著相关（$P<0.05$）。在开花初期，灌水因子和土壤硝态氮含量不相关（$P>0.05$）；在 0～60cm，施肥因子和土壤硝态氮含量不相关（$P>0.05$），在 60～100cm，施肥因子和土壤硝态氮含量显著相关（$P<0.05$）。在果熟期，0～20cm 范围灌水因子和土壤硝态氮含量不相关（$P>0.05$），20～100cm 范围灌水因子和土壤硝态氮含量显著相关（$P<0.05$）；在 0～20cm 范围施肥因子和土壤硝态氮含量显著相关（$P<0.05$），20～100cm 范围施肥因子和土壤硝态氮含量不相关（$P>0.05$）。在落叶期，0～60cm 范围灌水因子和土壤硝态氮含量的相关系数均小于零，且在 0～20cm 灌水因子和土壤硝态氮含量显著相关（$P<0.05$）；60～100cm 范围灌水因子和土壤硝态氮含量的相关系数大于零，呈显著相关（$P<0.05$）；施肥因子和土壤硝态氮含量不相关（$P>0.05$）。

表 5.56　　　　　　　　　春梢生长期硝态氮含量和灌水、施肥因子相关分析

垂直深度 /cm	灌 水 因 子		施 肥 因 子	
	相关系数	P 值	相关系数	P 值
0～20	0.308	0.419	0.692	0.039
20～40	0.269	0.483	0.772	0.015
40～60	0.202	0.603	0.476	0.195
60～80	0.263	0.495	0.796	0.010
80～100	0.324	0.395	0.647	0.060

注　$P<0.05$ 表示显著相关。

表 5.57　　　　　　　　　开花初期硝态氮含量和灌水、施肥因子相关分析

垂直深度 /cm	灌 水 因 子		施 肥 因 子	
	相关系数	P 值	相关系数	P 值
0～20	0.282	0.462	0.120	0.759
20～40	0.365	0.334	0.271	0.480
40～60	0.397	0.289	0.560	0.117
60～80	0.151	0.698	0.817	0.007
80～100	0.311	0.415	0.783	0.013

注　$P<0.05$ 表示显著相关。

表 5.58　　　　　　　　　果熟期硝态氮含量和灌水、施肥因子相关分析

垂直深度 /cm	灌 水 因 子		施 肥 因 子	
	相关系数	P 值	相关系数	P 值
0～20	0.123	0.753	0.782	0.013
20～40	0.771	0.015	0.529	0.143
40～60	0.786	0.012	0.291	0.447
60～80	0.841	0.005	0.358	0.345
80～100	0.844	0.004	0.220	0.569

注　$P<0.05$ 表示显著相关。

表 5.59　　　　　　　　落叶期硝态氮含量和灌水、施肥因子相关分析

垂直深度 /cm	灌 水 因 子		施 肥 因 子	
	相关系数	P 值	相关系数	P 值
0~20	−0.673	0.047	0.298	0.436
20~40	−0.507	0.163	0.625	0.072
40~60	−0.192	0.621	0.471	0.201
60~80	0.877	0.002	0.176	0.651
80~100	0.722	0.028	0.635	0.066

注　$P < 0.05$ 表示显著相关。

第6章　篱架式滴灌条件下水肥调控对枸杞生长及土壤微区环境的影响

6.1　试验设计

本研究采用大田小区试验，以宁夏回族自治区重点研发计划（重点）项目"高效节水智能化灌溉与施肥系统关键技术装备研发与集成示范"（2018BBF02006）的研究结论和宁夏水利厅、宁夏水利科学研究院组织编制的《宁夏枸杞滴灌种植技术规程》为依据，选取 3 个灌水量（65%ET_0、85%ET_0、105%ET_0）和 3 个施肥水平（N-P_2O_5-K_2O，kg/亩：11-4-7 亩、14-5-9 亩、17-6-11 亩），总共 9 个处理，每个处理 3 次重复，3 个灌水无肥处理作为对照（CK），共 30 个试验小区，采用完全随机区组设计。枸杞大田试验因素水平设计见表 6.1，完全随机区组试验设计见表 6.2。ET_0 计算按照 FAO 推荐使用的 Penman-Monteith 公式。

$$ET_0 = \frac{0.408\Delta(R_n - G) + \gamma \dfrac{900u_2(e_s - e_a)}{T + 273}}{\Delta + \gamma(1 + 0.34u_2)} \tag{6.1}$$

式中：ET_0 为参考作物需水量，mm/d；R_n 为净辐射，MJ/($m^2 \cdot$ d)；G 为土壤热通量，MJ/($m^2 \cdot$ d)；Δ 为温度关系曲线与饱和水汽压的斜率，kPa/℃；T 为日平均温度，℃；u_2 为在地面以上 2m 高处的风速，m/s；e_s 为空气饱和水汽压，kPa；e_a 为空气试剂水汽压，kPa。

表 6.1 　　　　　　　　　　　　　　　因　素　水　平　表

水　平	灌水量/(m³/亩)	施肥量/(kg/亩)
1	65%ET_0	11-4-7
2	85%ET_0	14-5-9
3	105%ET_0	17-6-11

注　施用肥料选用尿素（含氮量 46%）、过磷酸钙（含磷量 12%）、硫酸钾（钾含量 50%）。

表 6.2 　　　　　　　　　枸杞大田两因素完全随机区组试验设计表

处　理	区组 1	区组 2	区组 3
T1（W_1，F_1）	T6（W_2，F_3）	T6（W_2，F_3）	T9（W_3，F_3）
T2（W_1，F_2）	T9（W_3，F_3）	T1（W_1，F_1）	T7（W_3，F_1）

续表

处　理	区组 1	区组 2	区组 3
T3（W_1，F_3）	T4（W_2，F_1）	T8（W_3，F_2）	T5（W_2，F_2）
T4（W_2，F_1）	T5（W_2，F_2）	T5（W_2，F_2）	T2（W_1，F_2）
T5（W_2，F_2）	T2（W_1，F_2）	T4（W_2，F_1）	T1（W_1，F_1）
T6（W_2，F_3）	T8（W_3，F_2）	T3（W_1，F_3）	T4（W_2，F_1）
T7（W_3，F_1）	T7（W_3，F_1）	T2（W_1，F_2）	T6（W_2，F_3）
T8（W_3，F_2）	T1（W_1，F_1）	T7（W_3，F_1）	T3（W_1，F_3）
T9（W_3，F_3）	T3（W_1，F_3）	T9（W_3，F_3）	T8（W_3，F_2）

供试枸杞品种为宁杞 7 号，株距 0.75m，行距为 3m。一行 5 棵枸杞树为一个小区。水分控制为篱架式滴灌，在每个小区安装一条滴灌带，滴灌带采用内镶贴片式，内径 16mm，壁厚为 0.6mm，滴头流量 3.0L/h、额定工作压力 0.1MPa。采用一管一行滴管平行铺设模式，沿树行一侧铺设，每株树旁安装 1 个灌水器。春灌、冬灌灌水量分别为 25m³/亩、30m³/亩。枸杞各生育期施肥比例分配见表 6.3。全生育期不同灌水量处理见表 6.4，试验布置如图 6.1 所示。

表 6.3　　　　　　　　　　枸杞各生育期施肥比例分配表

生　育　期	施　氮　量	施　磷　量	施　钾　量
春梢生长期	15％	15％	15％
开花初期	15％	15％	15％
果熟期	60％	60％	60％
落叶期	10％	10％	10％
合计	100％	100％	100％

表 6.4　　　　　　　　　　全生育期不同灌水量处理

灌水次数	灌水日期	不同灌水量水平/（m³/亩）		
		65％ET_0	85％ET_0	105％ET_0
1	05－20	15.52	20.29	25.07
2	05－20	23.28	30.45	37.61
3	06－07	30.64	40.06	49.49
4	06－29	25.38	33.18	40.99
5	07－18	21.35	27.92	34.49
6	08－03	27.19	35.56	43.93
灌水量		143.36	187.46	231.58

图 6.1 试验布置

6.2 篱架式滴灌水肥调控对枸杞生长指标的影响

6.2.1 不同水肥处理对枸杞株高的影响

表 6.5 为不同水肥处理下枸杞株高的生长量，由表可知全生育期 T1 与 T4、T5、T8 差异显著，T8 株高最大，T1 株高最小，分别为 111.16cm、108.13cm，全生育期株高变化规律为：T4>T8>T9>T3>T6>T7>T2>T5>T1。5 月 11 日处于枸杞春梢生长期，T4 株高最大，T1 株高最小，分别为 92.17cm、84.33cm，除 T2、T3、T6 及 T8 和 T9 外，其他各处理之间差异显著。5 月 26 日处于枸杞开花初期，T7 株高最大，T1 株高最小，分别为 96.50cm、89.11cm，T7 与 T1 差异显著。6 月 9 日、6 月 24 日、7 月 9 日处于枸杞果熟期，6 月 9 日不同处理下枸杞株高生长量变化范围 98.00～103.22cm，极差为 5.22cm；6 月 24 日不同处理下枸杞株高生长量变化范围 107.27～114.33cm，极差为 7.07cm；7 月 9 日不同处理下枸杞株高生长量变化范围 117.00～121.56cm，极差为 4.56cm；T7 与 T3 差异显著。7 月 24 日和 8 月 6 日处于枸杞落叶期，7 月 24 日不同处理下枸杞株高生长量变化范围为 123.89～128.50cm，极差为 4.61cm；8 月 6 日不同处理下枸杞株高生长量变化范围为 126.00～132.83cm，极差为 6.83cm。T8 和 T6 均大于 T1、T2，T1 与 T2 差异不显著。

表 6.5　　　　　　　　　　　　　枸杞生育期株高生长量　　　　　　　　　　单位：cm

处理＼日期	5 月 11 日	5 月 26 日	6 月 9 日	6 月 24 日	7 月 9 日	7 月 24 日	8 月 6 日	全生育期
T1	84.33^c	89.11^d	99.67^{cd}	114.33^a	119.17^{abc}	124.33^{bc}	126.00^e	108.13^b
T2	90.33^{ab}	95.22^{ab}	102.00^{abc}	107.27^c	118.83^{abc}	124.33^{bc}	127.44^{de}	109.35^{ab}
T3	90.33^{ab}	92.44^{bc}	98.00^d	111.90^{ab}	118.56^{bc}	126.78^{ab}	130.33^{abc}	109.76^{ab}
T4	92.17^a	95.78^a	100.00^{bcd}	112.80^a	121.00^{ab}	128.50^a	130.83^{cde}	111.58^a

续表

处理＼日期	5月11日	5月26日	6月9日	6月24日	7月9日	7月24日	8月6日	全生育期
T5	88.00[b]	90.33[cd]	100.44[abcd]	112.60[a]	119.00[abc]	124.00[bc]	128.67[bcd]	109.01[a]
T6	89.67[ab]	91.17[cd]	103.11[a]	112.93[a]	117.00[c]	124.83[bc]	129.50[cde]	109.74[ab]
T7	87.83[b]	96.50[a]	101.56[abc]	107.27[c]	121.56[a]	124.11[bc]	128.67[bcd]	109.64[ab]
T8	91.67[a]	94.22[ab]	102.67[ab]	109.63b[c]	120.33[ab]	126.78[ab]	132.83[a]	111.16[a]
T9	91.89[a]	94.11[ab]	103.22[a]	112.00[ab]	119.22[abc]	123.89[c]	131.83[ab]	110.88[ab]

注　同列中不同小写字母表示处理间差异显著（$P<0.05$），具有统计学意义。

图 6.2 为不同水肥处理下枸杞生育期株高变化图，从 5 月 11 日开始，每隔 15d 测量一次株高，生育期共测量 7 次。由图可知，各处理下枸杞株高的变化规律基本一致，枸杞株高变化规律为随着生育期的推进逐渐升高，5 月 11 日—7 月 9 日株高增长速度高于 7 月 24 日—8 月 6 日，这是因为 5 月 11 日—7 月 9 日处于春梢生长期、开花初期、果熟期，枸杞植株生长较快，7 月 24 日—8 月 6 日处于落叶期，此阶段枸杞植株生长缓慢。

图 6.2（a）～图 6.2（c）为水分条件下不同施肥处理对枸杞株高的影响。在低水分条件下，各处理的株高变化基本一致，除 5 月 26 日—6 月 9 日 T3 小于 T2，其他各生育阶段 T3 均大于 T2，全生育期枸杞株高随着施肥量的提高而提高，说明在低水分条件下，施肥量的提高有助于枸杞株高的生长。在中等水分条件下，各处理的株高变化基本一致，各处理明显高于 CK 处理，说明合理的灌水和施肥可以提高枸杞株高的生长。在高水分条件下，各处理的差异较小，说明在高水分条件下，随着施肥量的增加对枸杞株高的提高作用较小。

图 6.2（d）～图 6.2（f）为施肥条件下不同灌水量对枸杞株高的影响。在低施肥量条件下，T1 和 T4 的株高变化基本一致，枸杞株高全生育期表现为 T4＞T7＞T1＞CK；在中施肥量条件下，T2 和 T8 的株高变化基本一致，枸杞株高全生育期表现为 T8＞T2＞T5＞CK；在高施肥量条件下，T3 在 5 月 11 日—6 月 24 日期间，株高的波幅较大，这是因为枸杞在 5 月 11 日—6 月 24 日期间处于快速生长阶段，对水肥的需求较大。

6.2.2　不同水肥处理对枸杞叶面积的影响

表 6.6 为不同水肥处理对枸杞叶面积的影响，T8 株高最大，T2 株高最小，分别为 6.74cm、6.05cm，全生育期内各处理枸杞叶面积变化为：T8＞T4＞T9＞T7＞T3＞T6＞T5＞T1＞T2，除 T7 和 T9 差异不显著，其他各处理之间差异显著。5 月 11 日处于枸杞春梢生长期，T6 叶面积最大，为 4.44cm²，T1 叶面积最小，为 3.37cm²，各处理之间差异显著；5 月 26 日处于枸杞开花初期，T3 株高最大，T8 株高最小，分别为 6.09cm²、5.45cm²，各处理之间差异显著；6 月 9 日、6 月 24 日、7 月 9 日处于枸杞果熟期，6 月 9 日不同处理的枸杞株高生长量变化范围为 5.83～6.28cm²，极差为 0.46cm²；6 月 24 日不同处理下枸杞株高生长量变化范围为 5.84～6.72cm²，极差为 0.88cm²；7 月 9 日不同处理下枸杞株高生长量变化范围为 6.31～7.06cm²，极差为 0.76cm²，6 月 9 日各处理之间无显著差异；7 月 24 日和 8 月 6 日处于枸杞落叶期，7 月 24 日不同处理下枸杞

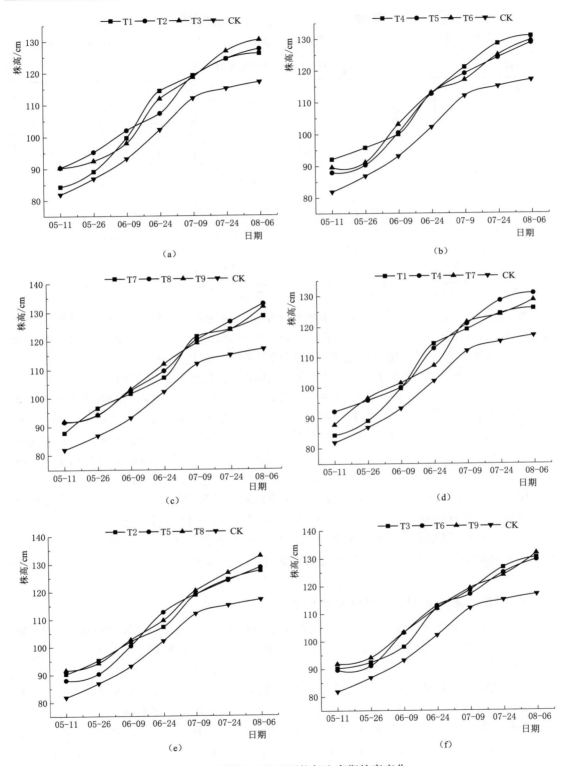

图 6.2　不同水肥处理下枸杞生育期株高变化

株高生长量变化范围为 $7.33 \sim 8.19\text{cm}^2$，极差为 0.86cm^2；8 月 6 日不同处理下枸杞株高生长量变化范围为 $7.34 \sim 8.77\text{cm}^2$，极差为 1.43cm^2，8 月 6 日各处理之间无显著差异。

表 6.6　　　　　　　　　　　　枸杞生育期叶面积生长量

处理	5月11日	5月26日	6月9日	6月24日	7月9日	7月24日	8月6日	全生育期
T1	3.37[i]	5.73[g]	6.08[a]	6.42[c]	6.44[h]	7.43[h]	8.12[a]	6.23[g]
T2	3.76[f]	5.76[f]	5.83[a]	5.90[g]	6.31[i]	7.50[g]	7.34[a]	6.05[h]
T3	3.47[h]	6.09[b]	6.13[a]	6.18[d]	7.06[a]	7.73[f]	7.98[a]	6.38[d]
T4	4.34[c]	5.52[h]	6.12[a]	6.72[a]	6.94[c]	8.19[a]	8.15[a]	6.57[b]
T5	3.75[g]	5.80[e]	5.91[a]	6.02[f]	6.49[g]	8.05[c]	8.17[a]	6.31[f]
T6	4.44[a]	5.89[c]	5.87[a]	5.84[h]	6.51[f]	7.76[e]	8.19[a]	6.36[e]
T7	4.05[e]	5.88[d]	6.25[a]	6.62[b]	6.90[d]	7.33[i]	8.19[a]	6.46[c]
T8	4.39[b]	5.45[a]	5.98[a]	6.52[e]	7.01[b]	8.13[b]	8.77[aT]	6.61[a]
T9	4.18[d]	5.51[i]	5.96[a]	6.42[c]	6.88[e]	7.77[d]	8.54[a]	6.47[c]

注　同列中不同小写字母表示处理间差异显著（$P < 0.05$），具有统计学意义。

图 6.3 为不同水肥处理的枸杞叶面积变化情况，由图可知，各处理的枸杞叶面积变化规律基本一致，都是随着生育期的推进，呈现出现高速增长，然后平稳增长，最后缓慢增长的变化规律。各阶段的增长幅度表现为春梢生长期＞开花初期＞落叶期＞果熟期。图 6.3（a）～图 6.3（c）为水分条件下不同施肥处理对枸杞叶面积的影响。在低水分条件下，除 6 月 24 日 T3 小于 T2，其他各生育阶段 T3 均大于 T1、T2，说明在低水分条件下，提高施肥量有助于枸杞叶面积的增长；在中等水分条件下，T5 和 T6 的变化情况相近，T4、T5、T6 处理的枸杞叶面积在生育期均大于 CK；在高水分条件下，生育期枸杞叶面积的平均值表现为 T8＞T9＞T7，说明在高水分条件下，中等施肥量更有利于枸杞叶面积的提高。

图 6.3（d）～图 6.3（f）为施肥条件下不同灌水量处理对枸杞叶面积的影响。在低施肥量条件下，生育期枸杞叶面积的平均值表现为 T4＞T7＞T1，说明在低施肥量条件下，85% ET_0 的灌水量更有利于枸杞叶面积的生长；在中施肥量条件下，生育期枸杞叶面积的平均值表现为 T8＞T5＞T2；在高施肥量条件下，生育期枸杞叶面积的平均值表现为 T9＞T3＞T6。

6.2.3　不同水肥处理对枸杞叶绿素的影响

表 6.7 为不同水肥处理对枸杞生育期叶绿素的影响，T8 处理的叶绿素值最大，T1 处理的叶绿素值最小，分别为 65.50、61.43，不同处理的枸杞生育期叶绿素值由高到低为：T8＞T6＞T7＞＞T9＞T5＞T4＞T3＞T2＞T1。除 T8 与 T1、T2 之间差异显著，其他各处理之间差异均不显著。5 月 11 日处于枸杞春梢生长期，T6 叶绿素值最大，T1 叶绿素值最小，分别为 62.30、56.18，T6 与 T1、T2、T5、T9 之间差异显著；5 月 26 日处于枸杞开花初期，T8 叶绿素值最大，T9 叶绿素值最小，分别为 66.34、62.69，各处理之间差异较小，T8 与 T1、T2、T3 差异显著；6 月 9 日、6 月 24 日、7 月 9 日处于枸杞果熟期，6 月 9 日不同处理的枸杞叶绿素值变化范围为 68.52～64.76，极差为 3.76；6 月

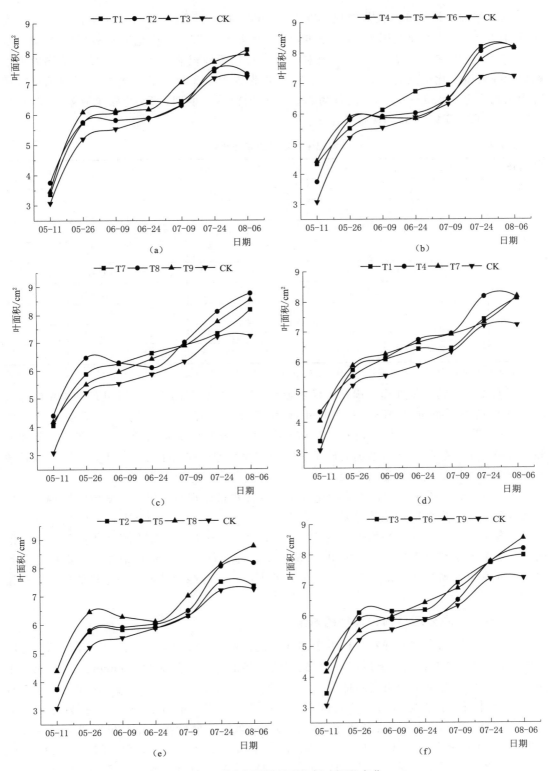

图 6.3 不同水肥处理下枸杞叶面积变化

24 日不同处理下枸杞叶绿素值变化范围为 67.68~64.58，极差为 3.10；7 月 9 日不同处理下枸杞叶绿素值变化范围为 64.29~63.53，极差为 0.76，在枸杞果熟期，T8 叶绿素值最大，T8 与 T1 差异显著。7 月 24 日和 8 月 6 日处于枸杞落叶期，7 月 24 日不同处理下枸杞叶绿素值变化范围为 65.82~61.67，极差为 4.16；8 月 6 日不同处理下枸杞叶绿素值变化范围为 66.29~62.00，极差为 4.29，在枸杞落叶期期，T8 叶绿素值最大，T8 与 T1、T2、T3、T4、T5、T9 差异显著。

表 6.7　　　　　　　　　　　　　枸杞生育期叶绿素生长量

处理	5 月 11 日	5 月 26 日	6 月 9 日	6 月 24 日	7 月 9 日	7 月 24 日	8 月 6 日	全生育期
T1	56.18[e]	62.82[b]	64.76[b]	64.58[b]	58.03[e]	61.67[b]	62.00[b]	61.43[b]
T2	56.78[de]	62.91[b]	66.39[ab]	65.44[ab]	58.78[de]	61.70[b]	62.03[b]	62.01[b]
T3	59.73[abc]	63.13[b]	67.59[ab]	65.50[ab]	60.17[cde]	62.65[b]	62.98[b]	63.11[ab]
T4	60.97[ab]	63.48[ab]	65.66[ab]	65.54[ab]	61.33[bcd]	62.80[b]	63.20[ab]	63.28[ab]
T5	58.72[bcde]	64.96[ab]	66.45[ab]	65.42[ab]	61.40[bcd]	62.91[b]	63.31[b]	63.31[ab]
T6	62.30[a]	65.11[ab]	66.80[ab]	65.95[ab]	62.47[abc]	63.48[ab]	63.88[ab]	64.28[ab]
T7	57.43[cde]	63.92[ab]	67.67[a]	67.21[ab]	62.87[abc]	63.60[ab]	64.07[ab]	63.82[ab]
T8	59.58[abcd]	66.34[a]	68.52[a]	67.68[a]	64.29[a]	65.82[a]	66.29[a]	65.50[a]
T9	59.27[bcd]	62.69[a]	67.17[a]	67.23[a]	63.61[ab]	61.73[b]	62.20[b]	63.41[ab]

注　同列中不同小写字母表示处理间差异显著（$P<0.05$），具有统计学意义。

图 6.4 为不同水肥处理对枸杞叶绿素影响，随着生育期的推进，各处理的枸杞叶绿素值表现为先增后减的规律，果熟期叶绿素值最大，春梢生长期叶绿素值最小。图 6.4（a）~图 6.4（c）为水分条件下不同施肥处理对枸杞叶绿素值的影响。在低水分和中等水分条件下，枸杞叶绿素值随着施肥量的增加而增加；在高水分条件下，枸杞叶绿素值随着施肥量的增加表现为先增后减。

图 6.4（d）~图 6.4（f）为施肥条件下不同灌水量处理对枸杞叶绿素值的影响。在低施肥量条件下，生育期枸杞叶绿素的平均值表现为 T7>T4>T1>CK；在中施肥量条件下，生育期枸杞叶绿素的平均值表现为 T8>T5>T2>CK；在高施肥量条件下，生育期枸杞叶绿素的平均值表现为 T6>T9>T3>CK。即在低、中施肥量条件下，枸杞叶绿素值随着灌水量的增加而增加；在高施肥量条件下，枸杞叶绿素值随着灌水量的增加呈先增后减。

6.2.4　不同水肥处理对枸杞地径的影响

表 6.8 为不同水肥处理对枸杞生育期地径的影响，T3、T4、T5、T6、T7、T9 之间差异显著，T5 处理的地径值最高，T7 处理的地径值最低，分别为 3.66cm、3.49cm，不同处理的枸杞生育期地径由高到低为：T5>T9>T4>T3>T2>T8>T1>T6>T7。5 月 11 日处于枸杞春梢生长期，T5 和 T9 地径最大，T7 地径最小，分别为 3.48cm、3.28cm，除 T1 与 T2 之间差异不显著，其他各处理间差异显著；5 月 26 日处于枸杞开花初期，T9 地径最大，T7 地径最小，分别为 3.54cm、3.38cm，各处理之间差异较小，T8 与 T1、T2、T3 差异显著；6 月 9 日、6 月 24 日、7 月 9 日处于枸杞果熟期，6 月 9 日不

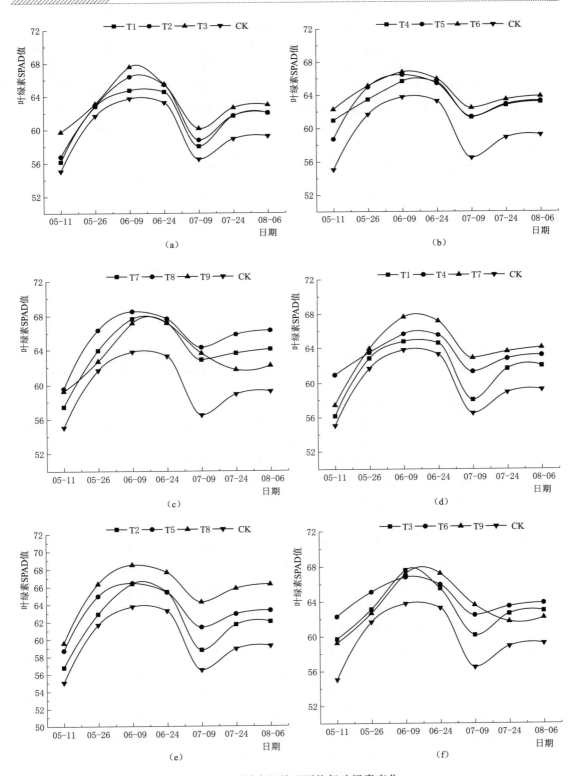

图 6.4 不同水肥处理下枸杞叶绿素变化

同处理的枸杞地径变化范围为 3.47～3.59cm，极差为 0.12cm；6 月 24 日不同处理下枸杞地径变化范围为 3.51～3.69，极差为 0.18；7 月 9 日不同处理下枸杞地径变化范围为 3.55～3.73cm，极差为 0.18cm，在枸杞果熟期，T5 地径最大，T5 与其他各处理之间差异显著。7 月 24 日和 8 月 6 日处于枸杞落叶期，7 月 24 日不同处理下枸杞地径变化范围为 3.59～3.76cm，极差为 0.17；8 月 6 日不同处理下枸杞地径变化范围为 3.63～3.82cm，极差为 0.19cm，在枸杞落叶期期，T5 地径最大，T5 与其他各处理之间差异显著。

表 6.8　　　　　　　　　　　　枸杞生育期地径生长量

处理	5 月 11 日	5 月 26 日	6 月 9 日	6 月 24 日	7 月 9 日	7 月 24 日	8 月 6 日	全生育期
T1	3.43^c	3.47^d	3.50^g	3.53^e	3.58^e	3.63^g	3.68^c	3.55^{cd}
T2	3.43^c	3.48^c	3.51^f	3.56^d	3.60^{de}	3.67^e	3.70^c	3.56^{cd}
T3	3.42^d	3.48^c	3.52^e	3.58^{cd}	3.62^{cd}	3.68^d	3.70^c	3.57^c
T4	3.46^b	3.53^b	3.55^c	3.60^c	3.63^{bc}	3.69^c	3.74^b	3.60^b
T5	3.48^a	3.53^b	3.59^a	3.69^a	3.73^a	3.76^a	3.82^a	3.66^a
T6	3.31^f	3.42^e	3.51^f	3.56^d	3.61^{cd}	3.65^f	3.70^c	3.54^d
T7	3.28^g	3.38^g	3.47^h	3.51^e	3.55^f	3.59^h	3.63^d	3.49^e
T8	3.38^e	3.41^f	3.53^d	3.58^{cd}	3.60^{de}	3.63^g	3.69^c	3.55^{cd}
T9	3.48^g	3.54^a	3.58^b	3.63^b	3.65^b	3.70^b	3.73^b	3.61^b

注　同列中不同小写字母表示处理间差异显著（$P<0.05$），具有统计学意义。

图 6.5 为不同水肥处理下枸杞地径生育期变化情况，枸杞地径随着生育期的推进呈平稳增长的规律，图 6.5（a）～图 6.5（c）为水分条件下不同施肥处理对枸杞地径的影响。在低水分条件下，T1、T2、T3 处理的枸杞地径变化规律基本一致，生育期内枸杞地径的表现为 T3＞T2＞T1＞CK；在中等水分条件下，T4 和 T5 处理的枸杞地径在 6 月 24 日的增长幅度高于生育期其他阶段，生育期内枸杞地径的表现为 T5＞T4＞T6；在高水分条件下，T7、T8、CK 在 5 月 11 至 6 月 9 日期间的增长幅度高于生育期其他阶段，生育期内枸杞地径的表现为 T9＞T8＞T7＞CK。

图 6.5（d）～图 6.5（f）为施肥条件下不同灌水量处理对枸杞地径的影响。在低施肥量条件下，生育期枸杞地径的平均值表现为 T4＞T1＞T7＞CK；在中施肥量条件下，生育期枸杞地径的平均值表现为 T5＞T2＞T8＞CK；在高施肥量条件下，生育期枸杞地径的平均值表现为 T9＞T3＞T6＞CK。

6.2.5　不同水肥处理对枸杞冠幅的影响

表 6.9 为不同水肥处理下枸杞生育期冠幅（东西）的生长情况，表 6.10 为不同水肥处理下枸杞生育期冠幅（南北）的生长情况。各处理的冠幅（东西）生育期平均值由高到低依次为：T7＞T6＞T8＞T9＞T2＞T4＞T3＞T5＞T1。T7 冠幅（东西）最大，T1 冠幅（东西）最小，分别为 103.33cm、96.94cm，除 T1、T5 和 T7 之间有显著差异，其他各处理之间无显著差异。各处理的冠幅（南北）生育期平均值由高到低依次为：T6＞T7＞T5＞T9＞T2＞T4＞T8＞T3＞T1。T6 冠幅（南北）最大，T1 冠幅（南北）最小，分别为 89.41cm、84.53cm，T1 与 T2、T4、T5、T6、T7 有显著差异。在生育期的各个

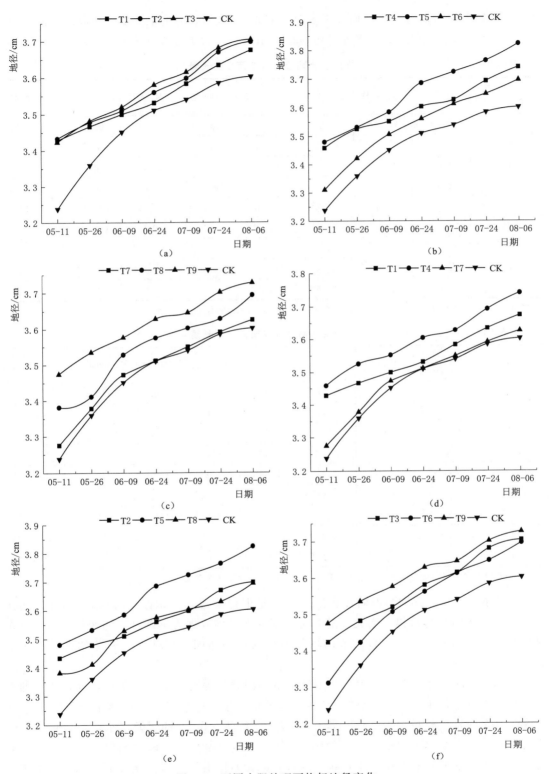

图 6.5 不同水肥处理下枸杞地径变化

阶段，各处理的冠幅（东西）均大于冠幅（南北），这是因为枸杞种植行是以南北向布设，株距为 0.75m，行距为 3m，因此产生冠幅（东西）均大于冠幅（南北）的结果。

表 6.9　　　　　　　　　　　　枸杞生育期冠幅（东西）生长量

处理 \ 日期	5月11日	5月26日	6月9日	6月24日	7月9日	7月24日	8月6日	全生育期
T1	67.00^d	70.00^c	74.44^c	110.00^d	113.17^d	119.50^d	124.44^d	96.94^c
T2	73.00^a	75.78^a	81.33^a	112.35^{bcd}	116.44^c	125.78^{bc}	129.89^{abc}	102.08^{ab}
T3	67.89^{cd}	70.33^c	78.17^b	115.20^{ab}	119.00^{abc}	125.56^{bc}	128.00^c	100.59^{ab}
T4	71.00^{ab}	72.78^{bc}	81.33^a	114.93^{ab}	118.33^{abc}	126.50^{bc}	128.50^{bc}	101.91^{ab}
T5	69.17^{bcd}	72.67^{bc}	77.89^b	112.00^{cd}	117.44^{bc}	125.00^c	128.00^c	100.31^b
T6	70.56^{abc}	76.50^a	78.00^b	114.38^{abc}	120.56^{ab}	129.89^a	132.00^a	103.13^{ab}
T7	72.00^{ab}	74.22^{ab}	81.44^a	117.20^a	120.33^a	128.11^{ab}	130.00^{abc}	103.33^a
T8	71.11^{ab}	72.83^{bc}	80.56^{ab}	116.05^a	119.50^{ab}	129.83^a	131.11^{ab}	103.00^{ab}
T9	71.00^{ab}	72.33^{bc}	79.67^{ab}	116.80^a	118.89^{abc}	127.44^{abc}	131.17^{ab}	102.47^{ab}

注　同列中不同小写字母表示处理间差异显著（$P<0.05$），具有统计学意义。

表 6.10　　　　　　　　　　　　枸杞生育期冠幅（南北）生长量

处理 \ 日期	5月11日	5月26日	6月9日	6月24日	7月9日	7月24日	8月6日	全生育期
T1	59.56^c	62.67^c	67.78^d	88.60^e	94.67^c	108.11^b	110.33^b	84.53^b
T2	63.22^b	67.44^a	75.44^{ab}	92.18^{bcd}	97.44^{abc}	107.33^{bc}	110.00^b	87.58^a
T3	65.33^{ab}	67.00^{ab}	73.33^{abc}	94.60^{ab}	97.50^{abc}	104.22^d	106.00^c	86.86^{ab}
T4	67.44^a	67.67^a	74.22^{abc}	91.60^{cd}	98.44^{ab}	104.17^d	109.00^b	87.51^a
T5	63.78^b	64.56^{bc}	76.11^a	90.00^{de}	98.83^a	111.67^a	114.17^a	88.44^a
T6	64.56^b	65.83^{ab}	75.33^{ab}	94.78^{ab}	98.22^{ab}	111.00^a	116.17^a	89.41^a
T7	64.11^b	66.00^{ab}	72.89^{bc}	95.30^a	98.11^{ab}	111.67^a	116.00^a	89.15^a
T8	62.89^b	66.00^{ab}	72.33^c	95.07^a	98.11^{ab}	104.89^{cd}	110.17^b	87.07^{ab}
T9	65.44^{ab}	65.00^{abc}	73.22^{bc}	93.00^{abc}	95.67^{bc}	111.00^a	110.33^b	87.67^a

注　同列中不同小写字母表示处理间差异显著（$P<0.05$），具有统计学意义。

图 6.6、图 6.7 分别为不同水肥处理对枸杞生育期冠幅（东西）、冠幅（南北）的影响，冠幅（东西）与冠幅（南北）随着生育期的推进均表现为逐渐升高的变化，冠幅（东西）与冠幅（南北）在各生育阶段的增长情况为：果熟期＞落叶期＞开花初期＞春梢生长期。

图 6.6（a）～图 6.6（c）为水分条件下不同施肥处理对枸杞生育期冠幅（东西）的影响。在低水分条件下，T2 的冠幅（东西）生长量大于 T1 和 T3；在中等水分条件下，T6 的冠幅（东西）生长量大于 T4 和 T5；在高水分条件下，T7 的冠幅（东西）生长量大于 T8 和 T9；图 6.6（e）～图 6.6（f）为施肥条件下不同灌水量处理对枸杞生育期冠幅（东西）的影响。在低施肥量条件下，枸杞冠幅（东西）随着灌水量的增加而增加；在中等施

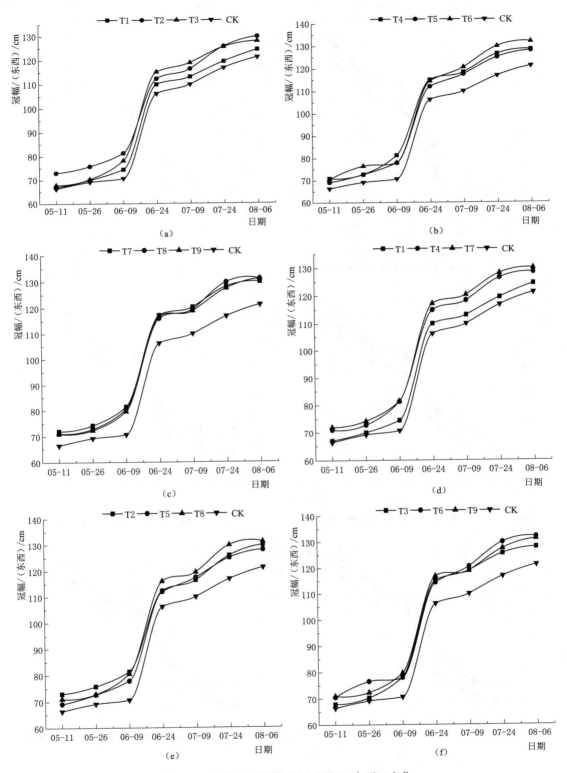

图 6.6　不同水肥处理下枸杞冠幅（东西）变化

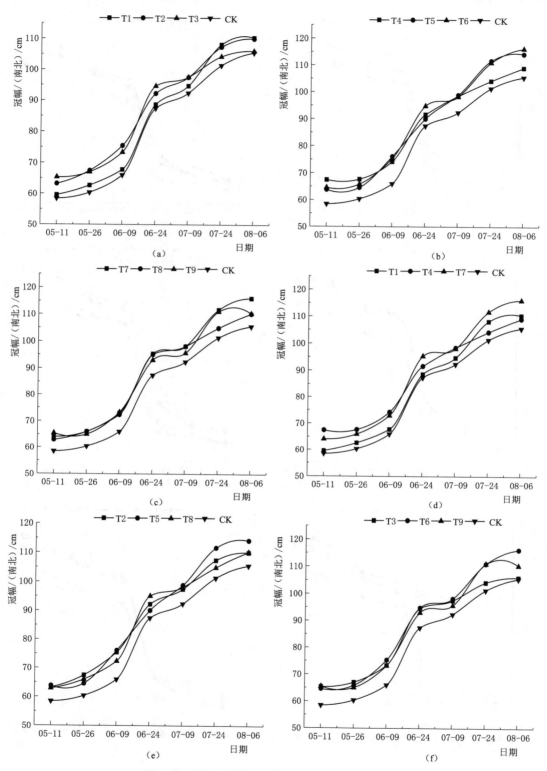

图 6.7 不同水肥处理下枸杞冠幅（南北）变化

肥量条件下，T8 的冠幅（东西）生长量大于 T2 和 T5；在高施肥量条件下，枸杞冠幅（东西）随着灌水量的增加而减小。

图 6.7（a）～图 6.7（c）为水分条件下不同施肥处理对枸杞生育期冠幅（南北）的影响，在低水分条件下，T2 的冠幅（南北）生长量大于 T1 和 T3；在中等水分条件下，枸杞生育期冠幅（南北）随着施肥量的增加而增加；在高水分条件下，T7 的冠幅（南北）生长量大于 T8 和 T9；图 6.7（d）～图 6.7（f）为施肥条件下不同灌水量处理对枸杞生育期冠幅（南北）的影响，在低施肥量条件下，枸杞生育期冠幅（南北）随着灌水量的增加而增加；在中施肥量条件下，T5 的冠幅（南北）生长量大于 T2 和 T8；在高施肥量条件下，杞生育期冠幅（南北）随着灌水量的增加表现为先增后减。

6.3 篱架式滴灌水肥调控对枸杞光合指标的影响

6.3.1 不同水肥处理对枸杞净光合速率的影响

6.3.1.1 不同水肥处理对枸杞净光合速率日动态的影响

图 6.8 为不同水肥处理对净光合速率日动态的影响情况，由图可知，在开花初期、果

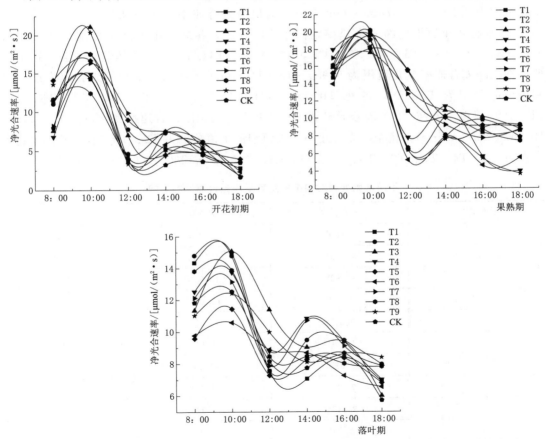

图 6.8　不同水肥处理对净光合速率日动态的影响

熟期、落叶期，不同水肥处理下枸杞净光合速率日动态在 8：00—12：00 期间变化情况相同，均呈现出先增后减的规律，且在 10：00 均达到当日最高值，各生育期枸杞净光合速率日动态均呈现出上午明显大于下午的规律，说明枸杞净光合速率主要发生在上午，这是由于上午环境温度低，太阳光照强度逐渐增强以及大气 CO_2 浓度高，枸杞叶片气孔张开程度逐渐加大，促进了枸杞光合作用的进行。14：00—18：00，在枸杞开花初期时，除 T3、T5、T7、CK 处理的枸杞净光合速率一直呈下降趋势外，其他各处理的枸杞净光合速率在 14：00 出现回升；枸杞果熟期时，除 T1、T7、T3、T5 处理的枸杞净光合速率一直呈下降趋势外，其他各处理的枸杞净光合速率在 14：00 时出现回升；在枸杞落叶期，T3、T8、T9 处理的枸杞净光合速率一直呈下降趋势外，其他各处理的枸杞净光合速率在 14：00 出现回升；这是因为下午环境温度高，太阳光照强度高，大气 CO_2 浓度低，枸杞叶片气孔张开程度低，不利于枸杞光合作用的进行。

6.3.1.2　不同水肥处理对枸杞净光合速率生育期动态的影响

表 6.11 为不同水肥处理下枸杞各生育期净光合速率的变化情况，表中数据分别为 6 月 3 日（开花初期）、7 月 19 日（果熟期）、8 月 20 日（落叶期）枸杞净光合速率日动态的均值。果熟期的枸杞净光合速率高于开花初期和落叶期，在开花初期，枸杞净光合速率变化范围为 $6.596 \sim 9.357 \mu mol/(m^2 \cdot s)$，枸杞净光合速率最大值和最小值分别为 T5、CK，各水肥处理的枸杞净光合速率均高于 CK 处理，各处理由大到小分别为 T5、T9、T2、T3、T7、T8、T6、T1、T4、CK，T5 与 T1、T4、T7、T8 处理差异显著；在果熟期，枸杞净光合速率变化范围为 $9.984 \sim 13.884 \mu mol/(m^2 \cdot s)$，枸杞净光合速率最大值和最小值分别为 T5、T6，各处理由大到小分别为 T5、T3、T7、T2、T1、T8、T4、CK、T9、T6，T5 与 T6 处理差异显著；在落叶期，枸杞净光合速率变化范围为 $8.619 \sim 10.667 \mu mol/(m^2 \cdot s)$，枸杞净光合速率最大值和最小值分别为 T2、T5，各处理由大到小分别为 T2、T4、T3、T7、T8、T1、T9、CK、T6、T5，T2 与 T5、T6 差异显著。

表 6.11　　　　　　　　　不同水肥处理对枸杞各生育期净光合速率的影响

处理	开花初期	果熟期	落叶期
T1	6.909[b]	12.774[a]	9.866[ab]
T2	8.510[ab]	13.103[a]	10.667[a]
T3	8.382[ab]	13.553[a]	10.368[ab]
T4	6.766[b]	12.137[ab]	10.379[ab]
T5	9.357[a]	13.884[a]	8.619[b]
T6	7.311[ab]	9.984[c]	8.621[b]
T7	7.631[b]	13.260[a]	10.134[ab]
T8	7.322[b]	12.361[ab]	10.069[ab]
T9	8.611[ab]	10.846[bc]	9.752[ab]
CK	6.596	11.637	9.097

注　同列中不同小写字母表示处理间差异显著（$P<0.05$），具有统计学意义。

6.3.2　不同水肥处理对枸杞蒸腾速率的影响

6.3.2.1　不同水肥处理对枸杞蒸腾速率日动态的影响

图 6.9 为不同水肥处理对蒸腾速率各生育期日动态的影响，由图可知，在开花初期和果熟期，不同水肥处理下枸杞蒸腾速率日变化表现为双峰型，两次峰值分别出现在 10：00和 14：00，10：00 的峰值明显大于 14：00 的峰值，整体来看，枸杞蒸腾速率的进行主要发生在上午。在落叶期，不同水肥处理下枸杞蒸腾速率日变化表现为单峰型和双峰型，但以单峰型为主，各处理的峰值主要集中于 12：00 左右，表明随着生育期的推进，枸杞气孔导度的峰值出现延后现象。这是由于落叶期枸杞叶片结构发生变化，叶片开始枯黄，此外太阳辐射强度、环境温度、空气湿度的变化，影响了光合过程的运转，导致了落叶期枸杞蒸腾速率日变化的峰值出现后延。

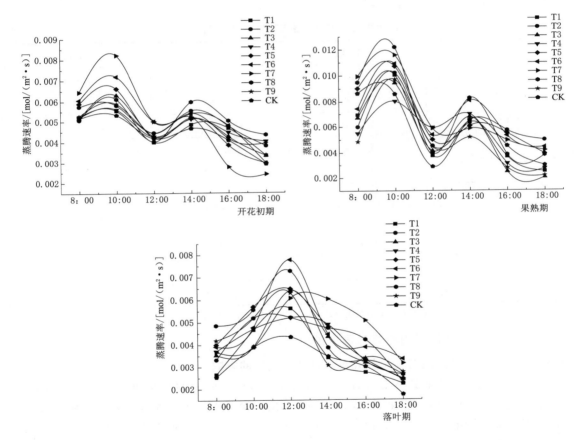

图 6.9　不同水肥处理对蒸腾速率日动态的影响

6.3.2.2　不同水肥处理对枸杞蒸腾速率生育期动态的影响

表 6.12 为不同水肥处理下枸杞各生育期蒸腾速率的变化情况，表中数据分别为 6 月3 日（开花初期）、7 月 19 日（果熟期）、8 月 20 日（落叶期）枸杞蒸腾速率日动态的均值。果熟期的枸杞蒸腾速率最高，其次为落叶期，开花初期最低。在开花初期，枸杞蒸腾

速率变化范围为 $0.0044 \sim 0.0052 mol/(m^2 \cdot s)$，枸杞蒸腾速率最大值和最小值分别为 T6、CK，各水肥处理的枸杞蒸腾速率均高于 CK 处理，各处理由大到小分别为 T6、T8、T2、T7、T9、T5、T4、T3、T1、CK，各处理之间差异不显著；在果熟期，枸杞蒸腾速率变化范围为 $0.0049 \sim 0.0071 mol/(m^2 \cdot s)$，枸杞蒸腾速率最大值和最小值分别为 T7、T9，各处理由大到小分别为 T7、T8、T6、T5、T2、CK、T1、T4、T3、T9，T5 与 T6 处理差异显著；T9 与 T1、T2、T3 之间差异显著；在落叶期，枸杞蒸腾速率变化范围为 $0.0032 \sim 0.0047 mol/(m^2 \cdot s)$，枸杞蒸腾速率最大值和最小值分别为 T2、T5，各处理由大到小分别为 T6、T7、T8、T5、T2、T9、T4、T3、T1、CK，各处理之间差异不显著，这是由于水分对光合作用的影响是间接的，当植物缺水时，气孔不能充分张开，甚至完全关闭，影响 CO_2 的吸收，光合作用便减弱，在落叶期，当地降水较多，各处理的土壤水分差异较小，所以各处理之间差异不显著。

表 6.12 不同水肥处理对枸杞各生育期蒸腾速率的影响

处理	开花初期	果熟期	落叶期
T1	0.0046^a	0.0055^a	0.0035^a
T2	0.0050^a	0.0063^a	0.0041^a
T3	0.0047^a	0.0053^a	0.0040^a
T4	0.0048^a	0.0054^{ab}	0.0041^a
T5	0.0048^a	0.0067^{ab}	0.0044^a
T6	0.0052^a	0.0069^{ab}	0.0047^a
T7	0.0050^a	0.0071^{ab}	0.0046^a
T8	0.0051^a	0.0069^{ab}	0.0046^a
T9	0.0049^a	0.0049^b	0.0041^a
CK	0.0044	0.0057	0.0032

注　同列中不同小写字母表示处理间差异显著（$P < 0.05$），具有统计学意义。

6.3.3 不同水肥处理对枸杞气孔导度的影响

6.3.3.1 不同水肥处理对枸杞气孔导度日动态变化的影响

图 6.10 为不同水肥处理对气各生育期孔导度日动态的影响。在开花初期和果熟期，枸杞气孔导度呈现双峰型变化规律，在 10：00 出现第一次峰值。在开花初期，枸杞气孔导度的第二次峰值主要出现在 14：00—16：00，在 14：00 出现峰值的处理为 T3、T4、T5、T6、T8、T9，在 16：00 出现峰值的处理为 T1、T2、T7、CK。而在果熟期，除 CK 外，其他各处理的枸杞气孔导度第二次峰值出现在 14：00。在落叶期，各处理的枸杞气孔导度呈单峰型规律，峰值均出现在上午 10：00。

6.3.3.2 不同水肥处理对枸杞气孔导度生育期动态的影响

表 6.13 为不同水肥处理下枸杞各生育期气孔导度的变化情况，表中数据分别为 6 月 3 日（开花初期）、7 月 19 日（果熟期）、8 月 20 日（落叶期）枸杞气孔导度日动态的均

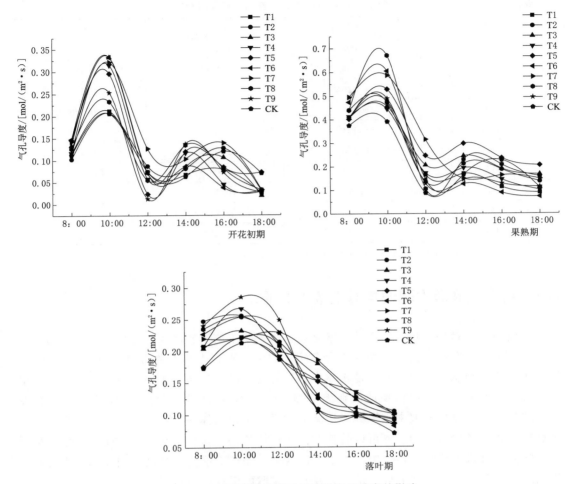

图 6.10 不同水肥处理对气孔导度日动态的影响

值。果熟期的枸杞气孔导度最高，其次为落叶期，开花初期最低。在开花初期，枸杞气孔导度变化范围为 $0.095 \sim 0.144 mol/(m^2 \cdot s)$，枸杞气孔导度最大值和最小值分别为 T7、T1，各水肥处理的枸杞气孔导度均高于 CK 处理，各处理由大到小分别为 T7、T3、T5、T6、T4、T8、CK、T2、T9、T1，各处理之间差异不显著；在果熟期，枸杞气孔导度变化范围为 $0.226 \sim 0.320 mol/(m^2 \cdot s)$，枸杞气孔导度最大值和最小值分别为 T5、CK，各处理由大到小分别为 T5、T7、T8、T3、T2、T6、T4、T1、T9、CK，T5 与 T1、T2、T3、T4、T6 处理之间差异显著；在落叶期，枸杞气孔导度变化范围为 $0.142 \sim 0.185 mol/(m^2 \cdot s)$，枸杞气孔导度最大值和最小值分别为 T2、CK，各处理由大到小分别为 T2、T7、T9、T4、T3、T6、T8、T1、T5、CK，各处理之间差异不显著，这是由于各种营养元素参与叶绿素的形成，叶绿体的正常结构，光合过程的运转，在落叶期，叶绿素减少，叶绿体的结构发生变化，所以，各种营养元素对落叶期枸杞的气孔导度影响较小。

表 6.13　　　　　　　　　不同水肥处理对枸杞各生育气孔导度的影响

处理	开花初期	果熟期	落叶期
T1	0.095^a	0.237^f	0.156^a
T2	0.106^a	0.264^d	0.185^a
T3	0.125^a	0.279^c	0.174^a
T4	0.113^a	0.245^{ef}	0.176^a
T5	0.124^a	0.320^a	0.154^a
T6	0.118^a	0.252^e	0.172^a
T7	0.144^a	0.310^{ab}	0.182^a
T8	0.110^a	0.302^b	0.170^a
T9	0.103^a	0.235^b	0.177^a
CK	0.107	0.226	0.142

注　同列中不同小写字母表示处理间差异显著（$P<0.05$），具有统计学意义。

6.4　篱架式滴灌水肥调控对土壤养分的影响

土壤中的氮素是作物所必需的元素之一，尿素在土壤水和微生物等作用下转化为硝态氮和铵态氮，硝态氮是指硝酸盐中所含有的氮元素。水和土壤中的有机物分解生成铵盐，被氧化后变为硝态氮。硝态氮在植物体中累积是植物的"贮备"措施，也是适应恶劣环境的需要。硝态氮的积累使植物即使在土壤养分供应不足的情况下也能保持良好的生长发育。此外，硝态氮是液泡中重要的渗透调节物质，当植物体内碳水化合物合成减少，液泡中有机物含量减少时，硝态氮可以替代它们发挥渗透调节作用。在氮素转化过程中，根际土壤脲酶起着重要作用，在一定程度上可以代表土壤供氮能力的高低。因此本章主要研究不同水肥处理下土壤硝态氮分布情况以及与土壤脲酶活性的关系。

6.4.1　不同水肥处理对土壤含水量的影响

图 6.11 为不同灌水处理下枸杞各生育期土壤含水率的变化情况。在春梢生长期和开花初期各处理在 0～100cm 土层的土壤含水率的变化情况基本一致，均随着土层深度的增加而逐渐降低。而在果熟期和落叶期各处理在 0～80cm 土层的平均土壤含水率的变化情况为随着土层深度的增加而逐渐降低，在 80～100cm 土层的土壤含水率变化情况为随着土层深度的增加而增加。在 F1 处理下，T4、T7 在 0～100cm 土层的平均土壤含水率较 CK 分别提升了 11.17%、11.95%，各处理在 0～100cm 土层的平均含水率表现为 T7＞T4＞T1＞CK；在 F2 处理下，T2、T5 和 T8 在 0～100cm 土层的平均土壤含水率较 CK 分别提升了 5.68%、14.26%、17.98%，各处理在 0～100cm 土层的平均含水率表现为 T8＞T5＞T2＞CK；在 F3 处理下，T3、T6 和 T9 在 0～100cm 土层的平均土壤含水率较 CK 分别提升了 7.08%、18.17%、11.48%，各处理在 0～100cm 土层的平均含水率表现为 T6＞T9＞T3＞CK。

综上所述，在施肥量为 F1、F2、F3 处理下，各处理在 0～100cm 土层的平均土壤含

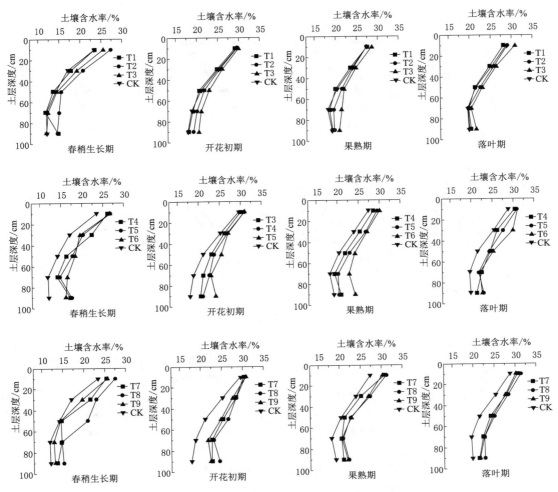

图 6.11 枸杞全生育期不同灌水处理下土壤含水率的变化

水率均比 CK 高,其中 T6、T8 在 0~100cm 土层的平均土壤含水率较 CK 提升了 15% 以上。各处理在不同生育期的土壤含水率总体均随着土壤深度的增加而降低。

图 6.12 为枸杞全生育期不同施肥处理下土壤含水率变化情况。在 W1 处理下,T2、T3 在 0~100cm 土层的平均土壤含水率较 CK 分别提升了 5.67%、7.09%,各处理在 0~100cm 土层的平均含水率表现为 T3>T2>T1>CK;在 W2 处理下,T4、T5 和 T6 在 0~100cm 土层的平均土壤含水率较 CK 分别提升了 11.17%、14.26%、18.17%,各处理在 0~100cm 土层的平均含水率表现为 T6>T5>T4>CK;在 W3 处理下,T7、T8 和 T9 在 0~100cm 土层的平均土壤含水率较 CK 分别提升了 11.95%、17.98%、11.48%,各处理在 0~100cm 土层的平均含水率表现为 T8>T7>T9>CK。

综上所述,在 W1 处理下,T1、T2、T3 在 0~100cm 土层的平均土壤含水率较 CK 均提升了 10% 以下,在 W2 和 W3 处理下,T4、T5、T6、T7、T8、T9 在 0~100cm 土层的平均土壤含水率较 CK 均提升了 10% 以上。

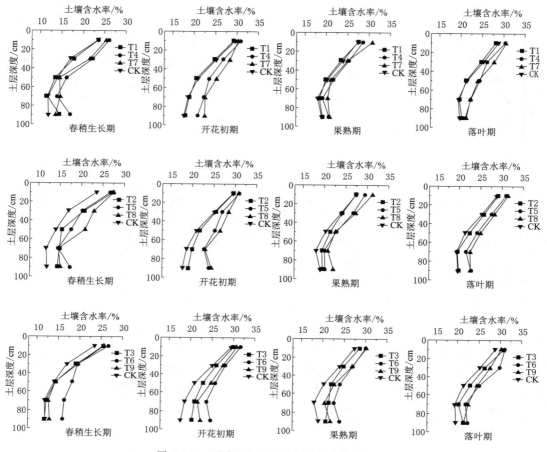

图 6.12　不同施肥处理下土壤含水率的变化

6.4.2　不同水肥处理对土壤硝态氮的影响

图 6.13 为不同水肥处理对枸杞根际土壤硝态氮含量的影响。由图可知，在枸杞春梢生长期，土壤硝态氮含量在 0～60cm 土层相对较高，在 60～100cm 土层相对较低，这是由于在枸杞春梢生长期，枸杞处于生长初始阶段，对养分的需求量相对较少，而且在枸杞春梢生长期施肥量占全生育期施肥量的 15%，但灌水量较低，导致该阶段土壤硝态氮不易向土壤深层迁移。进入枸杞开花初期，枸杞处于生长阶段，对养分的需求量大，0～60cm 土层土壤硝态氮含量略有下降，这是因为枸杞的根系主要分布于 0～60cm 土层，60～100cm 土层土壤硝态氮含量大幅上升，由于土壤硝态氮在水分的作用下向深层迁移。进入果熟期，各土层土壤硝态氮含量总体呈升高趋势，这是因为在枸杞果熟期施肥量占全生育期施肥量的 60%，分 4 次施入，外源氮素的提高以及灌水量增加，使得各土层土壤硝态氮含量相对较高。进入落叶期，除 80～100cm 土层土壤硝态氮含量略有上升外，其他土层土壤硝态氮含量都表现为下降，其中 0～40cm 土层下降幅度最大，这是因为在落叶期施肥量占全生育期施肥量的 10%，落叶期降雨量较高。

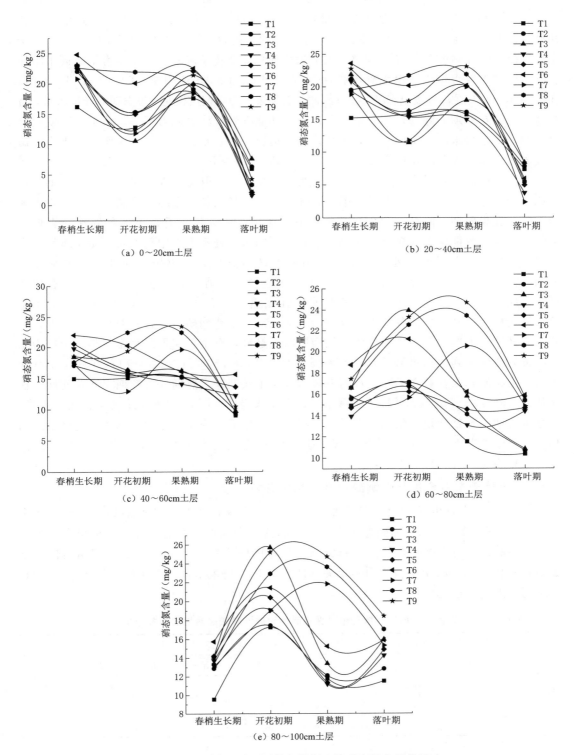

图 6.13 不同水肥处理对枸杞根际土壤硝态氮含量的影响

在 0～20cm 土层，土壤硝态氮含量在不同生育期表现为春梢生长期＞果熟期＞开花初期＞落叶期，除 T1 在开花初期降幅较小，其他各处理在开花初期均呈下降趋势，从全生育期硝态氮含量变化趋势来看，不同水肥处理总体变化情况一致，全生育期不同水肥处理下土壤硝态氮含量均值由大到小排序为 T6＞T8＞T2＞T5＞T3＞T9＞T4＞T7＞T1；在 20～40cm 土层，土壤硝态氮含量在不同生育期表现为春梢生长期＞果熟期＞开花初期＞落叶期，在开花初期，除 T1、T8 略有上升外，其他各处理均表现为下降，从全生育期硝态氮含量变化趋势来看，不同水肥处理总体变化情况一致，全生育期不同水肥处理下土壤硝态氮含量均值由大到小排序为 T9＞T6＞T8＞T5＞T3＞T2＞T4＞T1＞T7；在 40～60cm 土层，土壤硝态氮含量在不同生育期表现为春梢生长期＞开花初期＞果熟期＞落叶期，在开花初期，除 T8、T9 处理下土壤硝态氮含量上升，其他各处理的土壤硝态氮含量均表现为下降，在果熟期，除 T7、T8、T9 处理下土壤硝态氮含量上升，其他各处理均表现为下降，从全生育期硝态氮含量变化趋势来看，不同水肥处理下土壤硝态氮含量总体呈下降趋势，全生育期不同水肥处理下土壤硝态氮含量均值由大到小排序为 T6＞T8＞T9＞T5＞T4＞T3＞T7＞T2＞T1；在 60～80cm 土层，土壤硝态氮含量在不同生育期表现为开花初期＞果熟期＞春梢生长期＞落叶期，在果熟期，除 T7、T8、T9 处理下土壤硝态氮含量表现为上升，其他各处理均表现为下降，从全生育期硝态氮含量变化趋势来看，不同水肥处理下土壤硝态氮含量总体呈先增后减的趋势，全生育期不同水肥处理下土壤硝态氮含量均值由大到小排序为 T9＞T8＞T6＞T3＞T7＞T5＞T4＞T2＞T1；在 80～100cm 土层，土壤硝态氮含量在不同生育期表现为春梢生长期＞果熟期＞落叶期＞开花初期，在果熟期，除 T7、T8、T9 处理下土壤硝态氮含量表现为上升，其他各处理均表现为下降，从全生育期硝态氮含量变化趋势来看，不同水肥处理下土壤硝态氮含量总体呈先增后减的趋势，全生育期不同水肥处理下土壤硝态氮含量均值由大到小排序为 T9＞T8＞T7＞T3＞T6＞T5＞T4＞T2＞T1。

6.4.3　土壤硝态氮含量与土壤酶活性的相关分析

表 6.14 为春梢生长期硝态氮含量与脲酶活性和碱性磷酸酶活性的相关分析，其中 $X1$、$X2$、$X3$ 分别表示土壤硝态氮含量、脲酶活性和碱性磷酸酶活性。在枸杞春梢生长期，磷酸酶活性与土壤硝态氮在 0～60cm 土层范围内不相关（$P>0.05$），脲酶活性与土壤硝态氮在 0～40cm 土层范围内不相关（$P>0.05$），脲酶活性与土壤硝态氮在 40～60cm 土层范围内显著相关（$P<0.05$）。

表 6.14　春梢生长期硝态氮含量与脲酶活性和碱性磷酸酶活性的相关分析

相关系数	0～20cm			20～40cm			40～60cm		
	$X1$	$X2$	$X3$	$X1$	$X2$	$X3$	$X1$	$X2$	$X3$
$X1$	1	−0.33	0.15	1	0.24	0.38	1	0.70*	−0.51
$X2$	−0.33	1	−0.19	0.24	1	0.75*	0.70*	1	−0.56
$X3$	0.15	−0.19	1	0.38	0.75*	1	−0.51	−0.56	1

注　* $P<0.05$，** $P<0.01$。

表 6.15 为开花初期硝态氮含量与脲酶活性和碱性磷酸酶活性的相关分析，其中 $X4$、

$X5$、$X6$ 分别表示土壤硝态氮含量、脲酶活性和碱性磷酸酶活性。在枸杞开花初期，脲酶活性和磷酸酶活性与土壤硝态氮在 $0\sim60cm$ 土层范围内不相关（$P>0.05$）。

表 6.15 开花初期硝态氮含量与脲酶活性和碱性磷酸酶活性的相关分析

相关系数	$0\sim20cm$			$20\sim40cm$			$40\sim60cm$		
	$X4$	$X5$	$X6$	$X4$	$X5$	$X6$	$X4$	$X5$	$X6$
$X4$	1	0.12	-0.51	1	0.45	-0.38	1	0.27	0.1
$X5$	0.12	1	0.02	0.45	1	-0.38	0.27	1	-0.28
$X6$	-0.51	0.02	1	-0.38	-0.38	1	0.1	-0.28	1

注 ＊$P<0.05$，＊＊$P<0.01$。

表 6.16 为果熟期硝态氮含量与脲酶活性和碱性磷酸酶活性的相关分析，其中 $X7$、$X8$、$X9$ 分别表示土壤硝态氮含量、脲酶活性和碱性磷酸酶活性。在枸杞果熟期，脲酶活性和磷酸酶活性与土壤硝态氮在 $0\sim60cm$ 土层范围内不相关（$P>0.05$）。

表 6.16 果熟期硝态氮含量与脲酶活性和碱性磷酸酶活性的相关分析

相关系数	$0\sim20cm$			$20\sim40cm$			$40\sim60cm$		
	$X7$	$X8$	$X9$	$X7$	$X8$	$X9$	$X7$	$X8$	$X9$
$X7$	1	0.05	-0.12	1	0.51	0.52	1	0.6	0.04
$X8$	0.05	1	0.44	0.51	1	0.49	0.6	1	0.46
$X9$	-0.12	0.44	1	0.52	0.49	1	0.04	0.46	1

注 ＊$P<0.05$，＊＊$P<0.01$。

表 6.17 为落叶期硝态氮含量与脲酶活性和碱性磷酸酶活性的相关分析，其中 $X10$、$X11$、$X12$ 分别表示土壤硝态氮含量、脲酶活性和碱性磷酸酶活性。在枸杞落叶期，脲酶活性与碱性磷酸酶活性在 $0\sim20cm$ 土层范围内为显著相关（$P<0.05$），在 $20\sim40cm$ 土层范围内为极显著相关（$P<0.01$）。

表 6.17 落叶期硝态氮含量与脲酶活性和碱性磷酸酶活性的相关分析

相关系数	$0\sim20cm$			$20\sim40cm$			$40\sim60cm$		
	$X10$	$X11$	$X12$	$X10$	$X11$	$X12$	$X10$	$X11$	$X12$
$X10$	1	-0.1	-0.44	1	0.44	0.39	1	-0.04	-0.3
$X11$	-0.1	1	0.67^*	0.44	1	0.88^{**}	-0.04	1	0.53
$X12$	-0.44	0.67^*	1	0.39	0.88^{**}	1	-0.3	0.53	1

注 ＊$P<0.05$，＊＊$P<0.01$。

6.5 篱架式滴灌水肥调控对土壤酶活性的影响

6.5.1 不同水肥处理对脲酶的影响

6.5.1.1 不同水肥处理对全生育期脲酶活性的影响

图 6.14 为不同水肥处理下土壤脲酶活性全生育期的变化情况，由图可知，土壤脲酶

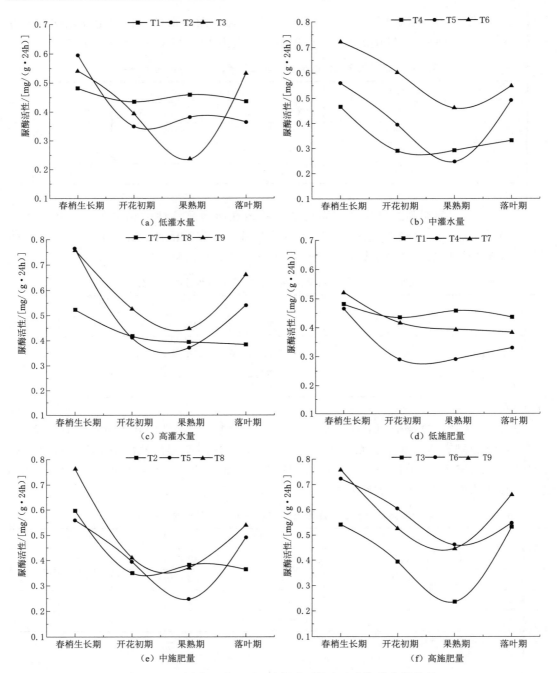

图 6.14　不同水肥处理下土壤脲酶活性全生育期的变化情况

随着生育期的推进呈现出先减小后增大的规律，在春梢生长期土壤脲酶活性最高，其次为落叶期，在果熟期土壤脲酶活性最低。这可能是由于在春梢生长期枸杞植株对养分的需求大，根系快速生长，根系分泌物也迅速增多，较多的根系分泌物通过与土壤微生物的共同作用，进而对脲酶活性的提高有显著作用。

图 6.14（a）～图 6.14（c）分别为低灌水量、中灌水量和高灌水量条件下土壤脲酶活性的变化情况。在低灌水量条件下，T1 和 T2 处理的脲酶活性全生育期变化情况一致，脲酶活性随着施肥量的增加而增加，全生育期脲酶活性由大到小为 T3、T2、T1，T3 组成的土壤溶液环境，有利于土壤脲酶活性的提高；在中灌水量条件下，T4、T5 和 T6 处理的脲酶活性全生育期变化一致，脲酶活性随着施肥量的增加而增加，在果熟期，T4 处理的脲酶活性大于 T5 处理，但全生育期脲酶活性由大到小为 T6、T5、T4，T6 组成的土壤溶液环境，有利于土壤脲酶活性的提高；在高灌水量条件下，T7、T8 和 T9 处理的脲酶活性全生育期变化一致，脲酶活性随着施肥量的增加而增加，在开花初期和果熟期，T7 处理的脲酶活性大于 T8 处理，但全生育期脲酶活性由大到小为 T9、T8、T7，T9 组成的土壤溶液环境，有利于土壤脲酶活性的提高。

图 6.14（d）～图 6.14（f）分别为低施肥量、中施肥量和高施肥量条件下土壤脲酶活性全生育期的变化情况。在低施肥量条件下，T1 和 T4 处理的脲酶活性在开花初期出现最低值，T7 处理的脲酶活性最低值出现在落叶期，全生育期脲酶活性由大到小为 T7、T4、T1；中施肥量条件下，T5 和 T8 处理的脲酶活性在果熟期出现最低值，T2 处理的脲酶活性最低值出现在开花初期，全生育期脲酶活性由大到小为 T8、T5、T2；在高施肥量条件下，T3、T6 和 T9 处理的脲酶活性全生育期变化一致，脲酶活性随着灌水量的增加呈现出先减后增的规律，全生育期脲酶活性由大到小为 T9、T3 和 T6。

6.5.1.2 不同水肥处理对土壤脲酶活性空间分布的影响

图 6.15 为不同水肥处理下土壤脲酶活性纵向分布情况，在春梢生长期，0～20cm 土层不同水肥处理的土壤脲酶活性变化范围为 0.978～0.245mg/(g·24h)，平均值为 0.612mg/(g·24h)，其中最高和最低的土壤脲酶活性对应的水肥处理分别为 T8、T5；20～40cm 土层不同水肥处理的土壤脲酶活性变化范围为 0.923～0.289mg/(g·24h)，平均值为 0.606mg/(g·24h)，其中最高和最低的土壤脲酶活性对应的水肥处理分别为 T6、T1；40～60cm 土层不同水肥处理的土壤脲酶活性变化范围为 0.866～0.292mg/(g·24h)，平均值为 0.579mg/(g·24h)，其中最高和最低的土壤脲酶活性对应的水肥处理分别为 T9、CK；不同水肥处理下 0～60cm 土层土壤脲酶活性由大到小为 T8＞T9＞T6＞T2＞T5＞T3＞T7＞T1＞T4＞CK。在开花初期，0～20cm 土层不同水肥处理的土壤脲酶活性变化范围为 0.827～0.356mg/(g·24h)，平均值为 0.592mg/(g·24h)，其中最高和最低的土壤脲酶活性对应的水肥处理分别为 T6、T2；20～40cm 土层不同水肥处理的土壤脲酶活性变化范围为 0.540～0.204mg/(g·24h)，平均值为 0.372mg/(g·24h)，其中最高和最低的土壤脲酶活性对应的水肥处理分别为 T9、T4；40～60cm 土层不同水肥处理的土壤脲酶活性变化范围为 0.451～0.199mg/(g·24h)，平均值 0.325mg/(g·24h)，其中最高和最低的土壤脲酶活性对应的水肥处理分别为 T6、T8；不同水肥处理下 0～60cm 土层土壤脲酶活性由大到小为 T6＞T9＞T1＞T7＞T8＞T5＞T3＞CK＞T2＞T4。

在果熟期，0～20cm 土层不同水肥处理的土壤脲酶活性变化范围为 1.007～0.299mg/(g·24h)，平均值 0.653mg/(g·24h)，其中最高和最低的土壤脲酶活性对应的水肥处理分别为 T1、T3；20～40cm 土层不同水肥处理的土壤脲酶活性变化范围为

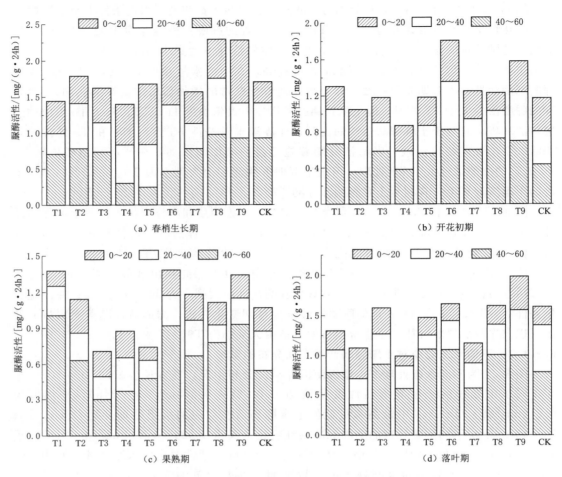

图 6.15　不同水肥处理下各生育期土壤脲酶活性纵向分布特征

0.328～0.148mg/(g·24h)，平均值为 0.238mg/(g·24h)，其中最高和最低的土壤脲酶活性对应的水肥处理分别为 CK、T8；40～60cm 土层不同水肥处理的土壤脲酶活性变化范围为 0.283～0.109mg/(g·24h)，平均值为 0.196mg/(g·24h)，其中最高和最低的土壤脲酶活性对应的水肥处理分别为 T2、T5；不同水肥处理下 0～60cm 土层土壤脲酶活性由大到小为 T6＞T1＞T9＞T7＞T2＞T8＞CK＞T4＞T5＞T3。在落叶期，0～20cm 土层不同水肥处理的土壤脲酶活性变化范围为 1.077～0.373mg/(g·24h)，平均值为 0.725mg/(g·24h)，其中最高和最低的土壤脲酶活性对应的水肥处理分别为 T8、T2；20～40cm 土层不同水肥处理的土壤脲酶活性变化范围为 0.586～0.176mg/(g·24h)，平均值为 0.381mg/(g·24h)，其中最高和最低的土壤脲酶活性对应的水肥处理分别为 CK、T5；40～60cm 土层不同水肥处理的土壤脲酶活性变化范围为 0.415～0.122mg/(g·24h)，平均值为 0.269mg/(g·24h)，其中最高和最低的土壤脲酶活性对应的水肥处理分别为 T9、T4；不同水肥处理下 0～60cm 土层土壤脲酶活性由大到小为 T9＞T6＞T8＞CK＞T3＞T5＞T1＞T7＞T2＞T4。

6.5.2 不同水肥处理对碱性磷酸酶的影响

6.5.2.1 不同水肥处理对全生育期碱性磷酸酶的影响

图 6.16 为不同水肥处理下土壤碱性磷酸酶全生育期的变化情况，由图可知，不同水肥处理下土壤碱性磷酸酶随着生育期的推进呈先减小后增大的规律，土壤碱性磷酸酶活性

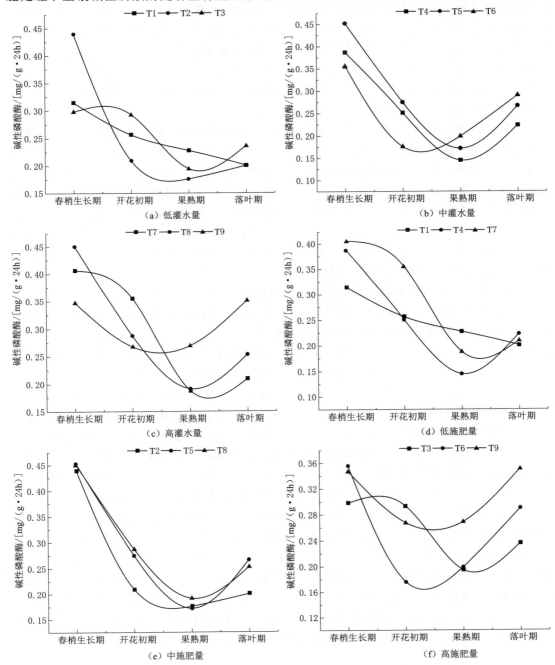

图 6.16 不同水肥处理下土壤碱性磷酸酶活性全生育期的变化情况

在春梢生长期最高，其次为开花初期，土壤碱性磷酸酶活性在果熟期出现最低值，图 6.16（a）～图 6.16（c）分别为低灌水量、中灌水量和高灌水量条件下土壤碱性磷酸酶的变化情况。在低灌水量条件下，T1、T2 和 T3 处理下土壤碱性磷酸酶活性全生育期变化规律总体一致，土壤碱性磷酸酶活性随着施肥量的增加呈先增后减的规律，全生育期土壤碱性磷酸酶活性由大到小为 T2、T3、T1，T1 组成的土壤溶液环境，不利于土壤碱性磷酸酶活性的提高；在中灌水量条件下，T4、T5 和 T6 处理下土壤碱性磷酸酶活性全生育期变化规律一致，土壤碱性磷酸酶活性随着施肥量的增加呈先增后减，全生育期土壤碱性磷酸酶活性由大到小为 T5、T6、T4；在高灌水量条件下，T7、T8、T9 处理下土壤碱性磷酸酶活性全生育期变化规律一致，土壤碱性磷酸酶活性随着施肥量的增加而增加，全生育期土壤碱性磷酸酶活性由大到小为 T9、T8、T7。

图 6.16（d）～图 6.16（f）分别为低施肥量、中施肥量和高施肥量条件下土壤碱性磷酸酶全生育期的变化情况。在低施肥量条件下，T4 和 T7 处理下土壤碱性磷酸酶活性全生育期变化规律一致，土壤碱性磷酸酶活性随着灌水量的增加而增加，全生育期土壤碱性磷酸酶活性由大到小为 T7、T4、T1；中施肥量条件下，T2、T5、T8 处理下土壤碱性磷酸酶活性全生育期变化规律一致土壤碱性磷酸酶活性随着灌水量的增加而增加，全生育期土壤碱性磷酸酶活性由大到小为 T8、T5、T2；在高施肥量条件下，T6 和 T9 处理下土壤碱性磷酸酶活性全生育期变化规律一致，土壤碱性磷酸酶活性随着灌水量的增加而增加，全生育期土壤碱性磷酸酶活性由大到小为 T9、T6、T3。

6.5.2.2　不同水肥处理对碱性磷酸酶空间分布的影响

图 6.17 为不同水肥处理下土壤碱性磷酸酶纵向分布情况，在春梢生长期，0～20cm 土层不同水肥处理的土壤碱性磷酸酶活性变化范围为 0.636～0.242mg/(g·24h)，平均值为 0.439mg/(g·24h)，其中最高和最低的土壤碱性磷酸酶活性对应的水肥处理分别为 T5、T3；20～40cm 土层不同水肥处理的土壤碱性磷酸酶活性变化范围为 0.486～ 0.205mg/(g·24h)，平均值为 0.346mg/(g·24h)，其中最高和最低的土壤碱性磷酸酶活性对应的水肥处理分别为 T2、T1；40～60cm 土层不同水肥处理的土壤碱性磷酸酶活性变化范围为 0.420～0.200mg/(g·24h)，平均值为 0.310mg/(g·24h)，其中最高和最低的土壤碱性磷酸酶活性对应的水肥处理分别为 T7、CK；不同水肥处理下 0～60cm 土层土壤碱性磷酸酶活性由大到小为 T5＞T8＞T2＞T7＞T4＞T6＞T9＞T1＞CK＞T3。在开花初期，0～20cm 土层不同水肥处理的土壤碱性磷酸酶活性变化范围为 0.490～ 0.173mg/(g·24h)，平均值为 0.332mg/(g·24h)，其中最高和最低的土壤碱性磷酸酶活性对应的水肥处理分别为 T7、T6；20～40cm 土层不同水肥处理的土壤碱性磷酸酶活性变化范围为 0.329～0.169mg/(g·24h)，平均值为 0.249mg/(g·24h)，其中最高和最低的土壤碱性磷酸酶活性对应的水肥处理分别为 T2、CK；40～60cm 土层不同水肥处理的土壤碱性磷酸酶活性变化范围为 0.336～0.056mg/(g·24h)，平均值为 0.196mg/(g·24h)，其中最高和最低的土壤碱性磷酸酶活性对应的水肥处理分别为 T3、T2；不同水肥处理下 0～60cm 土层土壤碱性磷酸酶活性由大到小为。T7＞T3＞T8＞T5＞T9＞T1＞ T4＞CK＞T2＞T6。

在果熟期，0～20cm 土层不同水肥处理的土壤碱性磷酸酶活性变化范围为 0.280～

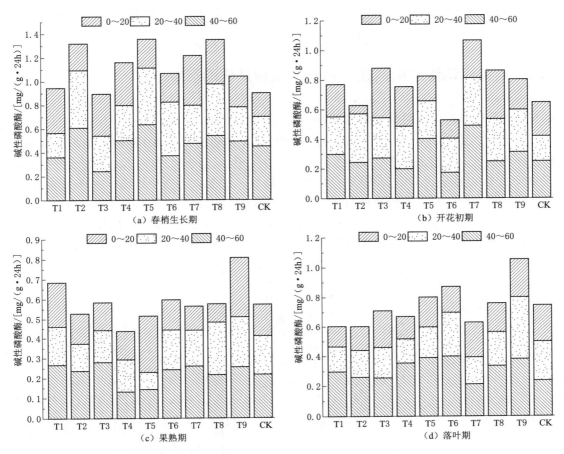

图 6.17 不同水肥处理下各生育期土壤碱性磷酸酶活性纵向分布特征

0.131mg/(g·24h)，平均值为 0.206mg/(g·24h)，其中最高和最低的土壤碱性磷酸酶活性对应的水肥处理分别为 T3、T4；20~40cm 土层不同水肥处理的土壤碱性磷酸酶活性变化范围为 0.266~0.087mg/(g·24h)，平均值为 0.177mg/(g·24h)，其中最高和最低的土壤碱性磷酸酶活性对应的水肥处理分别为 T8、T5；40~60cm 土层不同水肥处理的土壤碱性磷酸酶活性变化范围为 0.298~0.093mg/(g·24h)，平均值为 0.196mg/(g·24h)，其中最高和最低的土壤碱性磷酸酶活性对应的水肥处理分别为 T9、T8；不同水肥处理下 0~60cm 土层土壤碱性磷酸酶活性由大到小为：T9＞T1＞T6＞T3＞T8＞CK＞T7＞T2＞T5＞T4。在落叶期，0~20cm 土层不同水肥处理的土壤碱性磷酸酶活性变化范围为 0.399~0.211mg/(g·24h)，平均值为 0.305mg/(g·24h)，其中最高和最低的土壤碱性磷酸酶活性对应的水肥处理分别为 T6、T7；20~40cm 土层不同水肥处理的土壤碱性磷酸酶活性变化范围为 0.419~0.161mg/(g·24h)，平均值为 0.290mg/(g·24h)，其中最高和最低的土壤碱性磷酸酶活性对应的水肥处理分别为 T9、T4；40~60cm 土层不同水肥处理的土壤碱性磷酸酶活性变化范围为 0.254~0.137mg/(g·24h)，平均值为 0.196mg/(g·24h)，其中最高和最低的土壤碱性磷酸酶活性对应的水肥处理分别为 T9、

T1；不同水肥处理下 0～60cm 土层土壤碱性磷酸酶活性由大到小为 T9＞T6＞T5＞T8＞CK＞T3＞T4＞T7＞T1＞T2。

6.6　篱架式滴灌水肥调控对枸杞产量和品质的影响

6.6.1　不同水肥处理对枸杞产量影响

图 6.18（a）反映了枸杞产量随着测产时间变化的情况，从图中可知，枸杞产量随着测产时间的推进呈现出先增后减的总体规律。在 6 月 25 日和 8 月 5 日，不同水肥处理的产量均小于 1000kg/hm²，说明第一次测产和最后一次测产的产量较低；在 7 月 4 日、7 月 13 日和 7 月 21 日，不同处理的产量均大于 1500kg/hm²，而且不同水肥处理在 7 月 4 日和 7 月 13 日的测产均大于 2000kg/hm²，说明第二次和第三次测产的枸杞产量占枸杞总产量的比重最大，其次为第四次测产的枸杞产量，占枸杞总产量的比重最低的为第一次和最后一次测产的枸杞产量。

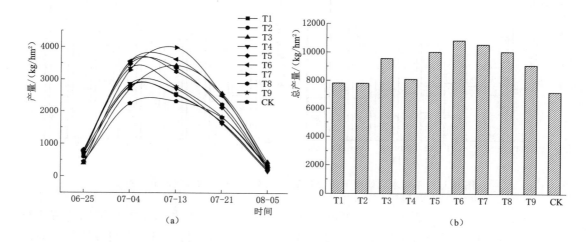

图 6.18　不同水肥处理对枸杞产量的影响

表 6.18 和图 6.18（b）为不同水肥处理的枸杞总产量，在低灌水量条件下，枸杞总产量随着施肥量的增加而增加，T1 和 T2 处理的枸杞总产量相近，且 T1 和 T2 与 T3 处理的枸杞总产量差异显著（$P<0.05$）；在中等灌水量条件下，枸杞总产量随着施肥量的增加而增加，T4、T5 和 T6 处理的枸杞总产量之间差异显著（$P<0.05$）；在高灌水量条件下，枸杞总产量随着施肥量的增加而减少，T7、T8 和 T9 处理的枸杞总产量之间差异显著（$P<0.05$）。在低施肥量条件下，枸杞总产量随着灌水量的增加而增加，T1 和 T4 处理的枸杞总产量相近，T1、T4 和 T7 处理的枸杞总产量之间差异显著（$P<0.05$）；在中等施肥量条件下，枸杞总产量随着灌水量的增加而增加，T5 和 T8 处理的枸杞总产量相近，且 T5 和 T8 与 T3 处理的枸杞总产量之间差异显著（$P<0.05$）；在高施肥量条件下，枸杞总产量随着灌水量的增加而减少，T3、T6 和 T9 处理的枸杞总产量之间差异显著（$P<0.05$）。

综上所述，在低灌水量和中等灌水量条件下，增加施肥量能有效地提高枸杞的总产量；在高灌水量条件下，增加施肥量不能有效地提高枸杞的总产量；在低施肥量和中等施肥量条件下，增加灌水量能有效地提高枸杞的总产量；在高施肥量条件下，增加灌水量不能有效地提高枸杞的总产量（表6.18）。

表 6.18　　　　　　　　　　　不同水肥处理对枸杞产量的影响

处理	6月25日	7月4日	7月13日	7月21日	8月5日	总产量
T1	607.12^d	2783.61^f	2549.42^h	1654.16^{fg}	210.48^e	7804.79^g
T2	594.96^d	2804.36^f	2519.78^h	1668.98^f	216.40^e	7804.49^g
T3	392.20^e	2706.54^g	3426.90^c	2579.07^a	453.56^a	9558.26^d
T4	718.28^c	2866.62^e	2715.43^g	1633.41^g	166.01^f	8099.75^f
T5	811.37^a	3474.33^b	3358.72^d	2125.51^d	246.05^d	10015.97^c
T6	773.72^b	3557.33^a	3619.59^b	2501.99^b	370.56^b	10823.19^a
T7	419.77^e	3284.60^d	3984.21^a	2552.39^a	299.41^c	10540.38^b
T8	712.06^c	3542.51^a	3243.10^e	2232.23^c	302.37^c	10032.27^c
T9	792.99^{ab}	3343.89^c	2783.61^f	1834.99^e	317.20^c	9072.68^e
CK	442.00	2252.98	2327.09	1808.31	349.80	7180.18

注　同列中不同小写字母表示处理间差异显著（$P<0.05$），具有统计学意义。

6.6.2　不同水肥处理对枸杞品质指标的影响

6.6.2.1　不同水肥处理对枸杞品质指标的影响规律

图6.19为枸杞品质指标的变化情况，表6.19为枸杞品质指标含量。从黄酮含量来看，在低灌水量和中等灌水量条件下，黄酮含量随着施肥量的增加而增加，在高灌水量条件下，黄酮含量随着施肥量的增加而减少，T7处理的枸杞黄酮含量最高，CK处理的枸杞黄酮含量最低，T7比CK高22.35%；从多糖含量来看，高灌水量＞中等灌水量＞低灌水量，T7、T8、T9分别比CK高13.18%、9.01%、8.76%；从总糖含量来看，各处理之间无明显规律，T7处理的枸杞总糖含量最高，T1、T2、T3、T4、T5、T6、T8、T9、CK分别比T7低7.02%、8.60%、5.15%、4.91%、4.45%、3.03%、2.79%、1.49%、9.72%；从β-胡萝卜素含量来看，各处理之间无明显规律，T5、T6、T7处理的枸杞的β-胡萝卜素均高于其他处理，T5、T6、T7比CK分别提高了31.00%、27.80%、34.36%；从甜菜碱含量来看，在灌水量一定的情况下，枸杞的甜菜碱含量随着施肥量的增加而增加，在施肥量一定的情况下，枸杞的甜菜碱含量随着灌水量的增加而增加，T1、T2、T3、T4、T5、T6、T7、T8、T9分别比CK高0.96%、3.07%、4.64%、4.86%、9.44%、8.84%、10.11%、10.25%、11.65%；从脂肪含量来看，在施肥量一定的情况下，枸杞的脂肪含量随灌水量的增加而增加，T7处理的枸杞脂肪含量最高，CK处理的枸杞脂肪含量最低，T7比CK高12.75%。

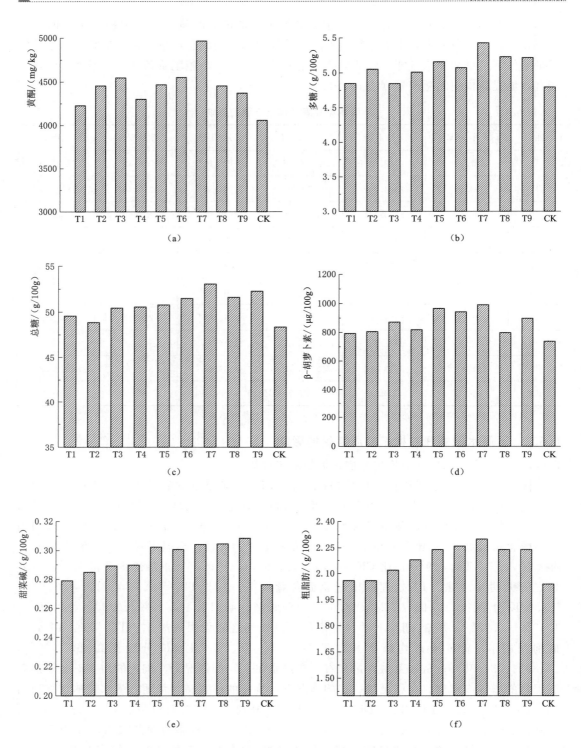

图 6.19　不同水肥处理下枸杞品质指标变化情况

表 6.19 不同水肥处理下枸杞品质指标

处理	黄酮 /(mg/kg)	多糖 /(g/100g)	总糖 /(g/100g)	β-胡萝卜素 /(μg/100g)	甜菜碱 /(g/100g)	脂肪 /(g/100g)
T1	4227.57^c	4.85^f	49.56^{bc}	792.20^c	0.289^d	2.06^e
T2	4454.51^{bc}	5.05^d	48.84^c	805.20^{bc}	0.285^c	2.06^e
T3	4546.53^b	4.85^f	50.44^{abc}	871.20^{abc}	0.289^c	2.12^d
T4	4300.26^{bc}	5.01^e	50.56^{abc}	818.20^{bc}	0.290^c	2.18^c
T5	4466.51^{bc}	5.16^c	50.78^{abc}	966.00^a	0.302^b	2.24^b
T6	4549.38^b	5.07^d	51.48a^{bc}	942.40^{ab}	0.301^b	2.26^b
T7	4964.83^a	5.43^a	53.04^a	990.80^a	0.304^{ab}	2.30^a
T8	4452.563^{bc}	5.23^b	51.6^{abc}	797.40^c	0.305^{ab}	2.24^b
T9	4368.757^{bc}	5.21^b	52.26^{ab}	897.00^{abc}	0.309^a	2.24^b
CK	4057.77	4.79	48.34	737.4	0.276	2.04

6.6.2.2 不同水肥处理对枸杞品质指标的方差分析

表 6.20 为枸杞品质指标方差分析，由枸杞黄酮含量方差分析可知，灌水量、水肥交互作用对枸杞黄酮含量影响极显著（$P<0.01$）施肥量对黄酮含量不显著（$P>0.05$）；由枸杞多糖含量方差分析可知，灌水量对枸杞多糖含量影响显著（$P<0.05$），施肥量和水肥交互作用对多糖含量不显著（$P>0.05$）；由枸杞总糖含量方差分析可知，灌水量对枸杞总糖含量影响显著（$P<0.05$），施肥量和水肥交互作用对总糖含量不显著（$P>0.05$）；由枸杞 β-胡萝卜素含量方差分析可知，灌水量和水肥交互作用对枸杞 β-胡萝卜素含量影响极显著（$P<0.01$），施肥量和对枸杞 β-胡萝卜素含量不显著（$P>0.05$）；由枸杞甜菜碱含量方差分析可知，灌水量和水肥交互作用对枸杞甜菜碱含量影响极显著（$P<0.01$），施肥量对枸杞甜菜碱含量显著（$P<0.05$）；由枸杞粗脂肪含量方差分析可知，水肥交互作用对枸杞粗脂肪含量影响极显著（$P<0.01$），灌水量对枸杞粗脂肪含量显著（$P<0.05$）；施肥量对枸杞粗脂肪含量不显著（$P>0.05$）。

表 6.20 枸杞品质指标方差分析

品质指标	变异来源	平方和	自由度	均方	F 值	P 值
黄酮	W 因素间	179783	2	89891.48	8.988	0.002
	F 因素间	7731.096	2	3865.548	0.387	0.6849
	W×F	875285.1	4	218821.3	21.88	0.0001
多糖	W 因素间	0.6303	2	0.3151	8.093	0.0393
	F 因素间	0.0456	2	0.0228	0.586	0.5983
	W×F	0.1558	4	0.0389	0.156	0.9579
总糖	W 因素间	32.4843	2	16.2421	16.952	0.0111
	F 因素间	4.5227	2	2.2613	2.36	0.2104
	W×F	3.8325	4	0.9581	0.958	0.454

续表

品质指标	变异来源	平方和	自由度	均方	F 值	P 值
β-胡萝卜素	W 因素间	38398.15	2	19199.07	7.68	0.0039
	F 因素间	11065.38	2	5532.691	2.213	0.1382
	W×F	93650.19	4	23412.55	9.365	0.0003
甜菜碱	W 因素间	0.0019	2	0.001	43.5002	0.0019
	F 因素间	0.0003	2	0.0002	7.3722	0.0455
	W×F	0.0001	4	0	7.0183	0.0018
脂肪	W 因素间	0.0196	2	0.0098	16.4532	0.0117
	F 因素间	0.0005	2	0.0003	0.4374	0.6733
	W×F	0.0024	4	0.0006	45.3084	0.0001

注　$P < 0.05$ 表示因素对品质指标影响显著；$P < 0.01$ 表示因素对品质指标影响极显著。

6.6.3　枸杞品质指标、产量与土壤酶活性的相关分析

表 6.21 为枸杞品质指标与产量之间的相关分析，其中 $X1$、$X2$、$X3$、$X4$、$X5$、$X6$、$X7$、$X8$、$X9$、$X10$ 分别表示黄酮、多糖、总糖、β-胡萝卜素、甜菜碱、脂肪、蛋白质、枸杞总产量、脲酶、碱性磷酸酶。黄酮与多糖、β-胡萝卜素，呈显著正相关，与蛋白质呈极显著正相关。多糖与总糖、甜菜碱、脂肪呈极显著正相关，与蛋白质呈显著正相关。总糖与 β-胡萝卜素显著正相关，与甜菜碱、脂肪、蛋白质呈极显著正相关。β-胡萝卜素与脂肪呈显著正相关。甜菜碱与脂肪呈极显著正相关。枸杞产量与黄酮、总糖、β-胡萝卜素甜菜碱呈极显著正相关，与脂肪呈极显著正相关，与多糖、蛋白质未达到显著相关关系。

表 6.21　　　　　　　枸杞品质指标、产量与土壤酶活性的相关分析

相关系数	X1	X2	X3	X4	X5	X6	X7	X8	X9	X10
X1	1	0.65*	0.61	0.71*	0.45	0.56	0.77**	0.67*	−0.01	0.28
X2	0.65*	1	0.77**	0.56	0.81**	0.80**	0.76*	0.56	0.25	0.78**
X3	0.61	0.77**	1	0.65*	0.87**	0.92**	0.77**	0.77**	0.44	0.70*
X4	0.71*	0.56	0.65*	1	0.63	0.73*	0.59	0.76*	0.18	0.41
X5	0.45	0.81**	0.87**	0.63	1	0.92**	0.56	0.78**	0.56	0.85**
X6	0.56	0.80**	0.92**	0.73*	0.92**	1	0.57	0.84**	0.38	0.67*
X7	0.77**	0.76*	0.77**	0.59	0.56	0.57	1	0.43	0.15	0.58
X8	0.67*	0.56	0.77**	0.76*	0.78**	0.84**	0.43	1	0.49	0.46
X9	−0.01	0.25	0.44	0.18	0.56	0.38	0.15	0.49	1	0.44
X10	0.28	0.78**	0.70*	0.41	0.85**	0.67*	0.58	0.46	0.44	1

注　$*P < 0.05$，$**P < 0.01$。

脲酶活性与枸杞品质指标、产量均未达到显著相关。碱性磷酸酶活性与多糖、甜菜碱呈极显著正相关，与总糖、粗脂肪呈显著正相关，表明碱性磷酸酶活与枸杞品质相关，而与枸杞产量未达到显著相关。

6.6.4 枸杞品质指标的主成分分析

利用 DPS 软件对枸杞黄酮 ($X1$)、多糖 ($X2$)、总糖 ($X3$)、β-胡萝卜素 ($X4$)、甜菜碱 ($X5$)、粗脂肪 ($X6$)、蛋白质 ($X7$) 等 7 个品质指标进行主成分分析，表 6.22 反映了各主成分的方差贡献率，第一主成分因子和第二主成分因子的方差贡献率分别为 54.380% 和 31.733%，第一主成分因子和第二主成分因子累计方差贡献率为 86.114%，表明这两个主成分因子可以反映枸杞品质的绝大部分信息。图 6.20 为碎石图，表明选取的两个主成分可以合理地替代黄酮、多糖、总糖、β-胡萝卜素、甜菜碱、粗脂肪、蛋白质等 7 个枸杞品质指标。表 6.23 为主成分矩阵，由表中可知，第一主成分中的总糖载荷最高，黄酮的载荷最低，载荷权数分别为 0.933、0.774，第一主成分主要综合了黄酮、多糖、总糖、β-胡萝卜素、甜菜碱、脂肪、蛋白质的信息，可以很好地反映枸杞品质情况；第二主成分中黄酮载荷最高，多糖的载荷最低，载荷权数分别为 0.562、−0.063，第二主成分主要综合了黄酮、β-胡萝卜素、蛋白质的信息。

表 6.22　　　　　　　　　　　　主成分总方差解释

成分	初始特征值			提取载荷平方和		
	特征值	方差的贡献率/%	累积方差贡献率/%	特征值	方差的贡献率/%	累积方差贡献率/%
1	5.207	54.380	54.380	5.207	54.380	54.380
2	0.821	31.733	86.114	1.821	31.733	86.114
3	0.510	7.287	93.401			
4	0.236	3.371	96.771			
5	0.158	2.253	99.024			
6	0.066	0.939	99.963			
7	0.003	0.037	100.000			

注　提取方法为主成分分析。

表 6.23　　　　　　　　　　　　主成分矩阵

成分	主成分	
	1	2
黄酮	0.774	0.562
多糖	0.892	−0.063
总糖	0.933	−0.172
β-胡萝卜素	0.800	0.181
甜菜碱	0.878	−0.431
粗脂肪	0.920	−0.328
蛋白质	0.828	0.382

注　1. 提取方法为主成分分析；
　　2. 已提取 2 个成分。

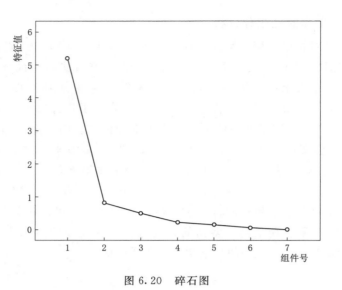

图 6.20　碎石图

主成分函数表达式为：

$$F1=0.774X1+0.892X2+0.933X3+0.800X4+0.878X5+0.920X6+0.828X7$$
$$F2=0.562X1-0.063X2-0.172X3+0.181X4-0.431X5-0.328X6+0.382X7$$

表 6.24 为各处理主成分分析的综合得分，各处理的综合得分排序为 T7、T9、T6、T5、T8、T3、T4、T2、T1。T7 处理的得分最高，为 8.66，T1 处理的得分最低，为 -6.32。

表 6.24　　　　　　　　　　枸杞品质指标的主成分得分排序

处　理	第一主成分	第二主成分	总得分	排　序
T1	-7.36	0.28	-6.32	9
T2	-5.18	0.83	-4.36	8
T3	-2.83	0.77	-2.34	6
T4	-3.07	-0.48	-2.71	7
T5	1.76	-0.46	1.46	4
T6	1.95	-0.38	1.63	3
T7	9.83	1.30	8.66	1
T8	1.20	-1.05	0.89	5
T9	3.70	-0.81	3.09	2

参 考 文 献

［1］ 康绍忠. 贯彻落实国家节水行动方案推动农业适水发展与绿色高效节水［J］. 中国水利，
2019（13）：1 - 6.

［2］ 李伟. 宁夏回族自治区优质枸杞产业发展影响因素及对策研究［D］. 北京：北京林业大
学，2015.

［3］ 王培根. 宁夏中宁县枸杞产业竞争力研究［D］. 杨凌：西北农林科技大学，2013.

［4］ 邢红，张伟，唐红英，等. 林草装备现代化建设调研报告［J］. 林业和草原机械，2020，1（1）：
4 - 12.

［5］ 王亚军，安巍，石志刚，等. 枸杞药用价值的研究进展［J］. 安徽农业科学，2008，36（30）：
13213 - 13214.

［6］ 郑艳军，尹娟，尹亮，程良. 不同灌水处理对枸杞产量和品质的影响［J］. 节水灌溉，2017（9）：
28 - 32.

［7］ 王培根. 宁夏中宁县枸杞产业竞争力研究［D］. 杨凌：西北农林科技大学，2013.

［8］ 尹飞虎. 节水农业及滴灌水肥一体化技术的发展现状及应用前景［J］. 中国农垦，2018（6）：30 - 32.

［9］ 杜宇旭，王建东，鲍子云，张彦群，赵月芬. 覆膜滴灌下枸杞耗水规律研究［J］. 中国水利水电
科学研究院学报，2015，13（3）：166 - 170.

［10］ 于冲，陈淑峰，吴文良，李光德. 农业驱动的地下水硝态氮污染研究进展［J］. 中国农学通报，
2011，27（29）：264 - 270.

［11］ 刘敏. 枸杞种植条件下微咸水滴灌水氮互作效应研究［D］. 呼和浩特：内蒙古农业大学，2018.

［12］ 张广忠，王有科. 不同覆盖材料的保水效果及其对枸杞生长发育的影响［J］. 干旱地区农业研究，
2010，28（2）：49 - 52.

［13］ 贾正茂，崔远来，刘方平，等. 不同水肥耦合下棉花土壤氮素转化规律［J］. 武汉大学学报（工
学版），2013，46（2）：164 - 169.

［14］ 习金根，周建斌. 不同灌溉施肥方式下尿素态氮在土壤中迁移转化特性的研究［J］. 植物营养与
肥料学报，2003（3）：271 - 275.